玩转 Blender
3D 动画角色创作
（第二版）

[西] Oliver Villar 著

张 宇 译

电子工业出版社
Publishing House of Electronics Industry
北京·BEIJING

内 容 简 介

本书不仅包含适合初学者的入门章节,更有经过精心策划的项目案例,流程完整,针对性强。你将学习如何使用 Blender 完成一个复杂的项目,并了解创作 3D 角色所需具备的各种技能。书中摒弃了传统的工具书式教学法,采用图文并茂的方式,通俗易懂,专业权威,更有大量的经验与技巧分享。只要认真学习本书,即可轻松掌握 Blender 的行业应用精髓。自从第一版面市以来,在全球好评如潮,在 Blender 的众多教学产品中堪称实战经典之作。

如今,根据广大读者的反馈意见与建议,我们决定推出第二版,对全书的各个章节进行了精心的再编排,不仅改进了案例细节,让内容更加通俗易懂,而且还结合了最新的 Blender 版本特性,添加了很多新的知识点,介绍了更多的工具选项,让创作的过程更加便捷高效。

Authorized translation from the English language edition, entitled Learning Blender: A Hands-On Guide to Creating 3D Animated Characters, Second Edition, 9780134663463 by Oliver Villar, published by Pearson Education, Inc, publishing as Prentice Hall, Copyright ©2017 Pearson Education.

All rights reserved. No part of this book may be reproduced or transmitted in any form or by any means, electronic or mechanical, including photocopying, recording or by any information storage retrieval system, without permission from Pearson Education, Inc.

CHINESE SIMPLIFIED language edition published by PUBLISHING HOUSE OF ELECTRONICS INDUSTRY, Copyright ©2017.

本书中文简体字版专有出版权由 Pearson Education(培生教育出版集团)授予电子工业出版社,未经出版者预先书面许可,不得以任何方式复制或抄袭本书的任何部分。

本书贴有 Pearson Education(培生教育出版集团)激光防伪标签,无标签者不得销售。

版权贸易合同登记号　图字:01-2017-6985

图书在版编目(CIP)数据

玩转 Blender:3D 动画角色创作 /(西)维拉尔(Oliver Villar)著;张宇译. —2 版. —北京:电子工业出版社,2017.11

书名原文:Learning Blender: A Hands-On Guide to Creating 3D Animated Characters, Second Edition

ISBN 978-7-121-32793-3

Ⅰ.①玩… Ⅱ.①维…②张… Ⅲ.①三维动画软件 Ⅳ.①TP391.414

中国版本图书馆 CIP 数据核字(2017)第 238286 号

策划编辑:张　迪(zhangdi@phei.com.cn)

责任编辑:张　迪

印　　刷:中国电影出版社印刷厂

装　　订:中国电影出版社印刷厂

出版发行:电子工业出版社

　　　　　北京市海淀区万寿路 173 信箱　邮编:100036

开　　本:787×1 092　1/16　印张:16.25　字数:416 千字

版　　次:2016 年 6 月第 1 版

　　　　　2017 年 11 月第 2 版

印　　次:2018 年 10 月第 3 次印刷

定　　价:99.00 元

凡所购买电子工业出版社图书有缺损问题,请向购买书店调换。若书店售缺,请与本社发行部联系,联系及邮购电话:(010)88254888,88258888。

质量投诉请发邮件至 zlts@phei.com.cn,盗版侵权举报请发邮件至 dbqq@phei.com.cn。

本书咨询联系方式:(010)88254469;zhangdi@phei.com.cn。

书 评 节 选

可以说，Oliver Villar 的书会为你学习 Blender 与计算机图形打下坚实的基础。书中的案例和课程经过精心的策划，将为你提供成为成功艺术家的利器。

——David Andrade（Theory 工作室制作人）

初学者在学习 Blender 时因不得要领而望而却步的时代一去不复返。Oliver Villar 用轻松而精彩的方式为初学者们带来最棒的 Blender 特性与 3D 软件的基础讲解。他教你如何用 Blender 的视角从零开始认识三维世界的方方面面，而且对相关的技术及重要的工具进行讲解，帮助读者按照专业的 3D 内容创作工作流按照自己的创意进行作品的创作。

本书从 3D 基础知识讲起，对于每个初涉 3D 的艺术家而言，本书是学习 Blender 的理想资源，堪称匠心之作！

——Waqas Abdul Majeed（CG 大师，www.waqasmajeed.com）

我认为 Oliver Villar 的 *Learning Blender: A Hands-On Guide to Creating 3D Animated Characters, Second Edition* 是一本优秀的著作，不仅能让用户了解 Blender 软件本身，还介绍了软件的发展历史，以及让 Blender 取得如此成功的奥妙。书中还为用户介绍了很多用于交流使用心得并汲取灵感的社区门户。书中详细介绍了用户界面的各个方面，让用户了解经典的 G\S\R 操作法。书中的习题实战性强，可帮助用户提升独立创作的能力。值得一提的是，他甚至对于 F2、使用 "V" 键拆分元素，乃至切刀投影等都有详细探讨。通过学习书中的小案例，你可以发挥无尽的想象去自行创作。此外，书中的案例角色很有特色，是讲解角色建模的理想范例。Oliver 确实是一位资深的艺术家，这在他使用软件时体现得淋漓尽致。

——Jerry Perkins（3D 概念画师，Fenix Fire 公司）

向 Gosia 致敬，一位坚强的女性，陪伴我，鼓励我，帮助我取得进步。

谨以此书向我的父母及家人致敬，感谢他们在我人生旅途中给予的支持。

向我的朋友们致敬，感谢他们的耐心，以及他们给我带来的欢乐时刻，还有他们的鼓励。

也向所有出现在我生命中的人们致敬：从你们的身上，我获益良多。

前　　言

　　创作动画角色是一种需要大量练习与钻研才能掌握的技能，也会涵盖很多的周边相关技能，这恰恰是本书能够带给你的。在这里，我们先大致介绍一下本书的内容，并了解你能从中学到什么。如果你已经拥有使用其他软件创建三维角色的经验，那么本书同样非常适合你。书中会教你如何在两种不同的软件之间切换操作。和学习如何创建三维角色相比，这个过程往往需要多花点耐心和努力。

1. 欢迎学习 Blender！

　　欢迎学习《玩转 Blender：3D 动画角色创作》（第二版）。在本书中，你将学习如何使用 Blender 完成一个复杂的项目。本书涵盖了整个流程的各个环节，你将了解创作 3D 角色所需具备的技能，并在其中发掘自己最感兴趣并可专攻的技能。换句话说，这不仅仅是一本让你成为一个建模天才或动画专家的专业著作，更能帮助你了解动画流程的每个环节。本书的初衷是，读完此书后，你就可以掌握能够胜任实际工作中各种项目的知识，从前期准备到最终完工。

　　如果你是一名自由职业者（或者想要成为自由职业者），那么本书非常适合你，因为自由职业者通常会遇到很多需要用到各种综合技能的小型任务，这样的话，具备胜任多种任务基本的或中级的技能会比只掌握特定的某项技能更加有用。

　　如果你想去某家大公司谋职，或者想要成为某一方面的专家，那么本书同样有助于了解完整的动画制作流程。例如，如果你是一名建模师，但你想要了解角色的装配原理，这样一来，当你建模时就可以发现你团队中的装配师可能会遇到的各种潜在问题，以便减轻彼此的工作量。当你在进行团队协作时，你可能只参与项目的某个方面，但倘若了解团队中其他成员的工作性质，你的工作对他们而言就会更有价值。这就实现了多赢！

　　你也可能已经熟悉了 Blender 的操作，并且想了解如何用它进行 3D 角色创建。如果是这样，那么你可以跳过前 3 章的内容，直接进入本书的角色创建专题（前提是你确定自己已经完全掌握了 Blender 的基础知识）。

　　最后，如果你只是想要进入奇妙的 3D 动画世界，开启一段神奇之旅，那么本书将为你呈现创作 3D 项目细节的点点滴滴。如果你之前从未接触过任何 3D 软件，不要被最初可能带来的高深感吓到——这是人之常情。软件提供了很多选项和独特的特性，这些可能会令你感到陌生。每当我们对自己不知道的事物不知所措之时，如果你坚持探索，不断实践，那么很快就会体会到学习过程所带来的乐趣，你付出的努力终会带来对等的回报。祝君好运！

2. 之前是否用过其他三维软件？

　　多年以前，我决定转而使用 Blender，因此我理解大家在这个过程中会遇到什么问题。这就是为什么我在书里分享了一些关于 Blender 与其他 3D 软件的不同之处。在使用 Blender 之前，我用过几年其他的软件（有 3ds Max、Maya 和 XSI）。当我转而使用 Blender 时（当时是 2.47 版），它的界面并不像现在这样友好。它至今依然是一款独特的软件，当你第一次打开它时，它或许会有点出乎你的意料。

开始的时候或许会不是太容易掌握，但当时，我换了三四个版本，最后终于决定开始学习使用它了。你会发现某些"不一样"的东西。例如，选取对象用的是鼠标右键（这在第一章会有介绍），还有那个无处不在的、乍一看似乎没什么用处的 3D 游标（有人说它像一个狙击枪的瞄准镜，要瞄准模型射击呢）。

此外，你将学习很多快捷键。这会让 Blender 的学习曲线在起初变得很难，但一旦你掌握了这些快捷键，你会爱上它们，因为从长远来看，它们会让你的工作事半功倍。

例如，在我使用 Blender 之前，对我来说，需要在屏幕同时显示至少 3 个不同的 3D 视图。如今，我可以仅使用一个视图并把它全屏显示，这样就方便多了。就像其他软件中的专家模式一样！以至于我偶尔使用两个 3D 视图的时候会感觉怪怪的。

我已经教会很多之前用过其他动画软件的人如何使用 Blender，普遍现象是，他们起初会有些纠结（这也是为什么很多人放弃学它，并转而使用商业软件了），然而，一旦他们掌握了基础，就会开始喜欢上它，最终会为它的发展做出贡献。他们发现，在很多工作中，与其他软件相比，Blender 会更快、更轻松。

当然 Blender 也有其自身的局限，然而对于绝大多数用户来说，它已经足以满足平日的需求了。

我衷心建议大家坚持探索 Blender，并发现它能为你做些什么。我学过很多种软件和工具，在它们之间切换使用时总是会重复几次这样的学习过程。最后认为 Blender 就是最适合我的工具。

我会把这些经验与你分享。要想成功适应转变（不只是软件，也包括工作和生活的各个方面），关键是要学会自己去灵活地适应。从某种程度上讲，你要开阔思想，接受新软件，或是融入到工作环境中去。例如，有人会抱怨"Blender 缺少某个特定的工具"、"而在其他软件中会更方便地做出来"等。请尽量不要心生这种观念，而是试着去了解这款新软件，因为每种软件开发背后的哲学思想和工作流会有所不同。与其浪费时间和精力去抱怨，不如把它们用在学习更有用的东西上。就像学习如何使用软件一样。

适应的最佳方式是什么？是推动自己！

确定你的目标，并制定完成期限：先从一个简单的项目做起，尽力去完成它。这样做后，无论结果好坏，至少你会做些东西出来。制定期限可以让你避免花上几天时间纠结于会拖慢进度的小细节。

通常，人们开始接触某款软件时一般没有明确的目的。这会导致随机的结果，而不是特定的结果。这会影响到你学习软件的积极性，也会让你觉得自己用不好这款软件。

然而，如果你拟定了一个简单的项目，你有了一个明确的目标方向，这会让你发现并掌握能够实现那个目标的工具。当你完成了项目以后，即使它并不完美，你也学到了某些工具的用法，同时也完成了一个项目。这将最终激励你在下一个更复杂的项目中去提升自己的技能，届时也会去探索更多的 Blender 工具。

这样做是为了循序渐进地学习，逐步推进，让你保持积极性。如果你一开始就选择一个大型且复杂的项目去做，那么你就难免会遇到各种各样的问题，这些问题都会打消你的积极性。当你从小项目开始做起时，即使你会遇到一些困难，即使结果也不是那么理想，但你并不会投入太多的时间在上面，因此，一个并不十分完美的结果也没什么大不了的。

当你完成了若干个这样的小项目后，你会积累一定的知识，并会对新软件有一定的领悟。这个时候，你就可以决定是否还要学习更多的东西，也可以判断这款软件相对之前用过的其他软件来说是否更适合自己。

动画软件数不胜数，各有千秋。因此，根据自己的工作、风格、品位，以及个人喜好，你会相对倾向于其中的某一种。某些软件可能更适合某些人用，而另一些人则可能觉得不适合自己用。尽管如此，如果你对新软件进行充分的体验，或许你会遇到一些挑战，但你会发现一些自己并不知道的特色功能。

以我本人为例，以前我觉得 3ds Max 很顺手，但花了几天时间去深度试用 Blender 以后（没错，只用了几天，但却很深入！），我真的无法自拔了。当然，有些工具我依然没有找到，但另一方面，我发现 Blender 的优势是相当显著的（起码对我来说是这样），因此我决定从此以后就用它了。

我希望这些话语能够激励你去真正试用一下 Blender，给它一个机会，而不是打开它后就马上觉得自己不喜欢它，因为你怎么也不可能在几分钟内就能掌握它（想必大家在刚接触其他软件时也是如此吧！）。

成功学会一款新软件的秘诀在于先选一个相对简单的目标去做，设定一个期限，然后尽力去实现它！不找借口，也不去抱怨！秉持原则和坚持不懈是成功的关键要素。

每当我学习一款新软件时，这些就是我所坚持的方针。或许并不适合你，也可能你有更好的方法。但如果你不知道从何做起并感到气馁的话，那就不妨一试吧！

3. 如何阅读本书

本书内容分为 5 个部分，便于你时刻掌握自身学习进度：
第一部分，**Blender 基础**（第 1~3 章）：了解 Blender、学习基础知识。
第二部分，开始做项目（第 4、5 章）：前期制作、项目准备、角色设计。
第三部分，用 **Blender** 建模（第 6 章）：开始制作、专注角色建模。
第四部分，展开、绘制、着色（第 7~9 章）：展开、纹理绘制、应用材质。
第五部分，让你的角色动起来（第 10、11 章）：装配骨骼、动画制作。
第六部分，实现最终效果（第 12~14 章）：后期制作、摄像机追踪、渲染及合成。
第七部分：继续学（第 15 章）：Blender 的其他功能。

当然，你可以直接跳到书中你最感兴趣的部分。但如果你刚接触 Blender，那么建议你从头学起，以便能够了解软件，为进行 3D 角色创作这种复杂度的工作打下基础。

在每个章节里，当有必要对某些基础知识进行讲解时，我会在真正开始阶段学习之前进行讲解。你会看到经常一些技巧提示和实用快捷键，它们会让你事半功倍！

如果你已经很了解 Blender 了，那么完全可以跳过前 3 章的内容，直接开始学习角色创建。

第 1 章，"Blender 简介"中，介绍了 Blender 的相关知识、开源软件及开发流程、发展历史，以及能用 Blender 做些什么。这部分内容与 Blender 的使用技能关系不大，但有助于你深入了解 Blender 的发展历程。

第 2 章，"Blender 基础：用户界面"中，带你了解用户界面、基础导览、选择工具，以及 Blender 独具一格的非交叠式窗口系统。

第 3 章，"你的第一个 Blender 场景"中，你将学习如何创建一个很基础的场景，同时也会体验到主要的工具，以及简单的建模、贴图、布光等流程。你将会学到 Blender Render 渲染器和 Cycles 渲染器之间的区别。

读完以上这些介绍章节后，就要开始创建主项目：创建一个 3D 角色。之所以要用 3D 模型创建作为起点项目，是因为这样能够用到软件里大部分的功能：建模、贴图、装配、动画等。

第 5 章，你将学到角色的设计流程。在开始 3D 创作之前先画一些草稿，这会有助于你在转到 Blender 里进行创作时对创作目标有清晰的认知。

书中的这一部分会对所有的知识点进行讲解，关于前期制作，并学习如何为任意项目做前期准备。你会领会前期准备的重要性！

在最后一章中，你将了解如何对实拍视频中的摄像机进行运动轨迹追踪，并将你的角色合成到场景中，最终做出一个可以向朋友们炫耀的奇妙作品，而不仅仅是 Blender 里的一个角色而已。

在第 15 章中，我探讨了 Blender 的其他特性，从而让你对 Blender 的其他功能有所了解。例如，动态模拟、粒子、烟雾、火焰、蜡笔，以及插件等等。

我鼓励大家去创作属于自己的作品，并用自己拍摄的视频进行摄像机追踪，但是如果你想逐步跟随本书进度学习（或想使用书中用到的资源素材），或者你可能想要跳过书中的某些部分，那么你可以从下面的链接中下载到项目的相关资源，并可随时从本书的任何章节学起。（www.blendtuts.com/learning-blender-files）。

- Blend 格式的项目文件，包含各个阶段的角色创作进度；
- 角色的纹理贴图；
- 用于摄像机追踪的实拍视频（以及其他一些视频素材，可以做出和本书不一样的效果）；
- 最终效果演示文件；
- 书中部分内容的配套视频教学；

4．第二版中更新了哪些内容

您正在阅读的是《玩转 Blender：3D 动画角色创作》一书的第二版。全书内容都经过了更新，兼容 Blender 的最新版本（2.78b）及后续版本。书中的多数配图都经过了更新，改善了易读性。本版中探讨了若干新的工具，特别是（但不限于）选择与建模工具，并增加了很多新的提示与技巧，根据读者对于第一版的意见反馈，本版中的某些章节内容有所拓展。总之，希望这些新增内容能够让你眼前一亮，让你更顺利地掌握书中的知识点。

还等什么，准备开启学习之旅吧！

关于作者

奥利弗·维拉尔（Oliver Villar），1987 年出生于西班牙的加利西亚，儿时起便开始绘画。他对艺术的喜爱让他接触到 3D 领域，从 2004 年起开始学习 3D。他用过多种商业 3D 软件，直到 2008 年时接触到 Blender，从那以后，作为一名 3D 设计师，他专门从事 Blender 的教学。在 2010 年，他创建了 blendertuts.com 网站，致力于将高品质的 Blender 培训视频分享到社区。目前，他身兼 Blender 动画短片《卢克逃生》（*Luke's Escape*）的联合导演一职，并以 Blender 官方认证讲师的身份在西班牙开展线上教学工作。

目 录

第一部分 Blender 基础

第 1 章 Blender 简介 2
- 1.1 Blender 是什么 2
- 1.2 商业软件与开源软件 3
- 1.3 Blender 的历史 3
- 1.4 Blender 基金会与 Blender 研究所 5
- 1.5 Blender 社区 6
- 1.6 总结 7
- 1.7 练习 7

第 2 章 Blender 基础：用户界面 8
- 2.1 下载与安装 Blender 8
- 2.2 使用 Blender 推荐的硬件 8
- 2.3 Blender 的用户界面 9
- 2.4 理解 3D 视图 10
- 2.5 3D 视窗导览 13
- 2.6 管理区域 15
- 2.7 编辑器类型 16
- 2.8 选择物体 18
- 2.9 选中主控物体 19
- 2.10 使用 3D 游标 19
- 2.11 Blender 的用户设置 20
- 2.12 总结 22
- 2.13 练习 22

第 3 章 你的第一个 Blender 场景 23
- 3.1 创建物体 23
- 3.2 移动、旋转和缩放 23
  - 3.2.1 使用操纵件（基础模式） 24
  - 3.2.2 使用键盘快捷键（高级模式） 25
  - 3.2.3 在场景中排列物体 26
- 3.3 命名物体及使用数据块 26
  - 3.3.1 重命名物体 26
  - 3.3.2 管理数据块 27
  - 3.3.3 场景物体的命名方式 28

3.4 交互模式 ··28
3.5 应用平展或光滑着色 ··29
3.6 使用修改器 ···30
　3.6.1 添加修改器 ···30
　3.6.2 向场景中添加一个表面细分修改器 ···31
3.7 Blender Render 渲染器与 Cycles 渲染器 ···32
3.8 管理材质 ··32
　3.8.1 使用 Blender Render 材质 ···33
　3.8.2 使用 Cycles 材质 ···33
　3.8.3 为场景添加材质 ···34
3.9 开始布光 ··34
　3.9.1 Blender Render 引擎中的灯光选项 ···34
　3.9.2 Cycles 引擎中的灯光选项 ···34
　3.9.3 向场景中添加灯光 ··34
3.10 在场景中移动摄像机 ··35
3.11 渲染 ···36
　3.11.1 使用 Blender Render 引擎渲染 ··36
　3.11.2 使用 Cycles 引擎渲染 ···36
　3.11.3 保存与加载.blend 文件 ···36
　3.11.4 执行与保存渲染 ··37
3.12 总结 ···38
3.13 练习 ···38

第二部分　开始做一个项目

第 4 章　项目概览 ···40
4.1 项目的 3 大阶段 ···40
4.2 阶段划分 ··41
4.3 角色创建设定 ··43
4.4 总结 ··43
4.5 练习 ··44

第 5 章　角色设计 ···45
5.1 角色刻画 ··45
　5.1.1 个性 ··45
　5.1.2 故事背景 ··46
　5.1.3 风格 ··46
　5.1.4 外表 ··46
5.2 设计角色 ··47
　5.2.1 剪影法 ···47
　5.2.2 基型设计 ··48

	5.2.3	设计头部	49
	5.2.4	添加细节	50
	5.2.5	细化设计	51
5.3	上色		51
5.4	完善设计		52
5.5	制作角色参考图		53
5.6	其他的设计方法		54
5.7	总结		54
5.8	练习		55

第三部分　创　建　模　型

第6章　Blender的建模工具 58
6.1	操纵顶点、边和面		58
	6.1.1	选择顶点、边和面	58
	6.1.2	使用建模工具	59
6.2	选择		59
	6.2.1	最短路径	59
	6.2.2	比例化编辑	60
	6.2.3	关联选择	60
	6.2.4	循环边与并排边	61
	6.2.5	选取边界	61
	6.2.6	加选和减选	61
	6.2.7	仅选择可见元素	61
	6.2.8	选择相似元素	62
	6.2.9	选择相连的平展面	62
	6.2.10	选择边界循环线与循环线内侧区域	62
	6.2.11	间隔式弃选	63
	6.2.12	其他的选择方法	63
6.3	网格建模工具		63
	6.3.1	倒角	63
	6.3.2	布尔操作：布尔交切和切刀交切	64
	6.3.3	切分	65
	6.3.4	桥接循环边	65
	6.3.5	连接	66
	6.3.6	删除和融并	66
	6.3.7	复制	67
	6.3.8	边平移	67
	6.3.9	挤出	68
	6.3.10	填充和栅格填充	68

6.3.11 内插 ··· 69
6.3.12 合并 ··· 70
6.3.13 切刀 ··· 70
6.3.14 投影切割 ·· 71
6.3.15 环切滑移 ·· 71
6.3.16 创建边/面 ·· 72
6.3.17 合并 ··· 72
6.3.18 尖分 ··· 73
6.3.19 移除重叠点 ·· 73
6.3.20 断离与补隙断离 ··· 74
6.3.21 螺旋 ··· 74
6.3.22 分离 ··· 75
6.3.23 法向缩放 ·· 75
6.3.24 滑移 ··· 75
6.3.25 平滑顶点 ·· 76
6.3.26 生成厚度 ·· 76
6.3.27 旋绕 ··· 76
6.3.28 拆分 ··· 77
6.3.29 细分 ··· 77
6.4 使用 LoopTools 插件 ·· 78
6.5 使用 F2 插件 ·· 79
6.6 更多实用有趣的 Blender 选项 ······································ 79
6.7 总结 ·· 80
6.8 练习 ·· 80

第 7 章 角色建模 ··· 81
7.1 什么是网格拓扑 ·· 81
7.2 建模方法 ·· 82
7.3 设定参考平面 ·· 84
7.4 眼球建模 ·· 85
　7.4.1 创建眼球 ·· 85
　7.4.2 用晶格让眼球变形 ·· 86
　7.4.3 眼球的镜像与调节 ·· 87
7.5 面部建模 ·· 88
　7.5.1 研究面部的拓扑结构 ·· 88
　7.5.2 面部基型打样 ·· 89
　7.5.3 确定面部的形状 ·· 90
　7.5.4 确定眼睛、嘴巴和鼻子的形状 ······················· 91
　7.5.5 添加耳朵 ·· 93
　7.5.6 创建口腔的细节 ·· 94

7.6 躯干和手臂建模 95
7.6.1 躯干和手臂的基型建模 96
7.6.2 定义手臂和躯干的形状 97
7.6.3 背包和夹克的细节处理 98
7.6.4 完成腰带并在夹克上添加衣领 100
7.7 腿部建模 100
7.8 靴子建模 102
7.9 手部建模 103
7.9.1 创建手部基型 103
7.9.2 添加手指和手腕 104
7.10 帽子建模 106
7.10.1 创建帽子的基型 106
7.10.2 添加帽子的细节 107
7.11 头发建模 108
7.11.1 制作发绺 108
7.11.2 为头发添加自然的细节 109
7.12 最终细节的建模 111
7.12.1 眉毛 111
7.12.2 通信耳机 111
7.12.3 胸章 112
7.12.4 牙齿和舌头 112
7.12.5 其他衣服细节 113
7.13 总结 113
7.14 练习 114

第四部分 展开、绘画、着色

第8章 Blender 中的展开与 UV 116
8.1 展开与 UV 的工作原理 116
8.2 Blender 中的展开方法 117
8.2.1 UV/图像编辑器 117
8.2.2 UV/图像编辑器的导览操作 120
8.2.3 访问展开菜单 120
8.2.4 UV 映射工具 120
8.2.5 定义缝合边 121
8.3 展开前要考虑的事情 122
8.4 在 Blender 中编辑 UV 123
8.4.1 标记缝合边 123
8.4.2 创建与显示 UV 测试栅格图 124
8.4.3 新建一张 UV 栅格贴图 124
8.4.4 在模型上显示 UV 栅格图 125

8.4.5　展开 Jim 的面部 UV ·················· 125
　　8.4.6　实时展开 ·················· 126
　　8.4.7　调节 UV ·················· 127
　　8.4.8　拆分与连接 UV ·················· 127
　　8.4.9　完成后的面部 UV 效果 ·················· 128
8.5　为角色的其余部分展开 UV ·················· 128
8.6　拼排 UV ·················· 129
8.7　总结 ·················· 131
8.8　练习 ·················· 131

第 9 章　绘制纹理 ·················· 132
9.1　主要流程 ·················· 132
9.2　在 Blender 中绘画 ·················· 132
　　9.2.1　纹理绘制模式 ·················· 132
　　9.2.2　准备绘画 ·················· 133
　　9.2.3　绘画的条件 ·················· 134
　　9.2.4　绘画槽 ·················· 135
　　9.2.5　Blender 的纹理绘制功能的局限性 ·················· 135
9.3　创建基调纹理图 ·················· 136
　　9.3.1　摆放纹理元素 ·················· 136
　　9.3.2　保存图像 ·················· 136
　　9.3.3　打包图像 ·················· 137
9.4　在平面图像编辑软件中绘制纹理 ·················· 137
　　9.4.1　将 UV 导出为图像 ·················· 137
　　9.4.2　加载 UV 及基础元素 ·················· 138
　　9.4.3　添加基础色 ·················· 138
　　9.4.4　添加细节 ·················· 139
　　9.4.5　最后的润色 ·················· 139
9.5　在 Blender 中查看角色的纹理绘制效果 ·················· 141
9.6　总结 ·················· 141
9.7　练习 ·················· 141

第 10 章　材质与着色器 ·················· 142
10.1　理解材质 ·················· 142
10.2　在 Blender Render 引擎中为角色着色 ·················· 145
　　10.2.1　Blender Render 材质 ·················· 145
　　10.2.2　Blender Render 的纹理 ·················· 147
　　10.2.3　在 Blender Render 引擎中为 Jim 着色 ·················· 149
　　10.2.4　渲染测试图 ·················· 154
10.3　为角色应用 Cycles 材质 ·················· 155
　　10.3.1　使用 Cycles 材质 ·················· 155

		10.3.2	使用基础着色器	157
		10.3.3	混合与相加着色器	157
		10.3.4	加载纹理	157
		10.3.5	在 Cycles 中为 Jim 着色	158
		10.3.6	渲染测试	160

10.4 总结 161
10.5 练习 161

第五部分 让你的角色动起来

第 11 章 角色装配 164

11.1 理解装配过程 164
    11.1.1 装配件元素 164
    11.1.2 装配过程 165
11.2 使用骨架 165
    11.2.1 操纵骨骼 165
    11.2.2 物体模式、编辑模式与姿态模式 167
    11.2.3 添加约束器 167
11.3 装配角色 168
    11.3.1 基础骨架 168
    11.3.2 装配眼部 170
    11.3.3 装配腿部 171
    11.3.4 装配上身与头部 173
    11.3.5 装配手臂 173
    11.3.6 装配手部 174
    11.3.7 镜像复制装配件 176
    11.3.8 整理装配件 177
11.4 蒙皮 179
    11.4.1 理解顶点权重 179
    11.4.2 设置用于蒙皮的模型 180
    11.4.3 添加骨架修改器 181
    11.4.4 权重绘制 181
11.5 创建面部装配件 185
    11.5.1 编辑形态键 185
    11.5.2 创建面部装配件 187
    11.5.3 使用驱动器控制面部形态键 188
11.6 创建自定义骨形 190
11.7 装配件的收尾工作 191
11.8 在不同的场景重复使用角色 192
    11.8.1 库关联 192
    11.8.2 群组 192

11.8.3　使用代理为关联的角色创建动画 193
　　11.8.4　受保护层 193
　　11.8.5　使用副本可见性 193
11.9　总结 194
11.10　练习 194

第12章　制作角色动画 195
12.1　插入关键帧 195
12.2　使用动画编辑器 196
　　12.2.1　时间线 196
　　12.2.2　动画摄影表（Dope Sheet） 197
　　12.2.3　曲线编辑器（Graph Editor） 197
　　12.2.4　NLA（非线性动画）编辑器 198
　　12.2.5　通用的控制方式与小技巧 199
12.3　制作行走循环动画 200
　　12.3.1　创建一个动作 200
　　12.3.2　创建行走循环姿态 200
　　12.3.3　重复动画 202
　　12.3.4　沿路径行走 203
12.4　总结 204
12.5　练习 204

第六部分　作品的最后阶段

第13章　Blender中的摄像机追踪 206
13.1　理解摄像机追踪 206
13.2　拍摄素材前的注意事项 206
13.3　影片剪辑编辑器（Movie Clip Editor） 207
13.4　追踪摄像机 208
　　13.4.1　加载镜头 208
　　13.4.2　剖析标记点 209
　　13.4.3　追踪镜头中的特征点 210
　　13.4.4　摄像机设置 212
　　13.4.5　解算摄像机运动 212
　　13.4.6　为摄像机应用运动追踪结果 212
　　13.4.7　调节摄像机运动 213
13.5　测试摄像机追踪 214
13.6　总结 214
13.7　练习 214

第14章　布光、合成与渲染 215
14.1　为场景布光 215

14.1.1　分析真实镜头 ··215
　　　14.1.2　创建匹配镜头的灯光 ··216
　14.2　使用节点编辑器（Node Editor）··216
　　　14.2.1　合成方法 ···217
　　　14.2.2　理解节点的概念 ···217
　　　14.2.3　节点的组成 ··218
　　　14.2.4　使用节点编辑器 ···219
　14.3　在 Blender Render 引擎中合成场景 ···221
　　　14.3.1　设置场景 ···222
　　　14.3.2　设置渲染层 ··222
　　　14.3.3　节点合成 ···224
　14.4　在 Cycles 引擎中合成场景 ···226
　　　14.4.1　设置场景 ···226
　　　14.4.2　设置渲染层 ··226
　　　14.4.3　节点合成 ···227
　14.5　渲染 ···228
　14.6　总结 ···230
　14.7　练习 ···230

第七部分　继续学习

第 15 章　其他的 Blender 特性 ··232
　15.1　粒子 ···232
　15.2　毛发模拟 ···232
　15.3　布料模拟 ···232
　15.4　刚体和软体 ··233
　15.5　流体模拟 ···233
　15.6　火焰与烟雾 ··233
　15.7　蜡笔 ···233
　15.8　环形菜单 ···234
　15.9　游戏引擎 ···234
　15.10　Freestyle 渲染 ··234
　15.11　遮罩、物体追踪、视频稳像 ··234
　15.12　雕刻 ···235
　15.13　重拓扑 ··235
　15.14　贴图烘焙 ···235
　15.15　自带的插件 ··236
　15.16　更多的插件 ··236
　15.17　Animation Nodes 插件 ···236
　15.18　Python 脚本编写 ··236
　15.19　总结 ···237

第一部分　Blender 基础

第 1 章　Blender 简介

Blender 有一段很传奇的发展史，它是一款开源软件，设计理念与主流的商业软件有显著不同。如果你想深入使用 Blender，那么有必要了解一下这些知识，因为它会让你了解它的理念的强大之处。在本章中，你将了解 Blender 的发展历史、开发机制、基金会的运作方式，以及 Blender 的用户社区种类等。

1.1　Blender 是什么

Blender 是一款三维软件，提供了非常全面的 3D 图形创作套件。它拥有用于建模、贴图、着色、动画、合成、渲染、视频编辑等各种工具。从 2.50 版本开始，开发出了颠覆性的用户界面（UI），Blender 的用户群也显著增长。它已被动画工作室所使用，并已用于某些顶级电影的制作，包括《少年派的奇幻漂流》《蜘蛛侠 2》《小红帽》等。在 2016 年，它被用于制作电影《魔兽争霸》中某个生物的动画和合成。

它所面向的目标用户主要是专业人士、自由 3D 艺术家，以及小型工作室，而 Blender 也非常好地迎合了他们的需求。由于某些原因，目前还没有在大型工作室中普及。大型工作室通常都有自己开发已久的软件，而他们所使用的商业软件也有开发多年的完善的第三方插件支持。Blender 也一直在发展，缺乏来自第三方的支持。不过，抛开非常专业的领域不谈（起初它的用户主要是软件爱好者们），但它正在逐渐克服这些问题，有很多大制作影片已经开始把它用于模型和 UV 展开等流程，这也是 Blender 最为高效的两个领域。

Blender 以其设计理念的独特性著称，这也是有些人还在犹豫是否要去使用它的原因（尽管如之前所说，自从 2.50 版发布后，这种现状发生了巨大变化）。它并没有沿袭与其他那些发展了几十年的 3D 软件相同的标准，这对新手来说往往是个问题，但这也是 Blender 的魅力所在——当你驾轻就熟后，就会对它爱不释手，因为它是那么与众不同！起初，你可能会觉得很多特性和技法有些不好理解，但一旦你掌握了基础之后，一切都将变得直观明朗。

由于 Blender 是开源软件，因此它无需销售许可证，因此它可以绕开其他软件的机制，并添加一些独一无二的新元素。正如 Blender 基金会主席、Blender 之父唐·罗森达尔（Ton Roosendaal）所说："我不去参考什么标杆，而是要提升这个标杆。它追随的不是潮流趋势，而是自身的发展之路。"

Blender 的开发主要通过用户的自愿捐款提供资金支持。不难想象，由于很多人觉得它好用，所以自愿为它捐款，即使他们可以免费使用软件。对于只使用商业软件的人来说，这一点或许难以理解。然而，在很多开源软件身上都能看到类似的现象：恰恰因为免费，人们更愿意去贡献。

像 Blender 这样的开源软件有大量的贡献者，软件的发展也很迅速。对用户来说是好事，新的功能和工具会不断涌现。但这样也有个缺点，那就是你很难去完全了解所有的新功能。同样，教学资源的有效期也相对较短，即使它们可以使用若干年，因为基本的东西是基本不变的，而某些选项、图标，以及其他一些功能特性可能会在更新的版本中或多或少有一些变动。

1.2 商业软件与开源软件

开源软件不能用"常规"的版权与隐私方面的认知体系去理解，如不付费就不能使用等。两者之间的商业模式也是完全不同的。

1. 商业软件

通常，开发商业软件的公司的商业模式在于销售软件许可证本身。如果你想要使用商业软件，那就必须花钱购买一个许可证才行，但你并没有真正意义上拥有了软件本身。某些软件公司也会不允许你将软件拥有特定的用途（例如，研究、学习或更改它的代码）。此外，也会对你使用软件的时间进行限制，以后你还需要为升级而再次付费。在某些情况下，你可以免费使用软件，但仅可用于学习；如果你想专门用它来创作商业项目赚钱，那么就必须花钱购买一个许可证才行。在其他某些情况下，你仅可以免费使用软件的一部分受限功能，要想使用所有功能，也必须要付费购买许可证。盗版问题由此而来：有些人买不起软件，也有些人不想付费使用，于是他们会使用那些非法的版本，这会影响到商业软件开发者们的收益。

如果你不是软件开发公司的雇员，那么就无法为商业软件开发新功能。即便你是，当然也要遵守公司的规定（而且你也不能复制或公开自己的代码）。

2. 开源软件

人们往往会把开源软件和免费软件混为一谈。但免费一词有两层含义：不仅使用软件是免费的，而且其源代码也对所有人开放。某些软件虽然可以免费使用，但却仅限于前者；也就是说，你不能窥探软件的核心，也就是源代码，也不能按自己的需要去修改它。

而开源一词的意义在于，用户可以获取软件的源代码，并且按自身需要进行修改。开发者也会鼓励大家去看代码，并把它用于商业用途，甚至是再次发布。也就是说，开源软件和商业软件是正好对立的。你可以下载软件并立即用于商业用途。开源软件（OSS）开发公司的商业模式并不在于销售软件本身，而是在于销售服务。例如，教学资源、培训，以及技术支持等。这类公司往往也是依靠大众的捐助运作。

开源软件的好处在于，任何人都可以下载源代码，并开发自己想要的功能，而其余的人随后也可以用到这个新功能。你可以自由修改、随意复制并学习源代码，可以把它分发给你的朋友或同学们。有时候，开源软件是由个人或小团体开发的。而有时候，开源软件是由非常复杂的、高度组织化的公司去开发。

还有一点值得一提，开源许可证有很多种类。例如，通用公共许可证（GPL）、Eclipse 公共许可证（EPL），以及麻省理工学院（MIT）许可证等。在使用开源软件之前，应当了解一下这些许可证的条款，确保充分理解自己的合理使用范围。

1.3 Blender 的历史

很多人都以为 Blender 是一款相对较新的软件，但这并不准确。Blender 最初诞生于 20 世纪 90 年代，算起来已有 20 多年的历史了。前不久，Blender 基金会主席唐·罗森达尔（Ton Roosendaal）找到了一段"古老"的代码，生成日期追溯到了 1992 年。尽管如此，软件本身的确是在近些年才为大众所知的，尤其是在2.50版本发布以后。这一版本颠覆了原有的用户界面，重写了用户界面及核心部分的代码，这让它变得更友好，功能也比以往的版本更加强大。

1988年，唐·罗森达尔成立了一家名为NeoGeo的荷兰动画工作室。不久以后，这家工作室便决定自己编写一个软件，供自己创作动画使用；最终在1995年开始打造这款软件，这就是我们的Blender。在1998年，唐成立了一家名叫Not a Number的公司（简称NaN），专门负责Blender的开发和市场运作。由于当时的经济环境很不景气，NaN并没有取得成功，投资方也不再向公司投资，Blender的开发工作也在2002年停滞了。

在2002年年底，唐创建了一个非营利性组织——Blender基金会。用户社区募集了十万欧元（仅在七周内就募集到了这笔巨款），并与之前的投资方达成协议，以此换取Blender的开源之身，并让大众免费使用。最终，在2002年10月13日，Blender以GNU通用公共许可证发布，从那天起，唐就领导着一个充满激情的开发团队为项目贡献代码。

第一个开源电影项目《大象之梦》（Elephants Dream）在2005年诞生了，旨在组建一个艺术家团队，将Blender用于一个实际的项目，并向开发者反馈意见，最终让软件得到大幅改进。该项目的目标不仅在于使用开源工具制作一部影片，而且也将项目文件及最终成片以创作共用开源许可证发布。

该项目最终取得了巨大成功。在2007年夏天，唐在荷兰的阿姆斯特丹创立了Blender研究所。研究所目前负责Blender的核心开发工作。此后又有若干个开源电影及游戏项目发布，包括2008年的《大雄兔》（Big Buck Bunny），同年的《松鼠大冒险》（Yo, Frankie!）、2010年的《寻龙记》（Sintel），以及2012年的《钢之殇》（Tears of Steel）。

Blender 2.50版本的开发始于2008年。它对旧版的软件核心做了重大改进，最终在2011年发布了正式版。《寻龙记》就是针对这个新版本的检验项目，它也帮助改进了工具，并将之前版本的功能追加进来。此后，Blender又加入了若干重要特性。例如，Cycles渲染引擎，这是一款新的渲染引擎，支持GPU实时渲染，支持基于射线追踪算法的渲染。

Blender研究所最新的一部开源电影是《钢之殇》（Tears of Steel），项目目标在于改进视觉特效工具。例如，摄像机追踪、合成节点功能增强，以及遮罩等诸多特性，使得Blender成为更灵活的3D工具软件。

Blender研究所的最新一部开源电影是《宇宙洗衣店》（Cosmos Laundromat，见图1.1），这是Blender研究所制作的首部全特性电影，尽管项目最终的众筹资金并未达到预期目标，然而这部短片展现出了惊人的影响力，并在很多电影节上屡获殊荣，包括2016年年度的Siggraph评审团特别奖。在影片的制作过程中，毛发模拟、Cycles渲染能力、视频编辑选项，以及众多新的特性获得了大幅提升。

Blender的开发流程一直在不断改进。现在，每隔3~4个月就会有一个新版本发布。截至撰写本书时，Blender的最新版本是2.78b。在此前的几个版本中，增加了一些用户界面方面的改进（例如，将菜单选项卡化以避免大量的滚动操作等），还修复了大量的软件Bug，也增加了一些新特性（例如，Cycles引擎支持体积渲染、烟雾、火焰及可形变网格、运动模糊等，以及一些新的建模工具）。不过，Blender 2.7X系列并非专注于增加新的特性，而是对现有的特性进行改进，深入改进Blender，为将来的2.80系列版本做准备。等到2.80到来时，对新特性的添加以及对工具、插件等诸多特性的上下双向兼容性的维护都会变得更加容易。此外，深入的改进会带来性能的提升，这对于专业用户来说是相当重要的。

图 1.1　Cosmos Laundromat（2015）

1.4　Blender 基金会与 Blender 研究所

　　Blender 基金会是一个组织 Blender 的开发及所有与软件相关的项目运作的法人，相关项目包括开源电影、交流会议，以及培训等。基金会的办公地点位于 Blender 研究所，blender.org 网站的基础设施就坐落在那里。

　　Blender 基金会的领导人是唐·罗森达尔（Ton Roosendaal）。他负责掌控软件的开发目标，以及组织所有相关的活动。人人都可以为 Blender 建议自己期望看到的功能。经过开发团队的筛选与分析，确定可行的开发目标后便开始正式开发。这与商业软件的开发方式大不一样，商业软件公司会自行决定要开发什么，而开发人员无权决定要添加什么功能。

　　实际上，Blender 的用户基本不需要提出新特性的建议，如果他们有能力，只需要自己开发出功能，然后将代码提交给基金会即可。如果其价值得到认可，而且迎合 Blender 的开发方针（务必要与软件的其他部分相容），那么主开发团队就会把它加入到官方的正式版本中。

　　Blender 基金会雇佣一些开发人员完成特定的任务，但多数开发者都是志愿的，他们自己投入时间去学习和实践软件的使用，或者只是因为他们想要参与到开发进程中去。有些开发者甚至会自己募集捐款，为愿意捐助的用户开发他们想要的好功能。

　　由于它是一款开源软件，Blender 分为主干（Trunk）版和分支（Branch）版。主干版是发布在 blender.org 网站上的官方版本，它包含了 Blender 的稳定特性。分支版则是用于测试新特性的开发版本，或者是那些由于某些原因可能或不可能进入官方主干版本的特性（商业软件也使用这种方式，但都是在内部执行的，除非软件公司在正式版发布之前发布 Beta 版本以收集反馈信息，你无法自己去创建或测试开发版本）。

　　当然，如果人人都把自己的想法加到软件里面去，那也会是一团混乱。因此，Blender 基金会的主要任务就是对开发者进行组织管理，制定目标，决定哪些功能会出现在最终的正式版里。基金会会决定哪些功能的开发需要在分支版本中进行，以及哪些分支应该被移除。基金会也会为 Blender 提供平台并进行维护，运作软件错误追踪（Bug-tracker）系统，用户可以在里面提交自己遇到的 Bug，然后会把它们指派给对应的开发人员进行修正（他们的效率通常会很高）。

　　注意：如果你有兴趣测试 Blender 的开发版本，可以访问 http://graphicall.org 和 http://developer.

blender.org，你可以在上面找到与自己操作系统对应的版本。如果你是专业用户，那么不建议使用这些版本，因为它们包含体验特性，而且不够稳定，所以要谨慎使用。

基金会决定捐款的用途。首先，Blender 基金会是 Blender 开发的神经中枢，而 Blender 研究所是它的实体办公地点。

Blender 基金会也负责组织基于若干目标的开源电影：
- **募集资金**：人们预先购买电影，电影及教程资源会为自身的开发带来一定的资金支持。
- **在制作中检验 Blender**：制作电影是检验 Blender 在制作环境中实用性的最好方法。它为开发者提供了一个修复问题及发掘新特性改进点的机会。
- **改进 Blender**：通常，每部开源电影都有特定的目标。例如，《寻龙记》（Sintel）的开发目标是检验新版的软件，让它变得稳定，并可应用到制作环境中。《钢之殇》（Tears of Steel）的开发目标是改进 Blender 的视觉特效处理能力。因此，每部开源电影都会去添加很多的特性，最终实现改进 Blender 的目的，而很多用户也帮助电影募集资金，这样，他们就能在将来看到这些精彩的特性了。
- **为 Blender Cloud 平台提供内容**：Blender Cloud 是一个服务平台，人们可以通过成为注册用户获得相关的服务（这也是在帮助 Blender 募集开发资金）。Blender 基金会会在上面发布视频教学及开源电影的相关教学资源等。此外，Blender Cloud 网站的注册会员能够获得某些附加服务。例如，直接从云端为模型添加贴图，或者在渲染完成后直接上传等。
- **能力展示**：有了这些项目，基金会可以向全世界展示 Blender 的能力，证明 Blender 完全可以用在专业的制作环境中。

1.5 Blender 社区

对于各种类型的软件，有专门的软件交流社区是很重要的，可供发表反馈并鼓励他人使用软件。而这对于开源软件来说更加重要：社区不仅提供反馈意见，也会建议新特性、讨论开发、创建新特性、组织活动、支持项目及捐款等。

开源软件社区的用户，其思维也是非常开放的。他们在其他软件用户看来往往是所谓的"狂热者"或"软件迷"。然而，当你融入了其中某个社区后，你就会理解为什么了：他们不仅讨论特定的软件，也会将道德品性融入其中，他们愿意为改进软件而无偿贡献，甚至会为了某种功能的开发目标而捐款。

Blender 社区包括所有使用 Blender 的人，他们会在论坛、网站、博客、播客及视频等地方发布体验感受。社区会为新用户提供帮助和教程，会撰写文章，包括为 Blender 基金会募集捐款。尽管 Blender 并不是傻瓜式的软件，但背后却有一个优秀的社区为你提供帮助，也提供免费的学习资源。这会让学习难度显著降低。

最近，社区出现了一个新的特色：内容及插件商店。某些商店可以让内容创作者们销售他们的作品（模型、贴图、材质、动画等），以及插件（指的是为 Blender 赋予特定功能的附加工具）。这种发展趋势为社区带来了一种新的途径，专业人士们如今可以直接向开发者们购买为工作带来便利的工具。小型工作室可以购买现成的材质，让自己的项目及时完工（这在其他软件中也有广泛的应用）。

以下是部分社区论坛与参考网站：

- www.blenderartists.org：在这个论坛里，你可以展示自己的作品，获取他人的反馈，评论他人的作品，提问题，或是探讨任何与 Blender 和 3D 相关的话题。
- www.blendswap.com：你可以在这里分享自己的模型和资源，并下载他人的模型及资源用于自己的项目当中。
- https://blendermarket.com：你可以在这里销售或购买 Blender 插件及教学资源等，包括模型、材质、动画等 3D 资源。
- www.blendernation.com：这是 Blender 的新闻主站，你可以每天从上面了解最新的更新、新的插件、有趣的作品，以及教程等内容。

1.6 总结

Blender 已经发展了很多年。它可以免费下载和使用，甚至可以用于商业用途。Blender 基金会组织软件的开发工作，人人都可以通过编程、提交错误报告、捐助，以及购买基金会产品等方式为它的发展做出贡献。开源软件两个最显著的特色在于：你可以触及软件的核心代码并为己所用，也可以有机会和开发者互动，和独具特色且思维开放的社区互动。

1.7 练习

1. 什么是开源？
2. Blender 的开发始于何时？
3. 你是否需要购买许可证才能将 Blender 用于商业用途？
4. Blender 基金会的主要职能是什么？
5. 可以将使用 Blender 创作的作品拿去售卖吗？

第 2 章 Blender 基础：用户界面

本章帮助你开始了解 Blender 的用户界面及主要导览特性的工作方式。Blender 的窗口及菜单很直观。当你熟悉的时候，可能需要去理解它的设计理念，但别担心，这个过程会很有趣！

2.1 下载与安装 Blender

在开始使用 Blender 之前，你需要先下载它，这是当然啦！非常简单：你只须连接到因特网并访问www.blender.org（Blender 的官方网站），然后在主页上找到跳转到 Download（下载）标签并找到下载链接即可。

此时会看到一个列有当前官方版本的面板，你可以在这里选择你的操作系统，并选择是选择安装包版（仅对 Windows 系统）还是便携版（没错，你可以把它复制到用 U 盘等便携存储设备中带着走）。你也需要选择你的操作系统是 32 位还是 64 位的（如果你不了解，那就下载 32 位版）。

如果你使用 Windows 系统并下载了安装包版，请在安装时遵照指导步骤安装。如果你下载的是.zip 格式（Windows 及 Mac 系统）或.tarball（Linux）格式的便携版文件，请先解压缩，并在解压后的文件夹中找到名为 blender.exe 的可执行文件并运行即可。

注意：在下载之前，确保已阅读过 Blender 网站上的相关信息，因为上面会提供相关的包或库文件的说明，这些都是保证 Blender 正常运行的必要文件。目前，这些文件包括：

- **Windows:** Visual C++ 2013 可再发行组件包；不再支持 WindowsXP 系统
- **Mac OS:** 仅支持 Mac OS X 10.6 或更高版本的系统
- **Linux:** 需要安装 glibc 2.11

2.2 使用 Blender 推荐的硬件

与某些基础软件（如文字处理软件）相比，3D 软件存在一定的硬件需求。在本章节中，建议使用如下硬件，以便充分发挥 Blender 的性能，尽管这些设备并不是必须的。

- **带滚轮的三键鼠标**：3D 软件需要你在三维世界中进行操作，通常使用三键鼠标才能充分展现出这种优势。拥有滚轮或中键的鼠标很有必要。在 Blender 中，滚轮操作是可选操作，因为你可以通过在按住鼠标中键的同时拖动鼠标模拟类似的操作。如果没有鼠标中键，你将无法顺畅操作，不过，Blender 也提供了另一种变通方式，即同时按住[Alt]键和鼠标左键可模拟鼠标中键的功能（该选项位于用户设置面板中，该面板将在本章后续提及）。然而，使用中键方式操作会更为舒适。
- **带数字键盘区的键盘**：当然，没有独立的数字键盘区也可以正常操作，但 Blender 为该键区赋予了扩展操作特性。此外，这种键盘也会让 3D 世界中的导航操作变得非常方便，让你能够控制摄像机，通过按下特定的键能够快速切换到对应的视角。Blender 也允许将字母区上方的那排数字键设为同样的功能（也可通过用户设置面板开启），然而那样会限制它们原有的功能。我通常会配备一个便携式数字键盘（外形和计算器类似）插在我的小笔记本电脑上，这样我就能在不使用外接全键键盘的情况下顺畅使用 Blender 了。

- **CPU**：所有的台式机和笔记本电脑都有 CPU（中央处理器）。Blender 是非常轻量级的软件，因此目前的 CPU 足以胜任绝大多数的运算需要，你的场景越复杂，对 CPU 的性能要求就越高。否则，电脑会拖慢你的正常工作节奏。这里我并不打算推荐某款特定的 CPU 型号。只要记住一点，CPU 的性能越高，Blender 的运行性能就越好。
- **8GB 内存**：内存的容量也是非常重要的硬件指标，因为 Blender 会利用内存实现各种操作。例如，在渲染前存储场景数据（如果你的场景数据容量超出了内存容量的话，那么就无法完成渲染）。尽管你可以在仅安装了 1GB 容量内存的机器上运行 Blender，但我依然推荐至少配置 8GB 的内存。
- **支持 CUDA 或 OpenCL 的图形显示卡**：如果你打算使用 Cycles 引擎进行渲染，那么最好使用一张相对较好的显卡，因为 GPU（图形处理器）的运算速度远高于 CPU。要想使用 GPU 渲染，你的显卡必须支持 CUDA（NVIDIA 显卡）或 OpenCL（AMD 显卡）技术。截至目前版本的 Blender（2.78b），OpenCL 的集成尚属于试验特性，而且并非支持 Cycles 引擎的全部特性。因此推荐使用 NVIDIA 显卡。

选择 NVIDIA 显卡时，要留意其关键的规格参数：显存容量（其他的参数，如运行速度等，同样会改善渲染时间，但影响最大的参数是显存容量）。和内存容量的道理一样，你的场景数据需要先存到显存当中。因此，显存越大越好。另一个关键参数是 CUDA 的核心总数（核心越多，渲染越快）。

2.3　Blender 的用户界面

前文有提到，Blender 的用户界面有别于其他软件。你会立即发现它的用户界面是由区域组成的（也叫窗口页面），你可以对区域进行分割及合并，从而创建出自己的窗口布局，这取决于自身舒适度的喜好，或是实际工作的需要。如果你需要更多关于界面的介绍，可以访问本书对应的出版方网站页面（www.informit.com/title/9780133886177）找到视频教程并下载观看，其中有关于本章基础内容的讲解。

每个区域显示了不同的工具集和外观，称为编辑器。Blender 的每个部分，或者说你想要用来完成特定工作的部分，都被开发成专门的编辑器。例如，3D 视图（3D View）、大纲视图（Outliner）、时间线（Timeline）、节点编辑器（Node Editor），以及 UV/图像编辑器（UV/Image Editor）就是其中几个常用的编辑器类型。

任何时候，你都可以分割某个区域，并指定该区域的编辑器类型，这带来了高度的灵活性。你可以保存不同的工作区，以便能够快速载入自己需要的那个，而无须重新创建。

以下列出了 Blender 默认界面布局中的区域（见图 2.1）：

信息栏（图中 **A** 区）：这里主要包含了如保存、加载及帮助等典型选项。此外，栏上有两个下拉菜单，工作区布局菜单（本章后面会讲到）和场景菜单（用于切换显示同一项目文件中的不同 3D 场景），还有渲染引擎选择菜单，以及当前场景中的各类信息。

3D 视图（图中 **B** 区）：这里就是见证奇迹的地方，你可以在其中创建物体及模型，并让它们动起来，也可以添加灯光等。默认情况下，你可以看到一个标有彩色轴线的栅格（X 轴为红色，Y 轴为绿色)、一个灯光物体、一个立方体，以及一个摄像机物体——你只须要调用渲染器把 3D 场景渲染成图即可。

工具栏（图中 **C** 区）：某些编辑器，如 3D 视图，如图 2.2 所示，会有单独的区域，你可以在其中找到针对该编辑器的特定选项。这类区域有两种类型，分别是工具栏和属性栏。默认显示在 3D 视图左侧的纵向栏就是工具栏了，上面有常用的工具和操作。

启动画面（图中 **D** 区）：该画面会在你开启 Blender 后显现，上面显示了当前版本号、与 Blender 相关的链接、在线帮助网址，以及最近打开的文件等。如果你只想进入 Blender 的主界面，那么只需要单击该画面以外的区域即可将其关闭。

时间线（图中 **E** 区）：该区域显示场景的帧范围（默认单位为帧），并能够控制动画播放，并观察动画关键帧或时间标记点所在的位置，也可以控制动画的起止位置等。

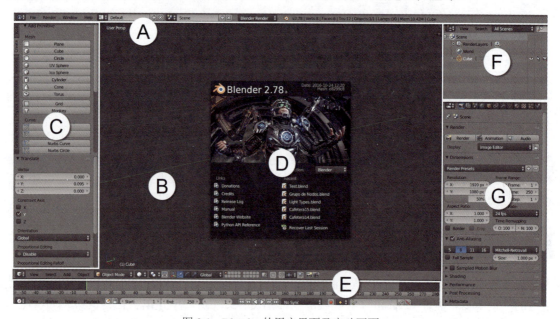

图 2.1　Blender 的用户界面及启动画面

大纲视图（图中 **F** 区）：该区域呈现的是当前场景的内容概览，类似于树形图，可以展开和收起。在这里，你会看到场景中所有物体的列表，以及它们之间的关系，你也可以快速选择和查找特定名称的物体。

属性编辑器（图中 **G** 区）：该编辑器称得上是 Blender 中最重要的区域。在这里，你将找到所有用于渲染的选项。你可以创建材质，更改所选物体的参数、添加修改器或约束器、设置物理属性及粒子效果等。

2.4　理解 3D 视图

我们先来看一看 3D 视图中的元素，这里是 Blender 的主要编辑器（见图 2.2）。其中某些项目也出现在其他编辑器里，这也有助于你理解它们的作用。

视图名称（图中 **A** 区）：默认情况下，你会在左上角处看到当前视图的名称（例如，用户透视、前视图正交、右视图正交等）。因此，如果你不确定当前摄像机的位置，这里会让你一目了然。

工具栏（图中 B 区）：多数编辑器的左侧或右侧都有这样的区域。你可以按键盘上的[T]键显示或隐藏工具栏。

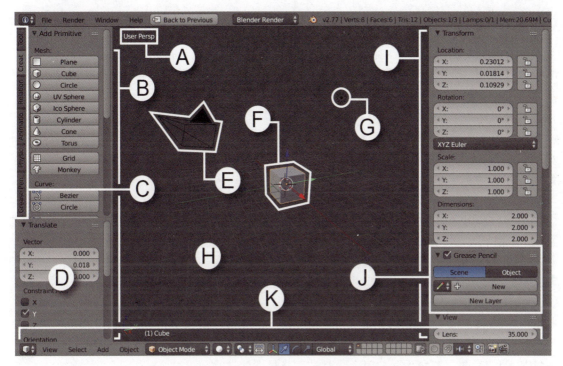

图 2.2　Blender 的 3D 视图——最重要的编辑器之一

你也可以调整工具栏的宽度，方法是将鼠标指针停留在其边界处，单击并拖动。如果工具栏是隐藏状态，那么在 3D 视图的左侧边界上可以找到一个小"+"号按钮，单击它即可让工具栏再次显示出来。

选项卡（图中 C 区）：工具栏侧面有一组按内容分类的选项卡，单击可以显示不同类型的工具。例如，在图 2.2 中，创建（Create）选项卡为选中状态，单击上面显示的按钮可以创建几何形状、曲线、灯光，以及其他类型的物体。将鼠标指针悬停在选项卡的标签上，此时，滚动鼠标滚轮即可切换浏览各个选项卡。

操作项面板（图中 D 区）：工具栏的下方是操作项（Operation）面板，这里会显示你上一次操作的相关参数调节项，如顶点数量、圆的半径，或者是否对圆进行填充等。调节这些选项可以看到实时的效果反馈。此外还有一种方式（适用于全屏或无菜单的工作模式），可以按[F6]键调出操作项调节的浮动面板，显示在 3D 视图区域。

摄像机（图中 E 区）：如果场景中没有摄像机，那么你就无法生成渲染图（即根据 3D 场景生成的最终平面图像）。摄像机定义了视角、视场、缩放及景深，以及其他一些额外选项，可让你在视口中看到最终渲染图像的内容。

默认立方体（图中 F 区）：初次打开 Blender 时，你会看到场景中央有一个立方体，所以你已经有了一个可以操作的几何形状了。如果你打算从其他形状做起或是清空场景，那么可以按[X]键或[Delete]键把它删掉。

灯光（图中 G 区）：如果你想做出出色的渲染结果，那就需要在创景中用灯光照明，生成明暗阴影。Blender 的默认场景中包含一个点光（Point）灯，提供基本的照明。

栅格（图中 H 区）：栅格表示场景的地面，用 X 轴（红色）和 Y 轴（绿色）表示场景的定向及尺寸。默认情况下，每个栅格块代表一米，但你可以在属性栏（Properties）的显示（Display）面板中对栅格的比例和分段数进行自定义。

注意：对于很多用户而言，使用现实世界中的尺寸是很重要的。从 Blender 2.8 版本后，单位体系有所改进，现在你可以方便地使用不同的单位了。默认情况下，Blender 的长度计量单位是米（meter），你可以在属性编辑器的场景（Scene）选项卡下的单位（Units）面板中找到自定义单位的选项。你可以选用公制或英制体系，并提供了一系列的常规计量单位预设，你可以使用比例值。1.00 代表 1 米，对于其余的单位来说，该比例值视具体情况而定（公制时使用 0.01，主单位会转换成厘米；英制 0.0254 会转换成英寸）。场景同样会产生缩放，以适应这些变化。如果你想让 3D 视图中的单元格显示同样的计量长度，那么它的缩放就必须和单位（Units）面板中的数值相同。

属性栏（图中 I 区）：不要把这个跟属性编辑器（Properties Editor）中的属性栏混淆了哦。这个区域只会包含影响当前 3D 视图的属性及参数。该栏默认是隐藏的，但你可以按[N]键把它展开。你可以从中找到物体的变换选项、3D 游标坐标、视图选项、显示选项（例如，栅格尺寸），以及用于参考的背景图选项等。该区域的内容也是视交互对象而定的。你也可以像调节工具栏的宽度那样调节它的宽度。

提示：在其他 3D 软件里，你经常会看到 3D 窗口默认呈现为四视角视图。在 Blender 中，也有一个选项可以在 3D 视窗里实现这种四格视图。在 3D 视窗的属性侧边栏里找到显示（Display）面板，单击其中的"切换四格视图（Toggle Quad View）"按钮即可。你也可以按[**Ctrl + Alt + Q**]组合键。在该面板中有若干针对四格视图的选项。

面板（图中 J 区）：Blender 的工具栏、属性栏，或是在属性编辑器（Properties Editor）中，菜单及选项都被面板归类。单击面板左上角的黑色小三角（或者面板的标题栏本身）即可展开或收起它们。

在图 2.3 中，你可以看到面板标题栏左上角那个向下指的三角图标（图中为 3D 游标面板）。当你单击它时，三角图标会向右指，此时面板会向上收起以节省空间。当鼠标指针悬停在某个面板上时，可以按[A]键实现同样的收叠与展开操作。此外，如果你单击右上角那里并拖动，即可对面板重新排序。

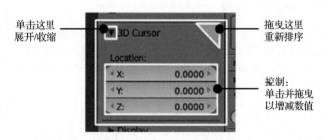

图 2.3　属性栏中用于控制 3D 游标的面板

标题栏（图中 K 区）：每个区域都有一个标题栏，也就是一个位于区域顶部或底部的横条，包含了与该区域对应的菜单及选项（见图 2.4）。将鼠标悬停在标题栏上并按[F5]键，可以转换它的显示位置（在顶部或底部之间切换）。

根据所选的对象及所用的模式，3D 视窗标题栏上的内容从左到右依次为：

- **编辑器类型**：选择当前区域的编辑器类型。

- **编辑器菜单**：提供了针对当前编辑器的特定选项。图中为 3D 视窗的标题栏，可用的菜单包括视图（View）、选择（Select）、添加（Add）及物体（Object）。
- **交互模式**：用于选择你想要的工作模式，包括编辑模式（Edit Mode）、物体模式（Object Mode）等。
- **绘图方式**：用于在 3D 视窗的各种显示方式间切换，如线框（Wireframe）模式、实体（Solid）模式、纹理（Textured）模式及渲染（Rendered）模式等。
- **轴心点**：在空间中提供了一个参考轴心点，用于物体变换。
- **变换坐标系**：用于选择不同的操纵件，用于物体变换（移动、旋转及缩放）。
- **场景层**：这些小方块代表了不同的层，你可以在其中存放物体，以此的所有物体进行组织。

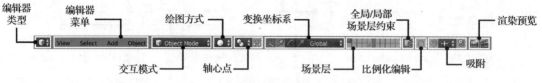

图 2.4　3D 视图标题栏及所含内容

- **全局/局部场景层约束**：用于将 3D 视窗所用的层设定与渲染时的层设定关联。例如，如果你想渲染某个层的内容，但又不希望在 3D 视窗显示该层，那么可以在渲染层选项卡中选择该层（详见第 14 章"光照、合成与渲染"），然后关掉全局/局部层场景按钮，这样就可以让 3D 视窗与渲染层分别应用两套层设定了。
- **比例化编辑**：可为所选对象周围的对象选择不同的衰减影响方式。所选对象周围的圆圈代表选区的影响范围。你可以使用鼠标滚轮调节该区域的大小。物体距离选区越远，所受到的变换操作影响就越小。
- **吸附**：提供了若干用于在变换时吸附到其他元素的选项。
- **渲染预览**：这两个按钮用于渲染实时预览窗口，第一个按钮用于渲染单帧图像，第二个按钮用于渲染动画。它们渲染的是你在 3D 视图中看到的内容。

提示：如果标题栏的区域太小以致难以看清全部菜单及选项，那么可以在上面按住鼠标中键并向左或向右拖动，这样即可横向滚动显示标题栏的完整内容。

你也可以在标题栏上单击鼠标右键，弹出附加选项，例如，将所有菜单收叠成一个单独的按钮以节省空间，对于较小的操作区域而言会方便一些。

2.5　3D 视窗导览

现在你对 3D 视窗有了一定的了解，让我们来看看如何在 3D 视窗中进行导览，以便能够检视你所创建的三维场景。当你的鼠标指针悬停在 3D 视窗区域内时，你可以执行一些动作以改变当前的视角（见图 2.5）。

- **平移（Shift + 鼠标中键）**：在当前视图中平移摄像机视角。
- **旋转（鼠标中键或数字键盘区的 4、8、6、2）**：绕场景旋转摄像机。
- **缩放（鼠标滚轮或 Ctrl + 鼠标中键并拖曳，或数字键盘区的 "+" 及 "-"）**：以某点为基准推近或拉远视角。

- **查看选中对象（数字键盘区的"."）**：以选中的对象为摄像机的中心，并缩放摄像机视角。
- **预设视角（前视图、右视图、顶视图，对应的快捷键分别是数字键盘区的 1、3、7）**：切换到与某个轴向对齐的视角。同时按住 [Ctrl] 键可切换到对应的对立面视图，即后视图、左视图、底视图。

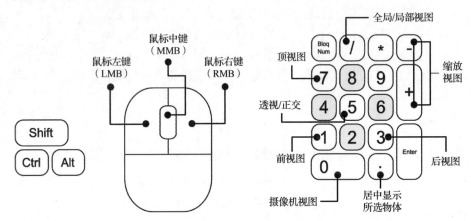

图 2.5　用于 3D 场景导览操作的按键

大多数用于 3D 场景导览操作的按键都位于鼠标及数字键盘区。图中的灰色按键可用于旋转摄像机视角。

提示：为了高效利用 Blender 默认的导览设置，强烈建议使用带有数字键盘区的键盘，以及带有滚轮及中键的鼠标。如果没有，那么也可以在用户设置面板中开启模拟三键鼠标（Emulate 3 Buttons）选项，以便使用 [Alt+鼠标左键] 模拟鼠标中键，或使用字母键上方的数字键代替，但这样的操作会有一定的局限，而且导览的顺畅度也欠佳。

- **透视/正交视图切换（数字区 5 键）**：该操作可在透视视图与正交视图键切换。
- **摄像机视图（数字区 0 键）**：该操作可跳转到当前使用中的摄像机视角。选中一个摄像机，然后按 [Ctrl + 数字区 0 键] 即可将该摄像机设为当前使用的摄像机。[Ctrl + Alt + 数字区 0] 键可将使用中的摄像机视角转到当前视图视角。请注意，[Ctrl + 数字区 0] 键也可将其他类型的物体当作摄像机使用。因此，当你在选中某个物体后不小心按下这个组合键而转到一个奇怪的视角时不必担心，其实从另一方面来讲，在某些时候这也有助于调整物体的朝向。例如，你可以利用这个功能将视角定位到某个定向光源物体上，这会让你对光线的照明范围有更直观的了解。
- **全局/局部视图（数字区"/"键）**：局部视图会将除选中物体以外的所有物体隐藏，这样就可以将遮挡视线的物体屏蔽掉。再次按下该键即可切换回全局视图。
- **行走漫游模式（Shift + F）**：在画面中慢速移动。使用键盘的方向键或 A、S、D、F 键在画面中进行导览，和电视游戏的控制方式一样。使用 [Q] 键和 [E] 键可以上升或下降。使用鼠标旋转摄像机。你可以用鼠标滚轮调节移动时的速度。按 [G] 键可启用重力效果（就像是在游戏中那样，摄像机落在场景中的几何体上表面。单击鼠标点可确定移动结果，单击鼠标右键可取消操作。
- **飞行漫游模式（Shift + F）**：使用飞行方式进行导览，而非行走方式。要想切换到这种漫游方式，需要在用户设置（User Preferences）面板的输入（Input）选项卡下修改默认设置。移动鼠标可旋转视角，按住并拖动鼠标中键可平移视角，滚动滚轮可向前或向后飞行。单击鼠标左键确定移动结果，单击右键可取消操作。

提示：如果你用过 3ds Max 或 Maya 等同类软件，可能会对 Blender 中的平移或旋转视角的操作方式不太适应。你可以在用户设置（User Preferences）面板的输入（Input）选项卡中更改快捷键设置，我本人设置的快捷键是：
- 平移：鼠标中键
- 旋转：Shift + 鼠标中键

2.6 管理区域

如你所见，Blender 的用户界面由区域（或称窗口页面）组成。现在就让我们来驾驭它们！首先，你将学会如何分割及合并它们，该操作热区位于每个窗口的左下角或右上角，你会看到三条斜线勾勒出的小三角区，鼠标移动到上面后，指针会变成十字星。

此时你可以执行以下这些的操作：
- **分割**：单击鼠标左键并拖曳它，即可将其一分为二。纵向拖曳可创建一条水平分割线，横向拖曳可创建一条纵向分割线。在拖曳时，如果在松开鼠标左键之前单击鼠标右键，那么可以取消当前的分割操作（见图 2.6）。
- **合并**：单击某个区域的小三角区并向相邻的区域拖曳，此时会看到该相邻区域的颜色变深，并显示一个箭头，代表当前的区域合并方向。此时松开鼠标左键，即可将相邻区域合并进来。请注意，只有当窗口的同向边界线对齐时才能执行区域合并。在松开鼠标左键之前单击鼠标右键可取消当前的合并操作（见图 2.6）。

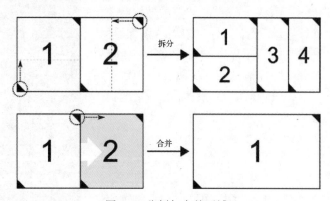

图 2.6　分割与合并区域

提示：如果你将指针放在某个区域边界上，鼠标指针会变成一个双箭头图标，此时单击鼠标右键可弹出拆分与合并选单。选定想要拆分或合并的区域，单击鼠标确认，或单击鼠标右键撤销操作。

- **换位**：在任意一个小三角区上按下[**Ctrl** + **鼠标左键**]并拖曳到另一个区域即可实现这两个区域的换位。
- **复制**：在小三角区上按下[**Shift** + **鼠标左键**]可创建一个与当前区域内容相同的新窗口，这有助于利用第二个显示屏。
- **区域最大化**：鼠标指针悬停在某个区域内，按[**Shift** + **空格键**]或[**Ctrl** + **上方向键**]

可全屏显示该区域。该区域会被最大化显示，能够让当前区域充分利用屏幕空间。再次按下快捷键可返回到原始窗口布局。
- **全屏**：按[Alt + F11]组合键可将当前工作区全屏显示。
- **调整尺寸**：鼠标指针悬停在某个区域的边界上，此时指针会变成一个双向箭头图标，单击并拖曳可调节区域的尺寸。

窗口布局

在顶部的信息栏上，有一个用于存储窗口布局的下拉菜单。你可以单击"+"按钮新建自己的窗口布局。按照自己的需要定义好屏幕中的窗口布局方案，然后给该方案命名。可以在下拉菜单中选择对应的窗口布局，也可以按[Ctrl + 鼠标左键]或[Ctrl + 鼠标右键]在这些已保存的窗口布局方案间依次切换。

2.7　编辑器类型

现在你了解了如何用这些区域定义自己的窗口布局，你还需要了解在区域中显示的编辑器类型。你可以单击编辑器左端的图标展开选单，然后可以从中指定编辑器类型（见图2.7）。

- **Python 控制台（Python Console）**：它是一个内建控制台，能够使用 Blender 的 Python API 与 Blender 进行交互。该编辑器主要供开发人员使用。
- **文件浏览器（File Browser）**：它可供在当前系统的文件夹中进行导览。例如，你可以查看图像等。此外，你可以将其中的图片拖曳到其他的编辑器中。例如，将一张图片拖曳到 3D 视窗当中作为背景参考图。在编辑视频时，往往需要频繁地将视频文件素材拖曳到时间线的轨道上，此时，使用文件浏览器就会非常方便。
- **信息（Info）栏**：默认位于界面的上方。此外，当你向下拖曳该区域的下边界时，会看到一个 Python 控制台，其中显示了操作日志和报错等信息。
- **用户设置（User Preferences）面板**：它是一个包含了若干选项卡的窗口，能够让你定义 Blender 的快捷键、更改界面颜色和主题、调节性能设定，以及管理插件等。
- **大纲视图（Outliner）**：它是一个树形表，列出了场景中的所有元素，非常适用于查找物体或定位场景中的所有元素。你可以在复杂的场景中选择特定的物体或群组，或者搜索它们的名称。

图2.7　选择区域的编辑器类型

- **属性（Properties）编辑器**：它是 Blender 里最重要的编辑器之一，其中包含了多个选项卡，以及多组选项可供使用（根据所选物体的不同，选项卡的内容也会有所不同）。在这里，你可以设置渲染尺寸及性能、添加修改器、设置物体参数、添加材质、控制粒子系统，以及设置场景的计量体系等（见图 2.8）。另一点值得一提的是，选项卡的排列次序是从逐步细化的。

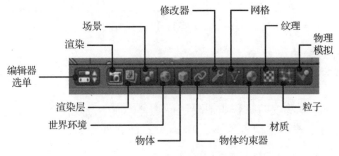

图 2.8　属性编辑器的选项卡

- **逻辑编辑器（Logic Editor）**：提供了对场景物体的行为和功能进行定义的界面。它用于在 Blender 内部创建交互游戏。
- **节点编辑器（Node Editor）**：能够让你创建用于最终图像合成节点树，以及纹理和材质的节点树。
- **文本编辑器(Text Editor)**：用于与脚本相关的操作(你甚至可以在里面直接运行 Python 脚本)，或者用于为场景添加文字注释内容——尤其适用于团队协作时对场景进行说明等。
- **影片剪辑编辑器（Movie Clip Editor）**：用于加载视频镜头并进行分析，用于摄像机或运动追踪。你也可以在此创建遮罩并添加遮罩动画，以供合成器使用。它也可用于镜头稳像。你也可以创建遮罩并建立遮罩动画，用于后期合成。
- **视频序列编辑器（Video Sequence Editor）**：用于在 Blender 里编辑视频。
- **UV/图像编辑器（UV/Image Editor）**：用于加载参考图，也可以在上面进行绘画。这里也是编辑物体 UV 的地方。此外，你也可以在这里预览合成结果。渲染后的图像也会显示在这里。
- **NLA 编辑器（NLA Editor）**：类似于视频序列编辑器，但它用于处理动画数据。你可以将物体或骨架的多个动画数据加载到里面去，并对各片段进行混合，也可以添加过渡效果。
- **动画摄影表（Dope Sheet）**：显示了场景物体及其关键帧（关键帧是动画在某帧中的某个属性状态，关于关键帧的更多介绍详见第 12 章），易于调节动画的时序。实际上，它相当于一个"增强版"的时间线。

提示：在其他动画软件中，你可以在时间线上对关键帧的基础时序进行控制。在 Blender 中，你可以使用动画摄影表替代基础的时间线，自定义动画数据的范围，并可选择"汇总（Summary）"或"仅选中的物体（Selected Only）"以在顶部显示所选物体的所有关键帧。这样一来，你就有了一个能够控制动画时序的时间线。

- **曲线编辑器（Graph Editor）**：类似于动画摄影表（Dope Sheet），但它同时会显示动画数据的曲线图，你可以用来控制关键帧之间的插值方式，对动画进行精细的调节。

- 时间线（Timeline）：显示场景时长的窗口，并且能够控制动画播放，并跳转到指定帧。你可以添加标记点，从而轻松地标示出序列的重要部分。也可以在这里设定动画的起止帧。
- 3D 视窗（3D View）：通过建模、动画，以及向场景中添加物体的方式控制 3D 世界环境的地方。

提示：在 Blender 中，你甚至可以缩放菜单面板，鼠标停留在面板区域，并按[Ctrl + 鼠标中键]，然后拖动，并上下拖动鼠标，即可实现放大或缩小显示。

2.8 选择物体

要想在 Blender 中进行常规的操作，须要选择物体。你会发现用鼠标右键就能将物体选中啦！新手们往往懒得去试着单击鼠标右键，因为大多数软件都是用左键选取对象的。用鼠标右键作为选择键的原因有（但不限于）以下几种：

- **符合人体工学**：多年的调查表明，在绝大多数程序中，有 94% 的操作都是仅靠鼠标左键完成的。Blender 的右键选择方式均衡分担了两根手指的工作量。因此，长期使用是有益于手部健康的，降低腕管综合症的发病率。
- **Blender 的与众不同**：Blender 不跟随传统软件的标准，这就是为什么它会融合一些新理念。Blender 的用户界面颠覆了其他软件的常规理念，对于某些操作，如选择物体，用的是鼠标右键，而在确认东西或单击各种按钮的时候，依然用的是鼠标左键。此外，Blender 提倡使用快捷键，因此也就无需右键菜单了。另外，单独单击鼠标左键已经有其他用途，那就是设定 3D 游标位置（后文将对此进行介绍）。

提示：如果你依然不习惯使用鼠标右键选择对象的方式，那么你可以在用户设置面板的输入（Input）选项卡下切换左右键，鉴于 Blender 默认使用鼠标右键选择对象，我会在本书中假定你也使用鼠标右键选择对象。

被选中的物体，其轮廓将以高亮颜色显示。选中时，可以按[**Shift + 鼠标右键**]增选或减选物体。此外也有各种批量选择工具，包括框选（Box）、套选（Lasso），以及刷选（Circle）等（见图 2.9）。

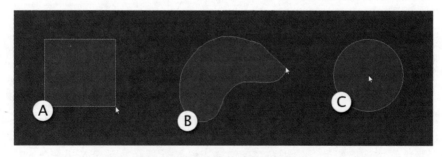

图 2.9　针对多个物体的选择方式

- **框选**（图中 A 区）：按[**B**]键并拖动**鼠标左键**确定一个矩形选区。默认情况下，位于矩形框内的所有物体都会被选中，如说换用**鼠标中键**拖曳矩形框，即可对当前选区进行减选操作。
- **套选**（图中 B 区）：按[**Ctrl + 鼠标左键**]并拖曳可在想要选中的物体上面画出套索形

状。套索区域以内的物体均可被添加为当前选中的对象。
- **刷选**（图中 C 区）：按[**C**]键后鼠标指针图标会变成一个圆圈。滚动滚轮可调节"笔刷"的大小，拖动**鼠标左键**可将刷到的物体添加到选区，**鼠标中键**可减选。

如果你想要全选或弃选场景中的所有物体，按[**A**]键即可。

提示：和当今几乎所有的软件一样，在 Blender 中，你可以撤销或重做操作。

- **撤销**（**Undo**）：当你操作失误，或在尝试某些结果后并不满意时，可按[**Ctrl + Z**]组合键恢复到上一个场景状态。
- **重做**（**Redo**）：按[**Shift + Ctrl + Z**]组合键可将执行撤销命令的结果还原。

2.9 选中主控物体

当你同时选择多个物体时，最后选中的那个物体（而且仅有最后那个物体）将成为主控物体（Active Object），会以相对较亮的橙黄色显示。这个主控物体有多种用途。例如，作为轴线点所在位置，或者作为选区内其余物体的属性复制源等。然而，当你选中了多个物体并应用一个修改器时，那么将只会应用到这个主控物体上，而不是整个选择集合。

2.10 使用 3D 游标

当你初次打开 Blender 时，可能会对一件事感到奇怪，那就是为什么场景中央总是有一个小圆圈。它是做什么用的呢？这就是 3D 游标，它是 Blender 独有的设计。尽管乍一看会觉得有点碍眼，但等你对它的功能了解之后，就会觉得它非常有用。

以下是 3D 游标的主要功能：
- 你可以把它作为新建物体的初始位置。
- 你可以用它来对齐物体。
- 你也可以把它作为轴心点去旋转或缩放物体。

按[**Shift + S**]组合键可调出吸附菜单（见图 2.10）。其中包含了与 3D 游标相关的几个选项。菜单被划分为两个部分：第一部分是用来变换所选对象的位置；第二部分用来放置 3D 游标。

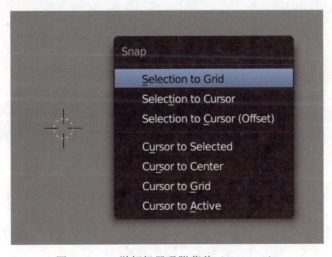

图 2.10　3D 游标机器吸附菜单（**Shift + S**）

举个例子，假如你想将某个物体对齐到另一个物体表面上的特定位置，那么你可以选中该物体上的一个顶点，按下[**Shift + S**]组合键，选择"游标 -> 选中项（Cursor to Selected）"。然后选择另外一个物体，按下[**Shift + S**]组合键，并选择"选中项 -> 游标（Selected to Cursor）"即可。

单击键盘上的逗号（,）或句号（.）可以切换使用 3D 游标或边界盒中心作为物体的旋转或缩放轴心点，轻而易举！举例来说，假设我们想要为角色摆姿态。多亏有了 3D 游标，你无须创建骨架就能实现简单的姿态调节。你可以选择角色腿部的某些顶点，将 3D 游标吸附在关节的位置，然后以 3D 游标为轴心点旋转这些顶点即可。

目前，你可能不太能理解这几个 Blender 术语。例如，变换（Transform）、顶点（Vertices）或骨架（Skeleton），或者不了解如何去用它们，别担心，我们将在下一章中学到。

提示：在 Blender 的用户设置（User Preferences）面板中（从文件（File）菜单进入，或按快捷键[**Ctrl + Alt + U**]），在界面（Interface）选项卡下，你会看到"游标视深（Cursor Depth）"选项。勾选以后，当鼠标在某个表面上单击时，3D 游标会被置于该表面上，这使得将物体对齐到表面变得更加容易。

2.11 Blender 的用户设置

在文件（File）菜单里，或者按[**Ctrl + Alt + U**]快捷键，你可以找到 Blender 的用户设置（User Preferences），这会打开一个新窗口，完成设置后可以直接关闭（见图 2.11）。

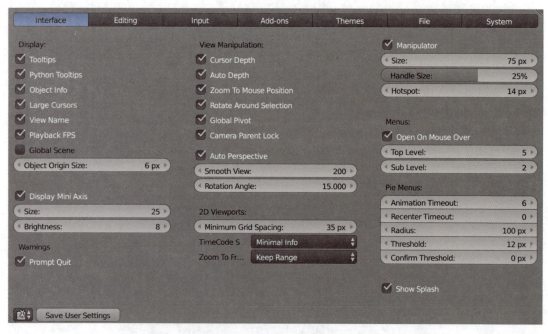

图 2.11　Blender 用户设置面板

该窗口的顶部有几个选项卡，你可以用来对你使用 Blender 时的偏好进行自定义。我们来逐个看一看：

- 界面（**Interface**）：这里包含了很多选项，用于设置 Blender 的界面，可以设置为自己偏好的参数，以便能够更加舒适地进行界面交互。

- 编辑（Editing）：此选项卡包含了一些与编辑相关的选项，例如，材质、动画曲线，以及蜡笔等。你可以调节新建物体的对齐方式，以及物体的复制方式等。
- 输入（Input）：你可以在这里编辑快捷键，以及一些决定你使用鼠标和键盘在 Blender 中的交互方式的选项。你也可以在这里创建、编辑、导出及导入自定义的键盘映射方案。实际上，Blender 默认提供了针对 3ds Max 或 Maya 的操作预设方案，帮助你向 Blender 的操作平稳过渡。
- 插件（Addons）：在此选项卡中，你可以管理 Blender 自带的扩展插件，或者下载并安装其他插件，以此来增强 Blender 的功能。其中的很多扩展默认没有启用，你可以查找自己感兴趣的，然后启用即可。
- 主题（Themes）：你可以在这里创建自己的配色方案，如果愿意，你可以让 Blender 看上去更贴合自己中意的配色方案。
- 文件（File）：该选项卡定义的是各种类型的文件路径，也定义了 Blender 的外部程序调用路径（例如渲染动画的默认播放器等），以及 Blender 的文件保存方式。你也可以在此设定自动保存功能。

注意：在文件选项卡中，你可以为 Temp 指定文件路径。Temp 是 Blender 写入临时文件的文件夹，如崩溃备份。务必将此路径设定到合适的地方，因为在你的操作系统中，预设的路径可能不存在，或者你没有向其中写入文件的权限，这样就有可能丢失创作成果。

- 系统（System）：在此选项卡中，你可以调节用于改善 Blender 工作性能的设置项，这取决于你的电脑配置，如选择图形显示卡（适用于用 Cycles 引擎进行 GPU 渲染时）。或者，你可以设置其他一些自己想要的效果，如物体在实体模式下的默认光影效果，以及界面文字的字体及字号，还包括 Blender 用于显示 3D 物体的方式等。

提示：强烈建议大家把这些选项都探索一下。如果你不知道它们的用途，不妨将鼠标悬停在上面，这时会弹出关于它的功能概述。某些偏好设置会让你的 Blender 使用过程更轻松，特别是当你从其他动画软件转过来的时候。

单击用户设置面板窗口左下方的保存用户设置（Save User Preference）按钮，就可以在下次打开 Blender 时自动应用这些设置了。另外，你甚至也可以将你的场景、工作区、菜单样式保存成 Blender 默认开启时的内容（如果愿意，甚至可以将默认的立方体替换成另一个有趣的形状），并按[Ctrl + U]组合键将当前状态保存为.blend 格式的默认启动文件。

.blend 文件

Blender 的文件格式为.blend。然而，如果你启用了保存文件版本（Save Versions）功能（该功能位于 Blender 用户设置面板的"文件"选项卡），Blender 将会在保存的时候自动生成备份文件 *.blend1、*.blend2、*.blend3（"*"号代表原始文件名）等。默认情况下，Blender 会保存一个备份文件，但你可以在该选项卡中增加文件版本的保存数量。它们只是扩展名不同，便于你将这些自动保存的临时文件与原始文件区分开来。

另一个选项可以让你设置自动保存临时文件的间隔时间：你可以以分钟为单位设置间隔时间，Blender 会在每过这段时间将该文件自动保存到临时文件夹。通常，你只有在出现错误或者想恢复丢失或未保存的文件时才会用得到它。

此外要注意的是，如果你在 Blender 里使用图像作为贴图，或使用其他类型的外部文件，那么它们默认并不会被保存在.blend 文件当中。不过，你可以把它们打包到.blend 文件里，具体方法将在第 9 章"绘制纹理"进行介绍。

2.12 总结

截至目前，你已经了解了 Blender 的界面操作方式。这些都是操纵物体及制作项目的必要基础。你学会了如何分割界面，并选择编辑器的类型，学会了使用快捷键在 3D 场景中进行导览，也学会了如何按照自己的喜好对默认界面进行方便而快速的自定义操作。在第 3 章"你的第一个 Blender 场景"中，你将学习如何操纵物体，并完成实质的工作。

2.13 练习

1. 创建一个新的工作区，分割区域，并将多个区域合并成一个单独区域，完成后再将此工作区删除。
2. 数字键盘区的按键在 Blender 中有什么作用？
3. 选中场景中的所有物体，然后再次取消选择。
4. 为什么 Blender 采用鼠标右键进行点选物体的操作？
5. 3D 游标的主要功能是什么？如何使用它？
6. 在 Blender 中是否有可能更改快捷键？如果可以，该怎么做？
7. Blender 的存储格式是什么？

第3章 你的第一个 Blender 场景

现在你已经了解过 Blender 的基础知识。经过练习，你也会掌握界面的操控方法。现在是时候去创建一些物体并进行交互、添加修改器、材质及灯光，最终渲染自己的作品出来啦！本章演示了一个非常简单的练习案例，帮助你更好地了解如何去创建自己的第一个场景。你也将学习 Blender Render 渲染器（Blender Render）及 Cycles 渲染器，它们是 Blender 自带的两个渲染引擎。在本书的配套资源里，你会找到一个与本章内容对应的教你如何创建第一个场景的视频教程。如果这是你第一次使用 Blender，那么本章内容对你尤其有用。

3.1 创建物体

当你打开 Blender 时，你会看到那个熟悉的立方体位于场景中央。你可以用那个立方体建造自己的模型，或者可以把它删掉。要想在 Blender 中删除物体，只需在点选物体后按[**X**]键或[**Delete**]键，并单击对话框中的**删除**（**Delete**）确定即可。

首先，你要创建一个物体，有几种方法可以实现：
- 在 3D 视窗的工具栏（如果被隐藏了，可按[**T**]键展开）中，切换到 Create（创建）选项卡，单击你想要的物体类型。
- 在 3D 视窗的标题栏上，单击添加（Add）菜单，并从中找到你想要创建的物体的分类，然后进一步找到对应的物体。
- 将鼠标指针停留在 3D 视窗内，按[**Shift + A**]组合键调出包含与添加菜单内容相同的弹出菜单，然后从中选择。

以上任意一种方法都可以实现在 3D 场景中的 3D 游标所在的位置处创建出一个物体。

创建出物体以后，在操作项（Operator）面板中（位于工具栏的下侧），你可以找到参数进行更改。例如，调节圆柱体的高度及截面半径等。确保在对该物体进行移动等进一步的操作之前确认参数是自己想要的，因为一旦新建的物体被转换成网格物体后你就无法再去编辑那些参数了。上一次操作时的参数将会留在操作项面板中，所以要留意这个地方，你会找到很多好用的选项哦！另外，将鼠标指针停留在 3D 视窗内并按[**F6**]键，也可以调出一个包含同样参数调节项的弹出面板。

动画软件往往都有一个标志性的"测试"物体。在 Blender 中，这个测试物体就是一个猴头物体（它的名字叫"苏珊娜（Suzanne）"），你可以在本章中把它用在测试场景里。使用上述任意一种方法都可以创建出一个猴头网格。然后，创建一个平面物体（Plane），用它充当场景中的地面。当看到猴头和平面交叉在一起时，请不要担心，一会我们会把这个问题解决。

3.2 移动、旋转和缩放

在 3D 场景中创建物体以后，你可以控制它们在场景中的位置、朝向及尺寸。在本节里，你将学会这些控制方法。移动、旋转及缩放是能够针对物体执行的 3 种不同的变换操作项。

3.2.1 使用操纵件（基础模式）

当你想要在 3D 场景中移动物体或元素时，Blender 的操纵件能够帮助你控制这些变换操作。让我们来看看这些操纵件的样子吧（见图 3.1）。

- 移动（图中 A）：更改物体在空间中的位置。
- 旋转（图中 B）：控制物体的朝向。
- 缩放（图中 C）：操纵物体的尺寸。
- 复合变换（图中 D）：能够同时控制多种变换。

在 3D 视窗的标题栏上，你可以点选想要执行的变换的类型。如果点选不同的图标时按[Shift]键，则可以启用多种操纵件（例如，图 3.1 中的 D 就是同时开启了三种变换后的操纵件样式）。

借助不同类型的操纵件，你可以移动、旋转及缩放物体。这些操纵件会显示在物体轴心点处（轴心点显示为一个橘色的小点），你可以使用下列方式执行控制动作：

- **鼠标左键**单击其中一条轴线可让物体沿该轴向上移动、旋转或缩放（X 轴为红色，Y 轴为绿色，Z 轴为蓝色）。再次单击**鼠标左键**以确定变换结果。或者单击回车键确定结果，单击[Esc]键可撤销操作。
- 要想更精确地操作，在单击轴线准备移动时按住[Shift]键，这会让变换的速度放缓，从而可以让你进行精确调节。

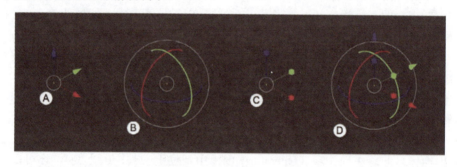

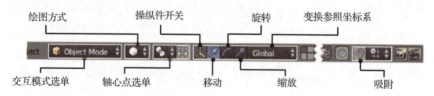

图 3.1　Blender 的操纵件、3D 视窗标题栏及变换控制说明

- 要想锁定其中某个轴向并在其余两个轴向上变换，可在点选轴线之前按住[Shift]键即可。例如，如果你按住[Shift]键然后单击 Z 轴并移动它，那么物体实际上会在 X 及 Y 轴方向上移动（此操作仅对移动或缩放有效，对旋转无效）。
- 每种操纵件的中央都有一个白色的小圆圈。使用移动操纵件时，单击并拖曳它可在当前视角平面上移动物体（即视图平面）。使用旋转操纵件时，单击并拖曳这个小白圆圈可以使用旋绕模式，这会让你同时沿所有轴向旋转。使用缩放操纵件时，单击并拖曳这个小白圈可以沿各个轴向缩放物体。此外，旋转操纵件还有一个大白圈，在它上面单击并拖曳可以以当前的视角为旋转轴。

- 使用操纵件时按住[Ctrl]键可在常规变换模式与吸附模式之间切换。该特性能够让你在执行变换操作时吸附到多种类型的元素上。如果已启用了吸附功能,那么按住[Ctrl]键则会在执行物体操作时临时禁用吸附;如果尚未启用吸附功能,那么按住[Ctrl]键将临时启用吸附。该特性非常实用,因为你不必频繁单击3D视口标题栏上的吸附图标才能启用或禁用吸附工具了。
- 在3D视口的标题栏上,你可以选择轴心点(Pivot Point)与变换坐标系(Transform Orientation)的类型。轴心点定义的是物体的旋转中心或缩放中心。默认的变换坐标系类型是(选单列表的快捷键是[Alt + 空格键])全局(Global)坐标,即与3D世界的轴向(场景的轴向)一致。你可以切换使用所选对象的自身(Local)坐标。

提示:如果你不喜欢 Blender 默认的变换操作方式,即按一下开始变换,再按一下确认,那么可以在用户设置(User Preferences)面板的编辑(Edit)选项卡下勾选松开时确认(Release Confirms)。该选项可以实现"两步并作一步走"的效果,松开按键后即可确认。这是其他软件的典型操作行为。该特性仅在使用鼠标右键移动物体时有效,即用鼠标右键单击并拖动物体。

3.2.2 使用键盘快捷键(高级模式)

尽管操纵件使用起来简单方便,但要想在 Blender 中更快变换物体的方法是使用键盘快捷键。有时候,操纵件会有用处,但多数情况下,尤其针对简单的操作来说,使用快捷键会更快速、更高效。

- 按[Ctrl + 空格键]可显示或隐藏操纵件(你也可以单击3D视口标题栏上的操纵件图标开启或关闭显示)。
- 按 G(Grab,意为"抓取")可移动,按 R 可旋转,按 S 可缩放。当你用这种方式移动或旋转物体时,会在视图平面上移动或旋转物体。单击鼠标左键可确认操作;单击鼠标右键或[Esc]键可撤销操作。
- 按 G、R 或 S 后,如果再按一下 X、Y 或 Z 键,可以锁定沿全局坐标轴变换。如果按两下[X]、[Y]、[Z]键,则可以锁定沿自身坐标轴变换。
- 除上述操作方法外,在按 G、R、S 后,你还可以按住鼠标中键快速进入对齐坐标轴选择模式,然后拖动鼠标选择对齐轴,最后松开鼠标中键即可。
- 进行变换操作时,使用[Shift]键和[Ctrl]键可实现精确的变换、对齐,以及轴向锁定。该方法适用于快捷键模式或操纵件模式。

输入数值实现精确变换

当执行变换操作时,Blender 允许你输入数值。例如,当你旋转一个物体时,如果注意看3D视口的标题栏,会发现上面的按钮全都不见了,取而代之的是当前变换操作的数值显示。此时,你可以直接用键盘输入数值,Blender 会使用该数值作为变换操作的依据。以下是两个实例:

- **将一个物体沿 X 轴移动 35 个单位**:你可以使用操纵件进行操作,并在拖动它的时候输入数值,但我们这里使用键盘快捷键来演示。按 G 移动,然后按 X 将移动方向对齐到物体的 X 轴。现在你就可以只沿 X 轴拖动物体了。用键盘输入数值 35,即可让该物体沿 X 轴移动 35 个单位。单击鼠标左键或按回车键可确认操作。
- **将一个物体沿 Y 轴旋转–90 度**:按 R 旋转,按 Y 吸附到 Y 轴,并用键盘输入–90。按鼠标左键或回车键确认操作（当你输入某个变换数值时，你可以随时按减号键"–"将数值转为负值。再次按下该键可将数值转回正值）。

可见，用这种方法可以轻松实现快捷的操作。快捷键也很直观好记，你可以在任何编辑器中使用它们——G、R 和 S 始终分别用来进行移动、旋转和缩放操作。

3.2.3 在场景中排列物体

现在你已经了解了如何对物体执行变换操作，现在让我们的猴头坐在地面上，然后把地面放大一下吧，如图 3.2 所示。

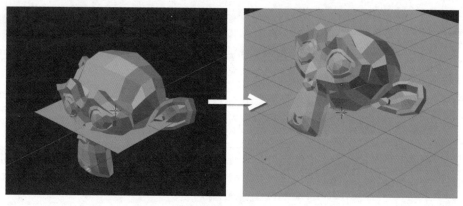

图 3.2 执行变换操作前后的场景对比

（1）鼠标右键单击平面，按 S 缩放，用键盘输入 5，将它放大到 5 倍。按回车键确认。你也可以用操纵件来实现，如果你习惯这样操作的话。

（2）选中猴头，移动并旋转它，直到它看上去像是坐在了地面上为止。建议可以将 3D 视口的视角切换到侧视图，这样可以看得更清楚一些，并用[G]和[R]键对猴头进行变换操作。注意，如果你是在侧视图中按[R]键旋转，那么该物体将沿 X 轴旋转。

3.3 命名物体及使用数据块

在继续操作前，你需要了解如何为物体命名。对于非常复杂的场景来说，这样会很有好处，而且便于通过名称来找到物体。否则，你会迷失在浩如烟海的物体当中，如命名为"Plane.001"或"Sphere.028"之类的笼统名称。如果将一个 Blender 场景比作一面砖墙，那么每块砖就相当于一个数据块。

3.3.1 重命名物体

重命名物体的方法有以下几种：
- 在大纲视图（Outliner）中找到该物体，在它的名称上单击鼠标右键并选择重命名（Rename）。此外，你也可以双击该名称。输入新名称后按回车键确认即可。
- 在 3D 视图的属性侧边栏中，你可以在项目（Item）面板中找到可供重命名用的物体名称框。鼠标左键单击文本框，输入名称，然后按回车键确认即可。
- 在属性编辑器（Properties Editor）中，切换到物体（Object）选项卡（其图标是一个黄色的立方体），单击左上角的文本框并输入新名称，然后按回车键确认即可。

3.3.2 管理数据块

数据块是 Blender 中最基本的组件。物体、网格、灯、纹理、材质,以及骨架等这些元素都是由数据块构建起来的。3D 场景中的一切都包含在物体当中。

无论你在创建一个网格、灯光或是一条曲线,你都是在创建一个物体。在 Blender 中,任何物体中都包含了物体数据(ObData)。因此,物体本身相当于一个数据容器的概念,容纳的内容包括物体的坐标位置、旋转角度、缩放比例、修改器等。物体数据定义了物体所包含元素的类型。我们以网格物体为例,可以看到网格中包含了顶点和面。当你访问物体数据时,你可以调节它的参数。如果你单击物体数据块列表的下拉菜单,那么你可以将另一个物体的数据加载到该物体中。你可以在该物体的位置上加载另一个网格。例如,若干个物体可共享同一个物体数据(这些物体叫作实例或关联副本)。也就是说,即使物体位于场景中的不同方位,它们都会同步相同的内容。因此,如果你调节其中某个物体上的网格顶点,那么这种变化也会反映在其余的物体上。在本节中,你会看到物体和物体数据的区别。

从图 3.3 中可以看到如何在属性编辑器中查看某个物体的名称。图中右图显示的是物体名称下的网格数据名,物体数据类型为网格;如果是一个灯或曲线,则该图标会相应变化。属性编辑器始终会显示被选中的那个物体的信息,不过,如果你单击那个图形图标,那么当前所选中的物体的信息将会被固定显示,即使你去选中另外一个物体,属性编辑器将会始终显示被钉固的那个物体的信息。

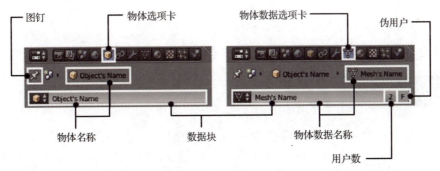

图 3.3 属性编辑器中的物体(左)选项卡及物体数据选项卡(右)

副本与实例(关联副本)

你需要理解副本与实例之间的区别。副本是基于现有的物体创建出来的一个新物体,而它和原物体是彼此独立的,且与原物体没有任何关联,实例也是一个新物体;它的位置可以不同于原物体。但它所含的数据却直接关联到原物体。因此,如果你改变了某个物体的物体数据,也将反映在其他的实例及原物体上。

当你创建物体副本时(Shift + D),某些物体数据将被复本化,而其余的物体数据将被实例化。你可以在用户设置面板的编辑选项卡下自行定义。例如,如果你复制某个物体,它默认会复制所包含的网格数据。但会使用相同的材质数据,所以两个物体将共用相同的材质数据块。

另一方面,当你创建物体实例时(Alt + D),则只会创建该物体的副本,而它所包含的其余类型的物体数据都会与原物体关联并同步。创建网格实例的另一种方法是:在属性编辑器的物体数据选项卡中,在它的数据块下拉选单中选择另一种网格即可。

在某些数据块名称的右侧，你会找到一个写有字母"F"的按钮，旁边还有一个数字。这个数字表示的是调用该数据块的物体（也称为"用户"）的数量。例如，在图 3.3 中，该网格的物体数据有两个不同的用户，这就意味着有两个不同的物体正在调用该网格数据，即场景中存在一个实例。如果你想将该实例转成一个独立且唯一的数据块，可在数字处单击，它随即会显示为单用户。

有时候，如果一个数据块（如网格或材质）有 0 个用户，并且你关闭了当前文件，那么 Blender 会把文件中所有这样未被调用的数据块清空，你可能会因此丢失用心制作却临时没有用到的材质。这就是为什么会设计一个"F"按钮了，它可以为该数据块创建一个"伪用户"。因此，即使你并未在场景中用到该数据块，也可以保证它有一个用户，这样就能够避免在退出项目时误删数据了。用户数为 0 的数据块叫作孤立数据（Orphan Data）。

注意： 要养成给物体重命名的好习惯。多数情况下，你没有太大必要去修改网格等物体数据的名称，因此，如果你的时间不算充裕，那么也可以考虑不去重命名物体数据。

3.3.3 场景物体的命名方式

当你理解了数据块的概念，也掌握了如何重命名的时候，你就可以对场景中的物体进行重命名了（例如，你可以将平面物体命名为 Floor）。有时候，你需要从列表中选取一个数据块的名称，因此对数据块进行直观的命名将有助于你找到自己的目标数据块。

提示： 当你的场景中有很多物体时，选择某个特定物体时会显得有些困难，因为会被其他物体遮挡。如果在 3D 视口中多次单击鼠标右键，则可以在鼠标指针下方的物体间循环选择。另外，如果按[Alt + 鼠标右键]，Blender 会显示指针下方所有物体的名称列表，这样可以更加直观地选择需要的物体。当然，第二种方式只有在你对那些物体进行适当重命名后才有实用意义。

3.4 交互模式

Blender 提供多种在场景中编辑物体的方法（如建模、贴图、雕刻、设计动作），统称为交互模式。物体模式（Object Mode）是默认的工作模式，用于移动、旋转与缩放物体。也就是说，你可以在物体模式下在场景中摆放物体。最常用到的当属编辑模式（Edit Mode）了，你可以使用编辑模式编辑顶点、边，以及面等元素，并可改变它的形状。

交互模式选单位于 3D 视口标题栏上（见图 3.4），针对不同类型的物体，选项会有所不同。目前，我们只专注了解物体模式与编辑模式。在本书的后续章节中，你将陆续了解其他模式。

(a) 选中网格物体时的可用模式选项　　(b) 选中骨架时的可用模式选项

图 3.4　交互模式选单

你可以在物体模式下在场景中创建并摆放物件（即使不使用骨架，你也可以让物体动起来。注：骨架用于制作角色动画与物体形变动画）。在编辑模式下，你可以对网格执行建模操作。你可以用[Tab]键在两种模式间快速切换，而无须进入选单去手动选择。

当你选择一个骨架时，你可以使用编辑模式编辑其中的骨骼，并操纵它们。姿势模式（Pose Mode）仅在制作骨架动画时会用到（你将在第 11、12 章详细了解）。如果你选择了一个网格，那么可供使用的模式还包括雕刻模式（Sculpt Mode）、纹理绘制模式（Texture Paint），以及顶点绘制模式（Vertex Paint），如图 3.4 所示。

从图 3.4 中可以看出，有多种模式可用，根据你当前的需要，选择正确的交互模式。

3.5 应用平展或光滑着色

猴头看上去很粗糙，可以看到很锐利的边线，多边形的轮廓也清晰可辨。这种样式在某些情况下会有用处。而对于生物体一类的形状而言，通常应当对表面应用光滑着色。该功能可以改变表面的外观，同时并不会增加几何细节。在 Blender 中有多种让表面光滑的方式：

- 选中你想要应用光滑着色的物体，然后在侧边工具栏的基础（Basic）选项卡中找到着色（Shading）选项，下面有两个按钮，分别是光滑与平展。当你在物体模式下单击其中一个按钮时，那么物体的每个面都将使用那种着色方式。
- 在编辑模式下，应用上述方式可对选中的面应用某一种的着色方式。
- 在编辑模式下，选中想要设置平展或光滑的面，按[W]键（这将调出专用项菜单）。在专用项（Specials）菜单中，选用以下任意一种方式即可：光滑着色（Shade Smooth）或平展着色（Shade Flat）。

图 3.5 显示了 Blender 界面上的这些选项。

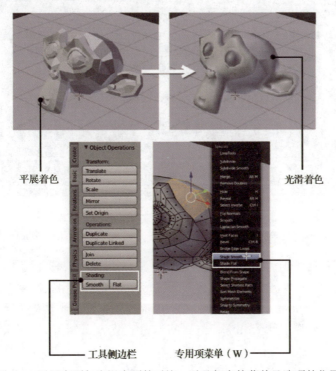

图 3.5　平展表面与光滑表面的对比，以及相应的菜单及选项的位置

3.6 使用修改器

即使你对网格应用了光滑着色，物体看上去依然怪怪的，这是因为它的精度很低。你可以使用表面细分（Subdivision Surface）修改器为它添加更多的表面细节，以实现实质性的平滑感。修改器是一种可以添加给物体并改变物体形态的元素。例如，做出形变效果、生成几何细节，或是减少现有的几何细节等。修改器不会影响原始网格，这就为你提供了很大的灵活度，你可以随时开启或关闭它们的应用效果。尽管如此，也要谨慎使用，添加太多的修改器会降低 Blender 场景的操作流畅度。

3.6.1 添加修改器

在属性编辑器（Properties Editor）中单击修改器选项卡（图标是个小扳手），你可以在这里添加修改器（见图 3.6）。当你单击添加修改器（Add Modifier）按钮时，会弹出一个菜单，列出了所有可以应用给主控物体的修改器（并非所有的修改器都能应用给每种类型的物体）。点选列表中的修改器即可将其应用添加给主控物体。

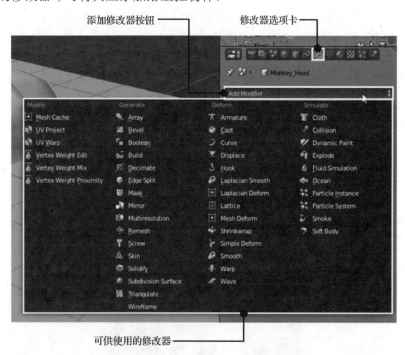

图 3.6　在属性编辑器的修改器选项卡下，你可以为主控物体添加修改器

当你添加一个修改器时，修改器堆栈中会多出一个面板。这类似于图层式堆栈：如果你持续添加修改器，那么它们会在上一个修改器的应用结果上应用。注意，修改器堆栈的执行顺序与 Photoshop 等软件的图层顺序相反。在 Blender 中，最后添加的那个修改器将位于修改器堆栈的最底部，会影响它上方相邻修改器的作用结果。修改器的作用次序将直接影响到物体的最终形态。

例如，如果你制作了一个单侧的网格并应用一个镜像（Mirror）修改器，目的是生成另外一侧的网格，然后再应用一个表面细分（Subdivision Surface）修改器为结果添加细腻感，那么表面细分修改器将会被默认添加到修改器堆栈最下方。如果颠倒这两个修改器的应用次序，即先细分再镜像，这样一来，你将在中间看到一条缝隙。

当你应用了某个修改器时，即使选中了 20 个物体，它也只会影响到最后选中的那个物体即主控物体。如果你想把这个修改器应用给所有选中的物体，那么可以使用以下任意一种方法：

- 按[Ctrl + L]组合键弹出关联菜单。在此菜单中，你将看到有一个让你将主控物体的修改器或材质复制给其余选中物体的选项。
- 在用户设置面板中启用 Copy Attributes 插件（Blender 默认自带该插件），按[Ctrl+C]组合键打开一个专门的菜单，其中的选项都是将主控物体的某个属性复制给其余选中的物体。其中就包含复制修改器的选项。

3.6.2 向场景中添加一个表面细分修改器

表面细分（Subdivision Surface，简称 Subsurf）修改器是建模时最常用的修改器之一，因为它能够动态增加低精度的模型的细节和光滑度。你可以随时更改细分级数。这个修改器实际上是将每个多边形细分，增加结果的平滑感。一般来讲，添加修改器时，每增加一级细分，模型的面数会增至原来的 4 倍。因此，在设置较高的细分值时应留意模型的面数。你可以使用该修改器让你的猴头物体变得光滑起来，如图 3.7 所示。

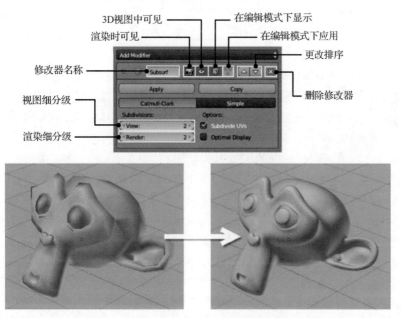

图 3.7　应用表面细分修改器前后的效果对比

当你添加一个修改器时，修改器堆栈中会增加一个面板，上面是你所选用的修改器的专属选项。表面细分修改器的主要选项如下：

- 在修改器面板的顶端，可以找到展开/收起按钮，即左侧的小三角形图标，也有名称栏，可供重命名（尤其适用于对单个物体应用较多修改器的时候），以及定义修改器影响方式的按钮。右侧有一个上箭头和一个下箭头，当有多个修改器时，可以用来调节各个修改器的排列次序。单击 X 按钮可删除修改器。

- 接下来是两个按钮：应用（Apply）和复制（Copy）。单击应用按钮可将修改器的影响结果传递个物体本身。它会将该修改器删除，但会将影响结果永远地作用到物体上。单击复制按钮可以复制当前修改器。
- 下面有两个细分级设置滑块，分别用来设置模型在 3D 视图，以及渲染时的细分级数。这非常实用，因为在 3D 视图中，你通常会希望节省电脑运算资源，让视图更加流畅。而在渲染时，通常会希望得到高品质的结果。因此，你可以为 3D 视图指定一个低细分级数，而为渲染指定一个较高的细分级数。

提示： 表面细分是一种较为常用的修改器，因此 Blender 设置了一个键盘快捷键，可以让你快速设定。例如，按[Ctrl + 1]组合键（必须先在物体模式或编辑模式下选中物体）即可添加一个细分级为 1 的表面细分修改器。与[Ctrl]键组合的数字是几，这个新建的修改器的细分级就是几。如果该物体已经有了一个表面细分修改器，那么使用此快捷键会更改该修改器的细分级数。

3.7 Blender Render 渲染器与 Cycles 渲染器

Blender 有两种内建的渲染引擎：Blender Render 渲染器与 Cycles 渲染器。在信息（Info）栏中（也就是界面顶部的横条），你会找到一个菜单，从中可以选择想要使用的修改器。默认使用的渲染器是 Blender Render，展开选单后可以看到还有另外两项：Blender Game 和 Cycles。Blender Game 可以让你把 Blender 用作一个实时游戏引擎。你可以创建游戏等交互内容，在 Blender Game 引擎中使用。

Blender Render 是早期的引擎，你可以通过设置材质来模拟出真实感，但它只是模拟。因此，想要做出照片级的逼真效果并不容易。尽管它不是一款渲染逼真效果的渲染器，如果你对它的参数、材质、光照等方面设置得当，那么你也可以做出相当逼真的渲染作品。由于它是非真实型物理渲染器的特质，它的渲染速度要比 Cycles 快得多，因此可以用于进行非真实风格的渲染，或者可以考虑在时间紧张的时候使用。

Cycles 的渲染速度相对较慢，但它是一款基于物理算法的渲染引擎。因此，光照和材质都会非常逼真，因为使用了数学函数模拟光线的行为。光线在表面上反弹，并产生间接光照，如同现实世界中的光照原理。使用 Cycles 引擎可以轻松渲染出逼真的作品。然而，它使用了截然不同的机制，因为 Cycles 的设计理念是使用节点来创建材质。不过，在创建非常基础的材质时无须使用节点。Cycles 也支持使用 GPU 进行渲染，如果你的显卡性能不错，可以大幅缩短渲染用时。

在开始创建场景材质之前，你需要决定想要使用哪种材质。多数情况下，不同的渲染引擎是互不兼容的，而且它们的光照系统是截然不同的，所以不建议在设置完材质后去切换渲染引擎。你可能需要重新设定，乃至从零开始重新创建一次，这样才能适用于其他的引擎。

3.8 管理材质

材质定义了物体的外观，如颜色、是否光滑、是否反光或透明等。有了材质，你可以让物体看上去像玻璃、金属、塑料或木材等。材质和光照将最终决定你的物体的视觉效果。在本节内容中，你将看到如何分别在 Blender Render 和 Cycles 渲染其中使用材质。

在属性编辑器的材质选项卡（显示为一个闪闪发光的红球图标）中，你可以添加新的材质，或者从如图3.8所示的下拉列表中选用已有的材质。你可以对单个物体使用多个材质，你可以单击材质槽右侧的"+"、"-"按钮添加或移除材质。此外，在编辑模式下，你可以将其中的每种材质应用给选中的面。

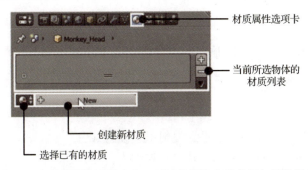

图3.8 在材质属性选项卡中，可以使用这个菜单添加新的材质

3.8.1 使用 Blender Render 材质

在 Blender Render 中，所有材质的创建方法都是一样的：所有的材质中都提供了一套参数，你可以使用这些参数创建出各种材质。例如，你可以激活透明度（Transparency）和反射（Reflection 或 Mirror）模拟出玻璃或金属，每种属性下都有不同的参数，如颜色、强度、硬度及高光度等。以下是其中的一些主要选项：

- 漫射（Diffuse）：材质的主色。
- 高光（Specular）：材质闪光的颜色、强度及硬度。
- 明暗着色（Shading）：调节材质上的明暗效果。无明暗（Shadeless）选项可使材质完全不受场景中的灯光和阴影的影响。
- 透明度（Transparency）：调节当前材质的透明效果。基础属性是 Z 向透明（Z Transparency），它的渲染速度很快，因为它只是降低了材质的不透明度。光线追踪（Raytrace）则是更加精确的算法，并且提供了若干用于控制折射的选项，让材质更显真实。
- 镜射（Mirror）：材质的反射度。该选项可让你定义反射的光泽度（粗糙度）。

3.8.2 使用 Cycles 材质

在 Cycles 渲染引擎中，材质的创建流程是截然不同的。在 Blender Render 渲染引擎中，你可以使用节点编辑器（Node Editor）做出复杂的材质。但在 Cycles 中，如果不使用节点的话，那么只能做出非常基础的材质。别担心，从现在起，我们先小试一下。在 Cycles 的材质选项卡中，你会找到表面（Surface）面板，其中包含了多种类型的表面着色器：

- 漫射（Diffuse）：只创建一个单色的基础材质，不闪光、也没有反射等专项属性。
- 高光（Glossy）：为材质做出反射与闪光效果。
- 自发光（Emission）：让材质在场景中发光。
- 透明（Transparent）：让光线透过材质。
- 玻璃（Glass）：模拟玻璃表面。

- 混合（Mix）：将两种不同的材质混合在一起，做出更加细腻的材质。

表面着色器的种类很多，以上只是其中的几种主要着色器。每个着色器都有各自控制光照影响的参数，如颜色（Color）及糙度（Roughness）等。通过节点，结合使用上述着色器并使用纹理，可以更容易地做出复杂的自定义材质（详见第 10 章"材质与着色器"）。

3.8.3 为场景添加材质

为了丰富场景的色彩，我们添加两种新材质。以下是最基础的设置步骤，对 Cycles 和 Blender Render 引擎均适用：

（1）选择猴头；

（2）单击属性编辑器中的材质选项卡；

（3）添加一个新的基本材质，并设置漫射颜色设为红色；

（4）对地面重复上述步骤，不同的是将材质设为白色。

3.9 开始布光

材质已经设置好了，现在是时候用光影为场景增加真实感了。灯光物体对于 Blender Render 和 Cycles 均适用，但由于两个引擎的本质不同，因此灯光的影响结果也不一样。如果你从一个渲染引擎切换到另一个渲染引擎，那么就需要相应地调节它们的参数。此外，Cycles 灯光的一个好处是，由于它是真实型渲染引擎，它可以让你使用发光材质，这样便可以将一个网格转变成一个发光物体并照亮场景。这可以模拟出非常逼真的效果，这种效果很难用常规灯光来实现。在这第一个场景中，我们只使用几个点光灯（关于灯光设置的详细介绍详见第 14 章）。

3.9.1 Blender Render 引擎中的灯光选项

在 Blender Render 渲染引擎中，如果你进入属性编辑器中的灯光（Lamp）选项卡（显示为一个黄色发射状图标），你会找到如颜色、能量（强度）等选项。你也可以设置灯光的类型。此外，在阴影（Shadow）面板中，你可以禁用阴影，或控制阴影的样式：柔影尺寸（Soft Size）参数可让阴影更为柔和，但需要相应地增加采样（Sample）值，提升阴影的品质。通常，采样值为 7 是较为合适的，但如果想要获得更好的品质，则应使用更好的值。采样值过低则会让阴影显得不够细腻。但要注意的是，增加采样值会相应地延长渲染用时。

3.9.2 Cycles 引擎中的灯光选项

在 Cycles 渲染引擎中，当你进入同样的灯光选项卡时，用于灯光属性的选项会有变化。你需要单击使用节点（Use Nodes）按钮才能激活所有的选项。你也可以控制灯光的类型，尺寸（Size）选项用于调节阴影的柔和度，在节点（Nodes）面板中，你可以设置光的颜色及强度。

Cycles 的灯光选项相对简单，这是因为 Cycles 是一款物理真实型渲染引擎，并不需要那些"人工模拟"的设置，如阴影品质等。

3.9.3 向场景中添加灯光

以下是为你的场景创建一个基本灯光主题的步骤。请记住，你可以按[Shift＋A]组合键打开新建物体的菜单：

（1）在你的场景中选择那个灯光物体，或者，如果场景中没有灯光，可以新建一个；

（2）创建该灯光的副本，并把它放到场景的另一边，以照亮阴影区域；

（3）调节该灯光的强度和颜色，让右侧那盏灯更明亮些，而让左侧那盏灯稍暗些，并使用一种不同的颜色。我们想让主光从右侧照过来，所以其中一盏灯应当更明亮一些。

3.10 在场景中移动摄像机

当然，你的场景中需要一个摄像机，好让 Blender 知道该从哪个视角输出最终的渲染结果：

（1）在你的场景中选择摄像机，如果之前把它删了，那么可以按[Shift + A]组合键从弹出菜单中新建一个摄像机物体。

（2）将摄像机对准物体摆放，让它的焦点位于猴头上，角度合适就好。你可以将当前界面拆分成两个不同的 3D 视图。在其中一个视图窗口中，你可以按数字键盘的 0，将当前视图切换到摄像机视角。而在另一个视图窗口中，你可以调节摄像机的位置。此外，你可以按[Shift + F]组合键进入行走或飞行模式，在摄像机视图中方便地调节相机的朝向和方位。

图 3.9 中为当前场景的状态。

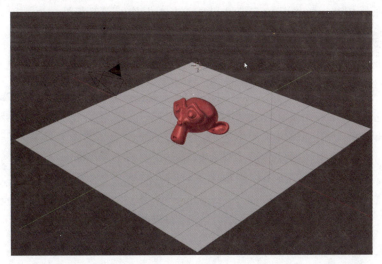

图 3.9 猴头放在地面上，摄像机对准了它，还有两个灯光为场景照明

实时渲染

在 Blender 中，你可以在调节各种选项的同时在 3D 视图中实时预览渲染结果。这非常有助于观察场景的各个细节，以及阴影及材质的实际效果。

这里所说的实时渲染，其实并不是真正意义上的"分秒不差"，只是说可以进行交互式的渲染，你可以在渲染的同时更改场景内容。当然，渲染速度取决于你的电脑性能。如果你使用 Cycles 渲染引擎，并且拥有一个高性能的显卡，那么你就能充分利用显卡来提升渲染速度。

要想进入实时渲染模式，只需在 3D 视图标题栏上将绘图方式切换为渲染（Rendered）即可（或按快捷键[Shift + Z]）。切换完成后，你可以随时切换回实体模式（Solid Mode）或其他 3D 视图显示模式。请注意，当使用实时渲染模式时，你将看不到选择物体的高亮轮廓线或操纵件。因此，你可能需要另一个 3D 视图窗口来操纵物体。

3.11 渲染

渲染是将你的三维场景转换成平面图像的过程。在此过程中，Blender 会对场景中的材质及灯光属性进行运算，并得出阴影、反射、折射等所有你想反映到最终结果中的效果，并把它转换成一张图像或一段视频。

要想设置图像的分辨率和格式，你需要转到属性编辑器中的渲染属性（Render Properties）选项卡（显示为摄像机图标），你可以在规格（Dimensions）面板中设置分辨率，并在输出（Output）面板中设置格式（对于静帧静帧图像，无须进行输出设置，因为你可以在渲染完成后保存它们，但如果是要渲染动画视频的话，则需要进行相应的设置）。在选择分辨率和格式后，单击渲染（Render）按钮以完成这个简单的过程。现在，我们来看看 Blender Render 和 Cycles 这两种渲染引擎的渲染设置有何不同。

3.11.1 使用 Blender Render 引擎渲染

调节渲染效果的选项很多，但在 Blender Render 中并没有太多的重要选项可供调节。你可以设置抗锯齿采样，获得更细腻的渲染结果，或者根据你的计算机性能对渲染效能进行改善，但对于目前的这个基础场景来说，使用默认设置直接渲染即可。

3.11.2 使用 Cycles 引擎渲染

不过，如果你使用 Cycles 进行渲染的话，你就需要提升一下采样值了。Cycles 的渲染使用的是采样机制。因此，如果你没有设置足够的采样，那么就会得到满是噪点的图像。每次采样都会让场景成图趋于细腻。采样值越高，渲染结果也会越清晰。低采样值可用走快速渲染测试，而且不会耗体很长时间，因为即使渲染结果有噪点，你也可以看出场景成图的大体模样。总之，采样值的设置取决于你想花多长时间去渲染。

在渲染属性选项卡中，找到采样（Sampling）面板，并将渲染采样值设成某个较高的数值，如 100（鉴于你的计算机性能，这样可能让渲染时间显著增加，因此要留意此值的设置）

3.11.3 保存与加载.blend 文件

现在到了该保存一下创作成果的时候了。渲染过程会用一些时间，在此期间，有可能会遇到各种状况（例如，停电、软件崩溃等），这些都会导致你的创作成果付之东流。这就是为什么建议你要养成经常保存文件的习惯。

你可以按[Ctrl + S]组合键保存文件。对于一个场景文件，如果你是第一次保存，那么 Blender 会显示一个菜单，你可以从中选择一个想要保存文件的地方，并对文件进行命名。如果之前曾经保存过，那么[Ctrl + S]组合键则会覆盖之前的版本。如果按[Shift + Ctrl + S]]组合键，Blender 会显示文件保存菜单，这样你便可以执行另存为（Save As...）操作。这样可以让你创建另一个不同名称的副本。

要想打开文件，按[Ctrl + O]组合键，Blender 会显示一个文件导览菜单，你可以从中选择一个.blend 文件。在文件（File）菜单中，你也可以进入打开近期文件 Open Recent...）子级菜单，里面列出了近期使用过的文件，可供快速打开。当然，如果记不住这些快捷键，也不必强求，毕竟你可以随时通过文件（File）菜单进行保存（Save）和加载（Load）。

提示：当你想要另存文件时，有个快捷的操作技巧。有时候，你想要将当前的创作阶段保存为一个新的文件，这样你就可以将各个阶段分别保存为单独的文件。这样一来，如果日后有必要，你可以随时回到之前的版本中去。单击另存为（Save As…）菜单（或者按[Shift + Ctrl + S]组合键），并按数字键盘区的[+]键，Blender 会自动在文件名中加上数字，如果文件名中已经存在数字编号，那么 Blender 会在该数值的基础上加 1。

3.11.4　执行与保存渲染

你可以在渲染属性选项卡的渲染（Render）面板中开始进行渲染了。你会看到 3 个选项：渲染（Render，静帧）、动画（Animation，渲染多帧动画），以及声音（Audio，仅渲染声音）。你也可以用快捷键[F12]来渲染静帧，用[Ctrl + F12]组合键渲染多帧动画（如果要渲染动画，确保在渲染面板中将输出文件路径和格式设置得当，以便让图像能够自动保存到你所期望的路径）。

当渲染开始时，你会在 UV/图像编辑器（UV/Image Editor）中看到渲染过程，渲染完成后，你就可以保存渲染图像了。保存渲染图的快捷键是[F3]，或者转到 UV/图像编辑器的标题栏的图像（Image）菜单，从中找到保存为图像（Save as Image）选项。按[Esc]键可返回 3D 视图。

图 3.10 显示了两种渲染引擎渲染效果的对比。显然，即使对于非常简单的场景，Cycles 引擎也会得出相当真实的效果（但它所耗用的渲染时间也更多）。

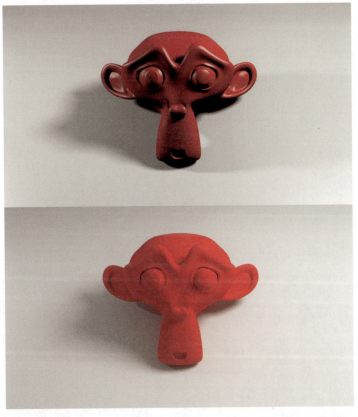

图 3.10　Blender Render（顶图）与 Cycles（底图）的基础渲染效果对比

3.12 总结

你已经学会了如何创建并移动物体、添加修改器和材质,以及如何执行渲染。本章介绍的内容很广,但依然希望你可以掌握与场景进行交互的方法。至此,你可以进一步学习下一章中的更多内容了。

3.13 练习

1. 创建若干物体,并操纵它们。
2. 尝试添加其他的修改器,并尝试设置修改器面板上的各种选项参数,观察它们的影响结果。
3. 向场景中添加更多的灯光,并尝试调节材质来改善结果。

第二部分　开始做一个项目

第 4 章 项目概览

对于不同的项目,你需要使用不同的步骤。各步骤的执行顺序称作"工作流"或"流水线"。在本章里,你将从零开始学习创建一个角色的完整流程,本书的后续章节也将围绕此目标展开。你将学习如何将一个项目划分成若干阶段,并依次执行。在本章节中,你将学习项目制作流程中的 3 大阶段。

4.1 项目的 3 大阶段

通常来说,一个 3D、平面设计或视频编辑项目通常会经历 3 个不同的阶段:前期制作、中期制作、后期制作。

1. 前期制作

前期制作是一个项目开始正式制作前的所有工作,如草图、概念、设计,以及计划等。可以说,对于任何项目来说,这都是最关键的阶段,很多新手项目的失败都是由于前期准备不够充分所致的(某些项目甚至一点前期准备都没有做过)。

当你计划并组织某个项目的细节时,应当尽可能去准备得充分一些。如果你忽略了前期制作的阶段并迫不及待地直接跳到中期制作,那么你很可能会遇到意想不到的问题。你不得不多花时间在上面,会浪费很多不必要的时间,甚至有可能会让你选择放弃项目。

一个好的规划能够让你在遇到任何可能出现的问题之前就预见到它们,这样就能"防患于未然"了。如果你遇到一些你不知道如何去做的事情,可以做一些快速而基本的测试,深入到项目中,及早发现问题,并从中找出解决方案。

由于前期做过准备,中期制作过程将会更高效,更容易,目的也会更明确,因为你已经规划好了执行流程。要注意的是,即使前期制作阶段准备的非常充分,仍然难免会遇到问题。这也是正常的,但至少有很多问题在它们变得严重之前被预先发现了。因此,前期制作阶段准备得越充分越好。

前期制作阶段还有另一个关键优势,那就是:它可以在中期制作阶段给你激励。当你思考所有必要的流程,并分成若干步骤去做的时候,它会突然变得容易了,因为你所面对的再也不是一个大的项目,而是若干个小且容易管理的任务。你会去逐一完成这些任务,随时跟进你的流程,而且你始终对目前的进度了如指掌,也会让剩下的工作,以及可能会遗漏的工作做到心中有数。

有一句俗语很好地概括这个理念:"磨刀不误砍柴工"。一个好的作品并不在于你的创作有多刻苦,而是在于效率有多高。很多时候,你往往会在做错的时候体会到,但同时你也积累经验!

2. 中期制作

当你完成了项目的前期准备工作后,就可以正式开始制作了,也就是中期制作阶段。举例来说，在一部影片中，中期制作是项目各种实质性工作的开展阶段，也是演员和道具按照前期制作阶段的安排就位后的场景拍摄阶段。充分的前期制作将更易于你完成中期制作，并且过程更加直截了当。

中期制作阶段可能是一个项目的最难阶段，因为这是个"开弓没有回头箭"的阶段。中期制作完成后，就很难再去做改动了。例如，你要建造一间房屋，在前期制作时，你可以使用计算机或建筑绘图工具非常方便地改动房屋的设计，但当砖墙都已建好之后，要想做改动就变得相当困难，而且会耗用大量时间！

这就是为什么前期制作阶段是至关重要的了：它能够让你确保不会在开发最终成品时犯错。中期制作是相对困难的阶段，会遇到很多挑战，有些问题无法预知，只有在真正制作时才能遇到。因此，任何能够让流程顺畅的准备工作都会有很大用处。

3. 后期制作

后期制作是指从中期制作后到生成最终成品之间的所有过程。这个过程就像是为房屋粉刷并添加室内饰品去装点它一样。在一部影片中，后期制作往往是指为添加最终的视觉特效并对中期制作中的拍摄素材进行修整的过程。

根据不同的项目，后期制作可难可易，可简可繁，并且可以引入一些虽小却很关键的细节元素。实际上，后期制作是决定你最终项目视觉效果的阶段。

假设你拍摄的是两个演员在室内交谈。在后期制作时，你可以对场景片段进行色彩校正、变日景为夜景、更改从窗户看到的场景内容、将物体模糊、推进镜头，甚至可以添加另一个新角色！无限可能，而且会确定人们在你的图片、视频或影片等项目当中会看到什么。

4.2 阶段划分

现在你已经了解了项目的 3 大阶段，而关键在于了解每个阶段的起止点在哪里，毕竟各个阶段不尽相同。我们通过几个案例来更好地理解它们之间的区别。

1. 未应用视觉特效的影片

如今，几乎每部电影都或多或少地使用过视觉特效。尽管如此，我们暂且想象有一部不加任何视觉特效的影片吧。这会有助于你理解电影制作的基本流程，然后我们将探讨其他一些中期制作的选择。

注意：视觉特效不仅指爆炸、太空飞船、外星人或怪兽一类的元素。有很多种视觉特效（泛指可视化特效）都是很微妙的，你在观看影片时可能不会注意到它们。例如，道具扩展、背景替换或清除等，这些几乎在每一部影片中都有，它们也属于视觉特效的范畴。

在后期制作过程中，制作人撰写电影脚本，并确定高潮时刻出现的时机（甚至会去真正拍摄，以此来检验是否可行）。每部电影都会经历分镜脚本阶段，也就是画出体现镜头方位和内容的草图，供中期制作团队规划每个镜头，确定他们需要准备些什么，了解应该使用哪种相机镜头，了解演员的走位等。然后，制片人会去各地取景。他们也需要制作演员的服装和各类道具。然后，制片人对演员和其他内容进行拍摄。最后，制片人必须安排摄影师和设备管理人员，去做搭建场景等工作。通常，音乐制作人会在这一阶段开始创作音乐，以便结合每个镜头的时序做出影片的大致分镜预览。

现在一切准备就绪，可以开始拍摄了。此时，演员们已经看过脚本，团队也知道每个镜头需要做些什么、摆放哪些道具。中期制作通常并不会耗时很久，因为项目的各个方面都在前期制作阶段安排好了。中期制作阶段（耗用资源最多的阶段）是越短越好的。当中期制作完成时，影片就完成了根据前期制作阶段所确定的地点、时间、事件和人物的拍摄工作。

当影片拍摄完成后，后期制作就可以开始了。影片必须在这个阶段进行编辑，包括可以使用某些色彩校正技术将场景调节得更加生动，或者调成暖色调或冷色调等，这取决于导演想要每个场景向观众传达什么样的视觉语言。导演可能会认为给主角面部一个近距离特写会比较适合某个特定的镜头，如果是这样，视觉编辑软件就应把镜头放大一些。又或者背景中有一个商业机构的名称出现，而导演并不希望它出现在镜头中，那么可以用一个简单的视觉特效技术把它移除，或者替换成另一家为制片方支付了广告费的商业机构的名称！这个阶段属于影片的雕琢阶段，包含了完整的声轨和声效，然后就可以输出最终成品了。

2．视觉特效影片

现在我们来分析一下应用了复杂视觉特效的影片与未应用特效的影片相比之下的区别。

在前期制作过程中，制作团队需要思考应用何种特效、应当如何拍摄它们，以及需要做哪些准备工作。通常来说，在前期制作阶段，视觉特效团队会与导演密切合作，了解哪些创意可行、哪些不可行，以及可以实现什么样的效果等（通常，视觉特效几乎可以满足所有的需求，只是考虑到影片预算方面的因素）。

在中期制作阶段，视觉特效团队会需要用特殊方法拍摄一些镜头，如使用绿色幕布或使用演员的假人偶，随后团队可以向场景中添加动画角色。某些如爆炸等效果可能需要单独拍摄，以便在后期合成到演员所在的镜头中。

当影片拍摄完成后，就可以进入后期制作阶段了。但是由于影片需要使用视觉特效，中期和后期这两个阶段之间的界线是趋于模糊的，有些时候，两个阶段会有重叠的地方。视觉特效艺术家们甚至可能会在中期制作阶段开始之前就开始着手创作了，这样一来，在拍摄期间，不同的元素在场景中可以无缝地结合在一起。

视觉特效团队有自己的前期制作、中期制作和后期制作阶段。他们设定出特效，并确定镜头是实现方式。然后，他们开始中期制作，并创建视觉特效元素，最后将那些元素、调色、形态、纹理等结合起来。

3．动画电影

相比之下，动画电影的阶段划分要更困难，更难以区分，因为整个电影都是由计算机生成的，中期与后期制作阶段间的分界线并没有那么泾渭分明。

在前期制作阶段，和其他类型的电影一样，动画影片的各个方面也都在这个阶段进行规划与设计，但随后的中后期制作会区域重叠，因为这些阶段的各个方面都是在3D软件里进行的。通常，较为简单的阶段划分方法是：中期制作阶段负责创建情节（开发角色、道具和动画），后期制作阶段主要负责打造特效，包括流水、飞溅的液体、粒子、布料、尘埃、烟雾、火焰、爆炸等模拟效果，最后会将所有这些不同的元素合成到一起。

4．照片拍摄

没错，即使是拍摄照片这样简单的工作也可以分成3个制作阶段。即使摄影师自己并未意识到这一点，他们还是会将这些制作阶段用在摄影作品当中。

首先，摄影师会去思考他们想要拍摄什么，去哪里拍摄，这就是前期阶段。在中期，他们必须前往那个地方，摆放好拍摄对象，最后拍下照片。然后，即使是使用智能手机拍照，他们也可以对照片进行后期加工，如添加老照片效果，或是增加对比度，或者把它调成黑白照片等。

4.3 角色创建设定

现在你对于项目的主要阶段有了更深入的了解。我们将在本书后续章节中创建一个完整的 3D 动画角色，让我们先来对项目各阶段的流程做一下定义。

1．前期制作阶段

角色创建流程毫无疑问要先从设计开始。

- **角色创意**：设计源于你的构思。在设计角色之前，你先要去想象，构思它的故事和个性，以及它所生活的世界等。
- **角色设计**：画一些草图，大致描绘出角色的样貌、衣着，以及人物性格特征等。

2．中期制作阶段

可以说这是一个相对复杂且包罗万象的阶段，因为这是从设计到完成角色制作的主要流程。

- **建模**：根据前期制作阶段所确立的设计稿，在 Blender 中建出 3D 角色的模型。
- **UV 展开**：将 3D 模型的表面展开并平铺到 2D 空间上，这样可以将平面图像纹理映射到它上面。
- **纹理**：在 3D 模型表面绘制各种纹理细节，如衣服纹理、皮肤、头发的颜色等。
- **着色**：创建能够定义角色表面特质的材质，如反光度或者平滑度等，让纹理更显细腻。
- **装配**：为你的角色添加一个骨架，并定义它的工作方式，以及对角色的控制方式。
- **动画**：在动画的不同时间点使用关键帧记录角色的姿势，让角色做出行走或奔跑等动作。
- **视频录制**：录制一段供角色合成的背景素材视频。

3．后期制作阶段

当角色创建完成后，还需要修饰一下效果，或者在场景中添加一些元素。

- **摄像机追踪**：根据镜头素材模拟出摄像机的运动轨迹，最终可以让 3D 世界中的摄像机像真实的摄像机那样运动，以便能够将 3D 元素合成到视频当中。
- **光照**：为场景添加光照，让光影与在中期制作阶段摄制的视频相匹配。加光通常是中期制作阶段的一部分，但是由于本项目的主要目标是创建角色，所以这次我们就把光照放在后期制作阶段进行。
- **渲染**：将 3D 场景转换成带明暗光影的 2D 图像。
- **合成**：将视频和 3D 物体合成到一起，并做一些必要的修整，让他们契合得更加逼真。

4.4 总结

现在你了解了创建自己的动画角色的流程，也了解了项目的 3 大阶段。前期制作尤为重要，对于未来的项目也是如此。有很多人即使做过充分的前期规划和准备也未必能够成功，更何况是前期准备不充分的时候了。几乎每个专业的 3D 艺术家都经历过这个过程，并且对项目前期的准备和管理的重要性深有体会。建议借鉴一下他们的宝贵经验哦！

现在，你就可以正式开始真正的项目啦！

4.5 练习

1．任选一部影片，想象你会如何划分它的前期、中期和后期制作阶段。
2．你是否有过项目失败的经历？反思失败的原因，并思考如何使用本章中介绍的 3 阶段划分法去重新思考那个项目。

第 5 章 角色设计

你的角色制作项目的第一个部分，毫无疑问，应该是前期制作阶段（在第 4 章"项目概览"中已有讨论）。当创建一个角色时，前期制作往往是指设计的过程。角色的设计方式有很多种，每个艺术家所使用的方式不尽相同。在本章中，你将了解其中最常见的一种方法，你可以在以后掌握，其他一些方法会被提及，如果你感兴趣的话可以去进一步了解。

你可以使用任何介质去设计你的角色，可以用纸，也可以用数字化的方式。在本章中，整个过程都是在数字介质上完成的，使用的是数字绘画软件和一个数位板。不过，你当然可以使用其他的绘画介质。

5.1 角色刻画

在你开始绘画或者想象角色的衣服样式、眼睛大小或者头发的颜色之前，你需要至少对角色有一个基本的想法。设计最终会体现出角色的性格。因此，理解角色的思考和行为方式将有助于你更好地表现它。例如，如果你知道它的身份，那么就会比较容易地去设计它的衣着。如果他是一名骑士或战士，那么就应当穿戴铠甲或战袍。但如果他是一名会计师，那么穿着一身铠甲或者手拿武器将会一点也说不通，无论那样看上去有多酷！

另外，角色的态度可决定其样貌：一个看上去很有活力的角色运动起来的速度会很快。如果角色是很忧伤的话，那么行动起来就会显得较为迟缓。一个高兴的角色的脸上会挂着大大的微笑，夸张的眼睛。而如果是一个情绪低落的角色，它的眼睛会是小小的、眼泪汪汪的，嘴角也会向下垂。

可以说，对角色的深入刻画无疑将会有助于你理解他的行为方式。最终，你可以进入他的思想，想象他会怎样穿着、怎样行走、怎样说话、怎样微笑、怎样大笑、怎样哭泣。对于同样的状况，不同的人的反应可以是千差万别的，创建角色的特质有助于你理解角色，也有助于定义他的生活方式。

如果你不想过度深入，那么可以不必去将角色的完整背景或个性都涉及出来，只需要一个关于性格和样貌的简单刻画就足够了。

在以下章节中，你将了解角色的大致形象刻画。我们给这个角色起名叫 Jim。从现在起，你就要结识这位 Jim 了，去了解他的思维与行为方式。把 Jim 想象成一个活生生的人，而不只是一个生硬的角色设定。

提示：了解肢体语言将非常有助于确定角色抱有特定情绪时的表情和表现，包括它的衣着。如果你想要设计出优秀的角色，强烈建议你去找本这方面的书读读。

5.1.1 个性

下段内容是针对 Jim 的刻画。他的个性有很多方面，其中一些会受到别人的影响。例如，一个懒惰的人不会有当探险家的想法，如果你不热衷于挑战，那么就不会发现未知的新鲜事物。也就是说，你需要具备足够强大的动力。一个角色的个性必须要保持始终如一（除非是剧情需要）。

Jim 是一个 15 岁大的男孩，他非常活泼，并且喜欢和朋友们一起参与很多体育活动。他看上去总是那么乐观，他喜欢挑战，他的梦想是成为一名探险家去探索新鲜事物。他追求理想的动力就是他那无穷无尽的好奇心，也正因为如此，他很善于观察细节。他也想要从同龄孩子中脱颖而出。另外……他也会经常让自己陷入麻烦当中。

5.1.2 故事背景

想必你已经对 Jim 的个性有了一个基本的了解，但依然有一个重要方面影响着角色，那就是故事的背景，或者说是角色所处的那个世界。让我们来了解一下：

2512 年，人类的足迹已经遍布了很多星球。太空探索一直都是个新闻话题，宇航员们都被视作英雄。车辆都会飞行，而且没有污染。机器人随处可见，方便了人们的生活，有些甚至与人类建立了情感交流。这种未来主义设定的弊端在于，个体很难从群体中脱颖而出：所有的人穿着同样的衣服，开着同款的车，大家的住宅也都是一模一样的。

你能看出这种背景会对 Jim 带来怎样的影响吗？此外，人们在宇宙中各个星球上的探索都会成为每天的新闻焦点，这会让一个男孩子梦想着成为一名宇航员，对吧？如果时代的背景设定在史前，那么孩子的梦想又会是另一个样子：或许他会想成为一个强壮的猎手或是一个令人敬畏的巫师。

故事背景（他生活的地域、文化，以及他的交际圈）能够清晰地刻画出角色的个性及其思维和行为方式。对于 Jim 来说，他的时代背景激励他立志当一名探险家，探索太空，寻找新的星球……甚至是外星人！

5.1.3 风格

在你开始想象角色的样貌之前，要先设定他的风格进行设定。这里，我们就选定一种卡通风格吧。这样做的原因是，鉴于你将要学习完整的动画流程，我们并不希望 Jim 这个动画角色过于复杂。因此，出于学习的目的，Jim 的造型简单，而且没有过多的细节。

在保持简单造型的前提下，我们也要让他看上去让人眼前一亮。你可以用更写实的手法，或者用深色线条或抽象元素勾勒出草图，或者寻找某些图片等素材，有助于你确定他的风格，这会在很大程度上决定角色的最终模样。

除此之外，当你设定风格（以及所有与角色外表相关的元素）的时候，需要考虑到技术局限。例如，你可能不会希望让角色的头发过长，因为这会让动画或模拟工序变得更加复杂。

另外，风格也要取决于角色要使用的媒介。在电影中，你可以添加更多的细节和复杂感，因为每帧的情形都可以预先设想。但如果你是在制作一个游戏角色，那么局限就比较大了，因为角色需要去实时表现，因此你需要使用较少的多边形、较低的贴图分辨率或是相对简单的效果，以便提升性能并让计算机（或电视游戏机）能够实时渲染图像。

5.1.4 外表

现在我们设定好了 Jim 的人物性格，也设定好了他所处的世界环境，以及他的风格，我们可以开始思考他的外表了。例如，它生活在一个未来风格的环境中。当我们思考未来世界时，我们通常会采用单一色调的服装，而且线条简洁明快，因此选用白色和蓝色的衣服是合乎情理的。

这里，我们可以使用铸版元素，因为这样的角色会让人们印象深刻，会让他们对角色和主题有个概念，这正是铸版元素的作用，所以不用去避讳它。

例如，未来的衣服是趋于贴身的。此外，Jim 是个健康、活泼且热爱运动的男孩。他体型很好。因此，穿上修身的衣服也不会有什么问题，反正他也不会因为身形不好而感到难为情。另外，他是一位探险家，所以或许他对外表不是很在意，而是更在乎服装的实用性和舒适性。

在对角色的描述中，曾经提到过他想要脱颖而出，因此如果人人都穿着相似的衣服，他必定会在上面加点细节以体现自己的张扬态度：可能会是一个胸针，或者一顶俏皮的帽子（这也会突显他的探险家个性），或者是某些与星际旅行和太空探索相关的元素。

5.2 设计角色

本节中，你将遵循一个创建角色的典型流程。通常会先从一个大体的概念开始，逐步细化：先创建一个基本形状，然后循序渐进，逐渐润色，最终得出成品。

5.2.1 剪影法

建议先设计角色的几个剪影草图，这将有助于你确定角色的比例（见图 5.1）。然后从中选择满意的，并继续添加细节。这是艺术家们设计角色时常用的一种技术。剪影法是非常重要的技法，一款优秀的角色设计往往可以从剪影得出。你可以只从剪影中便可认出超级马里奥、米老鼠、索尼克等经典角色，这意味着它们有着标新立异的原创设计。

图 5.1　根据对比例和形体的研究所画出的 Jim 的剪影方案

在这里，你只需要了解 3D 角色的创建，而不必了解如何设计出一个非常成功的角色。因此我们不希望所有人都能只看一眼剪影就能认出 Jim。我们的目标是设计一个看上去很酷很有个性的角色。

观察图 5.1 中的剪影。根据我们之前对这个角色的描述，你可以想象出多种多样的角色形体。现在你要从中选择最中意的一个。例如，我们的角色 A 和 F 的身形比例比较合适。他们看上去比较有真实感，只是手、脚和头的比例大了些。较大的头部（相对于身形而言）会有助于体现 Jim 还是个小孩子。例如，看看图中的 J 方案，它看上去更像是个成年人，因为它的头看上去小了些。而 E 方案的头和身体的比例差距太大，看上去像是个很小的孩子。

在图 5.2 中，你可以看到最终的剪影稿，基本上是我们所选出的方案的综合体，而且加了些许的细节。最初的那批剪影只是为了得出 Jim 的大体形象，而最终的这个形象更大更具体，可以用到下一阶段中去。目前它还没有服装方面的细节，也没有帽饰。现在，你要做的就是去看一眼角色的大体身形。

提示：图 5.1 和图 5.2 中的剪影是使用软件 **Krita** 绘制的，这是一款开源绘画软件，建议你去体验一下。详情可访问 https://.krita.org 网站。当然，除此之外还有其他一些同类软件，如根据自身喜好去选用。例如，MyPaint、Painter、GIMP、Photoshop，以及 Manga Studio 等。制作剪影时使用的一项实用的功能就是镜像绘画。它可以让你只画出一半身体，软件会同时在画布上画出对称一面的身体——可以看到，这样会事半功倍。

图 5.2　综合 A 方案和 F 方案后得出的剪影结果

5.2.2　基型设计

接下来，你就要根据最终的剪影图来画出基本的细节了。这时只要用一些线条在边界周围勾勒出角色的内部形体即可。在这一步中，你最终应勾勒出角色的基础版本，因此不必太过在意细节，下一阶段再去完善。

这一步也应当添加衣服，可以尝试各种轮廓。在这个基础版本中可以尝试制作若干种服装，以便在后续步骤中选择你喜欢的设计，并把它们搭配起来，做些修改，直到自己满意为止。不过，也不要添加太过复杂的元素进去，所以要避免复杂的设计元素，尽量在力所能及的范围内去设计。

此时并不需要过多地完善，一个大概的草图即可，如图 5.3 所示的样子。这有助于你了解角色的最终模样，好让你以后可以对每个部分进行针对性设计，并最终将所有部分合并成一个干净完整的版本，如果有不满意的地方，别担心，以后有足够的时间去修改并完善它们。

图 5.3　最终剪影稿和基本设计稿的对比

从图 5.3 中可以看出，角色的发型依然没有确定，这个地方需要仔细思考一下，因为头发通常是比较难处理的地方。如果你想要应用逼真的毛发粒子效果（你可以创建 3D 粒子在表面上生出毛发，梳理它，并修建它，做出某种发型，并且随后会受重力或风力的影响），你需要充分了解它们的样子和运动方式，确保你的发型会适合用粒子去表现（否则就会前功尽弃）。如果你想要应用手工建模风格的头发，那么就会有很多选择，但也要注意网格建模法的局限。

对于这个角色，你可以使用网格来做，因为这样会相对容易些，对于这种类型的角色设计而言，这样就可以了。如果你不具备充分的绘画经验，那么就先尽量画得简洁一些，先用几何球体来画出轮廓，有助于你理解形体的比例。例如，头部可以是个变形的圆，手臂和双腿基本呈圆柱形。如果你不擅长角色形体勾画，那就先从简单的几何图形画起，然后再在上面增加细节。

5.2.3 设计头部

现在开始设计头部、面部和发型，也不妨试试帽子元素（因为它们会影响发型）。图 5.4 中是 Jim 面部的几种草图方案。注意，在第一次尝试中，不要指望能得到非常理想的结果（对于这个角色，我也只是展示了我尽力而为的效果）。有时候可能会尝试去画大量的草稿，如果幸运的话，可能会在第一次就得到满意的效果（尽管这种可能性真是小之又小）。

图 5.4　Jim 头部的多种草图，以及帽子样式的尝试

观察所有的设计稿，我们从中选用戴着帽子的那个，因为这会彰显 Jim 的个性，而且看起来也挺酷的。它也会把头部的大部分盖住，这会大大简化头发的设计工序！

在 2512 年，一顶典型的棒球帽可能不会那么常见，因为未来社会中的人们会在头上戴着奇异的装饰，但别忘了 Jim 想要与众不同对吗？这里，你只要创建 Jim 就好，但如果你有必要对他所生活的城市，以及那里的市民有所刻画，那么他在 2512 年戴着一顶棒球帽显然会让他显得与众不同。

5.2.4　添加细节

现在你已经将 Jim 的身体和头部的基本形态设计出来了，那么应该到了添加细节的时候了。或许你太擅长绘画，但别担心！这些设计的目标并不是为了追求完美。设计本身主要就是一些能够有助于你理解角色形体的草图和素描罢了。了解角色及其细节构建方式能够让你把任何元素转化成 3D 模型。

举个例子，比如你想建一块表的模型。如果你马上就开始建模，可能你最终会因为遇到诸多问题而放弃。可能它看上去怪怪的，缺乏真实感，这往往是由于你没有认真研究过它的形态所致。建议去找些合适的参考图，并在设计的时候拿来借鉴。你甚至可以仅凭头脑中的想象去做，但还是建议你能把它画在纸上（或屏幕上），这样就可以在正式开始 3D 建模之前看到设计稿并做到心中有数。

图 5.5 是 Jim 着装方面的一些草图，都是些从整体剥离出来的关键部位的设计，并且从多个视角去展现它们。例如，夹克衫的前面和背面的设计图等。这很重要，因为对于 2D 角色来说，我们可能不会用到背面设计稿，但在 3D 模型中，每个面都是同等重要的！

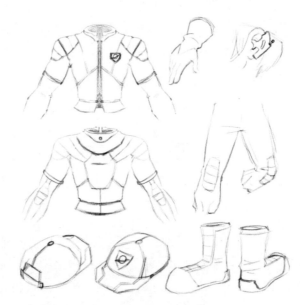

图 5.5　角色细节设计草图，包括服装、耳机、靴子、手套和帽子

整件衣服上布满了直线条，这会让平淡的表面风格看上去更加丰富一些。肩关节、肘关节，以及膝关节都有护垫，这让衣服看上去像是一件制服，这正符合 Jim 的穿戴风格，因为在未来人人都穿着同样款式的衣服。

Jim 也戴着一个耳机，用来听音乐和接电话。帽子的款式也是很有个性的，能够凸显他的个性，而且他会反着戴，有叛逆感。他的个性或许可以体现在衣服的颜色上。可能服装某些部分的颜色会与其他人衣服上的有所不同，这会在后面的上色阶段进行探讨。

夹克衫的背面有一个小背囊，用来存放制服的电子系统。肘上方手臂上的制服分割线让它看上去像是一件真正的太空探险装。

此外，服装上还增加了一个细节，Jim 的前胸和帽子上各有一个太空探索标识。结合这套制服风格的衣服，让他显得像是一个真正的太空探险者。至于那些符号，我使用了土星图案，这是比较好辨认的星球，也是太空探索的标志性图标。

5.2.5 细化设计

此时，你已经对各个部分的外观有了清楚的了解：面部、头发、衣着，以及其他的细节。在你完成最终的图稿之前，我们回头看一看基础设计稿，并添加一些细节进去。此外，现在也是绘制角色背面视图的良好时机（见图 5.6）。

图 5.6 在基础设计稿的基础上完善设计，并设计角色的背面视图稿

目前来看，一切都还不错！接下来我们要尝试选用颜色了。

5.3 上色

基础的设计目前已经完成，现在应该给 Jim 上色，并且看看他使用不同配色方案的效果（如果你此前一直是在纸上进行创作的话，那么现在是时候去把你的设计稿扫描到电脑中了，开始用电脑去设计，这样可以让你对同一款设计应用多种配色方案，调节起来非常方便）。我们需要一个 Jim 的正面视图版本，以便让我们能够使用编辑软件中的油漆桶工具快速填充颜色（见图 5.7）。将角色的每个部分分别存储在单独的图层中，这样便于调整各个部分的颜色，如肤色。使用这种方法，你可以尝试多种方案，并从中选出你最中意的那个。

分层上色可以在短时间内就能测试出一种新的配色方案。在图 5.7 中，不同的头发颜色可以让你看出这个流程是如何工作的。但在这个例子里，我们姑且假设我们已经知道了头发颜色应该是蓝色的，和眼睛的颜色一样，因为这与蓝灰色的制服相协调。为 Jim 选出最适合他的配色方案。让我们继续使用中间的配色方案，也就是蓝色头发那个，因为头发等颜色与制服颜色的反差没有旁边那两种方案的那么剧烈。

图 5.7　在设计稿上测试不同的配色方案

5.4　完善设计

　　此时，应尽可能创作一张角色的最终定稿图，而且你已经了解了它的建造方式、它的外表，以及设计细节等。在图 5.8 中，你将看到 Jim 的最终定稿效果。对于初学设计的人，无需苛求达到这样的品质，但这有助于更加熟悉角色，去了解他，理解他的比例和特征。此外，当你为他摆造型的时候，有时也能够暴露出角色设计过程中的一些潜在问题。例如，制服某些地方的元素不太适合出现在那里。通常，当创建一个复杂角色时，原画艺术家们会创作很多类似这样的插画，以确保角色看上去不仅要漂亮，而且要逼真。

图 5.8　使用最终的设计稿创作一张 Jim 的插画

　　提示：在本书的下载文件中，你可以找到一段演示这张插画创作过程的视频。希望它能帮助你理解我所采用的步骤，并激励你去创作自己的角色。

5.5 制作角色参考图

好了,你已经设计好了角色。如果你是有经验的人,你可能会马上着手建模。如果你并没有什么经验,那么你可能会想先弄几张用于 3D 建模项目的参考图,以便对角色的基本形体和大小有更直观的概念,这也会让建模过程事半功倍。在你建模的时候,这些图像会位于 3D 视图的背景中,这样你可以在它们的上面进行比照建模。参考图中的角色应当呈正常站立姿势,毕竟这是为了建模。更酷的姿势等以后再去摆弄。

在我们的案例中,你会用到 6 张不同的参考图,你可以把它们放在 3D 视图中。你可以按照以下方案在背景中放置参考图。

- 头部,前视图
- 头部,后视图
- 头部,侧视图
- 身体,前视图
- 身体,后视图
- 身体,侧视图

这些参考图有助于你确定 3D 模型与你的最初设计相符。当从 2D 转到 3D 时,设计元素或多或少后有些差异,因为 2D 和 3D 是两个完全不同的世界。但使用了参考图后,你会做出一个较为符合 2D 设计原稿的 3D 形象。

对于头部视图,目前不必考虑毛发,因为目前要专注于头部形态建模,毛发将在后面章节中加到头上面去(见图 5.9)。

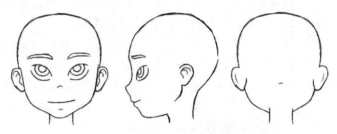

图 5.9 面部的前视图、侧视图和后视图

对于图 5.10 中所示的身体视图,你可以看到侧视图中并没有手臂。这是有意为之的,因为目前我们暂且不去建手臂的模型。随后,你可以根据前视图和后视图去把它建出来。在测试图中,并不会有太多的相关信息,而且它们会把角色身体挡住,不利于通过侧视图观察身体的侧面。

注意观察草图上的水平线,它们务必要始终对齐,好让角色的特征位于各个视图中的相同位置。这样可以在后面免去在 3D 场景中摆放角色的麻烦。参考图不够完美没关系。毕竟它们是手绘稿,况且难免不会犯错,但它们对齐得越好,建起模型来就会越容易。否则,你不得不去经常一边建模一遍揣摩,只是因为参考图没有对齐,而且当你建模时也不得不将某些地方彻底返工才行。

提示:对于这些设计,你可以任意发挥创意,并把它们改成你觉得比较好的样子。如果你从未做过角色设计并且渴望一些初始引导的话,那么这会是个良好的起点。这应该会让你用某种方法着手做起，但并不一定完全照搬。角色设计是个创意无限的过程，所以要不断去尝试新元素！

图 5.10　身体的前视图、侧视图和后视图

5.6　其他的设计方法

之前有提到过，上面介绍的这种方法并不是设计角色时所使用的唯一方法。有很多的艺术家，他们会逐渐创立自己独道的方法和技术。以下列出了其中一些可以尝试选用：

- 使用如球体、立方体或圆柱体等非常简单的 3D 模型，快速搭建出剪影的基本形状和比例。这样能够让你看到角色在 3D 场景中的大致模样。
- 在绘画软件中使用随机笔刷去尝试设计形态。这样可能会让你偶然做出意想不到的结果，能够让你去挖掘在使用笔纸绘画时可能会被遗漏的有趣元素。
- 使用 Adobe Illustrator 或 Inkscape 等矢量绘图软件去尝试设计剪影稿。这与 3D 简模创建法类似，不同之处是在 2D 环境中而已。这种方法的好处在于你可以方便地缩放或旋转身体的各个部位来尝试新的想法。
- 使用 Blender 的蒙皮（Skin）修改器建造角色原型。你可以去自学一下如何使用蒙皮修改器。基本上就是先画出带顶点和边线的角色骨架，蒙皮修改器会给它指定厚度，你也可以控制各个部位的网格厚度。该修改器的初衷是为了创建用于雕刻的基础网格，但也可以用它来快速尝试创建角色的形态。
- 使用图像合成技术，选取多张照片或画稿的特定部分，并把它们合并起来，拼凑出你的角色的剪影。

5.7　总结

角色设计是个很复杂的过程，你必须思考很多方面。当然，你可以仅凭头脑中的一个想法就直接着手建模，但那样很可能会让难度显著增加，毕竟你要凭空创建一个新事物出来。这个设计阶段很关键，因为它让你定义了角色的各个方面：个性、态度、样貌、衣着、细节等。当你设计完成时,.你就会对角色有一个深刻的认识,你会预见到那个角色转换成 3D 模型后的效果会有多好。否则,你只能在经过所有努力后才能看到。你头脑中的那个想法并没有那么清晰,有些事情也会事与愿违。

设计是个积累的过程,所以要记住万事开头难的道理。要做好尝试、失败,然后重复这一过程的准备,直到能够做出让自己满意的设计。

请记住:前期制作阶段就是你的良师益友!

5.8 练习

1. 基于 Jim 的设计稿,添加或替换某些元素,让角色看上去有所变化。
2. 如果你准备好去迎接挑战,那就设计一个你自己的角色出来吧!

第三部分 创建模型

第 6 章　Blender 的建模工具

可以说，建模是角色创建过程中最重要的环节，因为这是你用多边形生成最终角色主体外形的一种方法。在本章中，你将学习 Blender 的建模基础，以及如何使用某些主要的工具去进行创作。然后，在下一章中，我们会对那些工具进行讲解，你将更加熟悉它们。在开始创建 3D 模型以前，需要进行 3 个技术层面的考量：认识网格上的元素、学习如何选择它们，以及了解应使用哪些工具去操控它们。在本章中，我们主要围绕这 3 点进行探讨。

6.1　操纵顶点、边和面

每个 3D 模型都是由 3 组元素构成的，即顶点、边和面。顶点是指空间中的一个点。当两个顶点连接起来时，就创建了一条边。而且如果你把 3 个或更多的顶点连成一个闭合回路的话，那么你就做出了一个面。可以说，一个面就是一个多边形。这 3 种元素可参见图 6.1。

面有 3 种类型：三角面（Triangle）、四边面（Quad，由 4 条边围成的面），以及多边面（n-gon，由 4 条以上数量的边围成的面）。在 3D 世界中，有一条"准则"，那就是尽量使用四边面。这是因为在动画中它们有利于网格变形。而且，如果你打算为网格添加一个表面细分（Subdivision Surface）修改器，四边面的细分效果往往会很理想。而三角面和多边面有时会产生各种问题，会在网格上形成"尖点"，特别是当它们呈弯曲形态的时候，或是模型因动画而产生形变的时候。

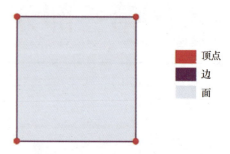

图 6.1　顶点、边和面——构成一切 3D 网格的 3 种元素

不过，有些情况下，使用三角面或多边面会更有利。例如，对于某些非常复杂的形状，多边面比四边面的变形及细分效果更好。在积累了一定的建模经验后就会掌握什么时候应该用哪种面了，有很多经验非常丰富的建模师都写过探讨这个话题的文章，建议大家去看一看。本书中就不对此做赘述了。顶点、边和面在模型表面分布而构建形态的方式叫拓扑。

6.1.1　选择顶点、边和面

要想操纵这些网格元素，首先需要进入编辑模式（Edit Mode），在 3D 视图窗口标题栏上的交互模式选单中选择该模式，或者按[Tab]键。当你进入编辑模式后，就可以选择顶点、边和面了。在图 6.2 中，你可以看到它们位于工具栏上的图标。

图 6.2　3D 视图标题栏以及点线面选择图标

提示：在单击元素选择图标的同时按[Shift]键，可以同时选择多种元素。例如，在顶点选择模式下，按住[Shift]键并用鼠标左键单击边选图标，那么此时你既可以选中顶点，也可以选中边。

此外还有一种更快的点线面切换方式：在编辑模式中，按[Ctrl + Tab]组合键，会在鼠标指针位置弹出一个选单，你可以从中选用不同的元素类型。

6.1.2 使用建模工具

在 Blender 中有几种找到建模工具的方法，你可以从菜单里找到所有的工具，但多数工具都有自己的调用快捷键，可供快速调用。你可以在以下位置找到建模工具。

- **网格（Mesh）菜单**：在此菜单中，你会找到与顶点、边和面分别对应的子菜单。
- **工具栏**：主要的建模工具大多位于编辑模式下的工具栏中。
- **搜索**：在 Blender 中按下空格键会出现一个搜索框，你可以键入想要调出的工具的名称，然后从搜索结果中找到该工具。

在 3D 视图中按以下快捷键可显示各种选项：

- 顶点：Ctrl + V
- 边：Ctrl + E
- 面：Ctrl + F
- 专用工具：W

6.2 选择

在本节中，你将学到一些在编辑模式下使用的选择技巧。其中很多都和物体模式下的操作方式完全相同（物体的选择方式已在第 2 章中讲过）。而在编辑模式下，选择的对象是顶点、边或面。例如，你可以按[Shift]键将新元素添加到已有的选择对象集里，或者你可以按[B]键进行框选。不过，下面要讲的几个选择技巧仅适用于编辑模式。

6.2.1 最短路径

如果你用鼠标右键选择一个顶点，并在单击第二个顶点的同时按住[Ctrl]键，那么 Blender 会自动选择两个顶点之间的最短路径（见图 6.3）。这种选择方式也适用于边选和面选。

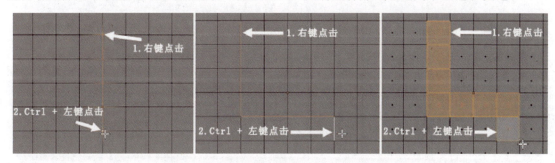

图 6.3　在点选、边选和面选时的几个应用案例

如果你始终按住[Ctrl]键，并多次单击鼠标右键，那么新的路径将被持续追加到选区中去，这样可以非常便捷地选择某条路径上的一系列元素了（在第 8 章中，我们将讲解 Blender 的 UV 展开技法，需要在模型上标记缝合边，届时你会体会到这种技巧的用处）。

最短路径的选择操作提供了多种选项，包括间隔选取（Nth Selection）、跳过（Skip）、以及偏移（Offset）等选项，这些选项可以在操作项（Operator）面板中找到（按[F6]键）。这些选项可让你对最短路径上所有选中的元素应用自定义的弃选方案。例如，可以实现每隔 3 个点选中一个点，这对于包含大量顶点的模型来说，可以大大节省时间。最短路径选择选项包括其他有趣的功能，也值得你去探索一下。

提示： 这个工具的另一个技巧就是在执行最短路径选取操作时按住[Shift]键，这样可以在面上选出一个矩形区，以第一次和最后一次点选的面定义选区范围。

6.2.2 比例化编辑

比例化编辑（Proportional Editing）是一个非常有用的功能，尤其是对于生物体建模而言。首先选择一个元素（可以是顶点、边、面，也可以是物体），当你移动它的时候，周围的元素也会随之一起移动，移动幅度取决于你所选用的衰减类型和影响范围（见图 6.4）。

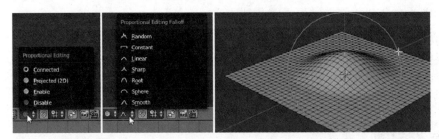

图 6.4　3D 视图标题栏（左图）上的比例化编辑菜单；衰减类型选单（中图）；
使用比例化编辑工具在网格上移动某个顶点时的影响效果（右图）

比例化编辑工具的使用方法很简单：只需在 3D 视图标题栏上找到该工具的图标，选用某一种方法的同时即可将其启用。你也可以按[O]键启用或禁用它。启用了比例化编辑后，当你执行变换操作时，选区周围会出现一个圆圈，代表了影响范围。你可以使用鼠标滚轮调节该区域的大小。

当你启用比例化编辑工具时，会在该工具的图标旁边出现另一个下拉菜单，你可以在里面选用多种衰减类型。以下是可供使用的几种比例化编辑方法（见图 6.4）。

- **相连（Connected）**：该选项仅作用于与被选中的元素相连的顶点、边或面（也就是说，它并不会影响到那些位于同一个网格中但未与其相连的部分）。
- **投影（Projected (2D)）**：它的影响方式并不取决于网格本身，而是取决于当前的网格编辑视角。
- **启用（Enable）**：此选项可激活比例化编辑工具在选取对象周围的网格上的影响，而且位于影响范围之内，即使范围内的元素并未与选取对象相连。
- **禁用（Disable）**：此选项将禁用比例化编辑。

提示： 在其他软件中，这个功能又叫作衰减选择、软选择、平滑选择，或者其他一些表意相近的叫法。它们的工作方式可能会略有不同，但基本功能都与 Blender 的比例化编辑工具相同。

6.2.3 关联选择

网格中可以由多个相互孤立的关联部分组成。或许你想要快速选择其中某个孤立部分，但又不想用常规的方式逐一选择各个元素，那么可以使用下面的两种方式快速实现：

- 选择网格上的一个或多个顶点、边或面，并按[Ctrl + L]组合键，所有与之关联的网格部分都会被选中。
- 在未选中任何元素时，将鼠标指针移动到网格上并按[L]键，这样可以选择鼠标下方元素所关联的网格部分。按[Shift + L]组合键则可实现加选。

6.2.4 循环边与并排边

边线在网格表面上的分布形态通常叫作边流或网格流，它在建模时非常重要（详见下章）。在任何网格中，你都会见到循环边（Loop）与并排边（Ring）。循环边是指一系列沿相同路径排布的相连边。并排边是指一系列沿网格表面平行排布的边（见图6.5）。

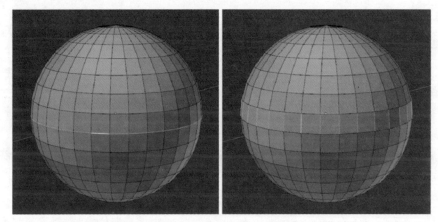

图 6.5　一条循环边（左图）与一组并排边（右图）

你可以使用以下快捷键快速选择循环边和并排边：

- 选择循环边：将鼠标指针放到某条边上，按[Alt]键的同时单击鼠标右键，即可选中整条循环边。
- 选择并排边：将鼠标指针放到某条边上，按[Ctrl + Alt]组合键的同时单击鼠标右键，即可选中整组并排边。

如果按住[Shift]键并结合上述快捷键，即可实现加选。

这种方法适用于顶点、边和面。但对于面来说，循环面和并排面会是相同的选择结果。

6.2.5 选取边界

边界是指定义了未闭合的网格边界的一系列边。以一个平面物体为例，平面的四条边是开放的，那里就是边界。而立方体则是一个闭合的网格。

在边界上用鼠标右键连续点选两下，同时按住[Alt]键，即可选中所有的边界边。

6.2.6 加选和减选

当你选中了多个顶点、边或面时，如果按[Ctrl + 数字键盘上的+（加号）或-（减号）]组合键，可以在选区范围的基础上扩展选择相连的元素。

6.2.7 仅选择可见元素

当使用线框（Wireframe）显示模式时（快捷键是[Z]），你既可以选择能看得见的顶点、边或面，也可以选中它们后面的那些点线面元素。这在实体（Solid）显示模式下是不会发生的，后者只允许你与朝向你视角一侧的那部分元素进行交互。

在编辑模式下，当使用除线框以外的其他显示方式时，在 3D 视图标题栏的点线面选择方式图标旁边会多出一个图标，上面的标志为一个带有若干顶点的小方块，后面的那个块是被遮挡的。如果该选项被开启，你只会看到模型上所有朝向你的元素，但如果你把它关掉，你也会看到模型背面的所有元素，也可以选中它们。有时候，你想要选中某个物体的大部分元素，如果该模型有孔洞或凹陷结构的话，那么这样会有助于一次性选中那里的所有元素。不过，多数情况下的操作往往仅针对可以直接看到的元素，也就是模型前面的元素，这样你就不会无意间选中后面的元素了。要根据实际情况，以及你偏好的工作方式决定开启或关闭该选项。

6.2.8 选择相似元素

在选取元素后，按［Shift + G］组合键弹出若干选项（这些选项的内容视选中的元素类型而定），当你选中了某个元素时，以边元素为例，并使用选择相似元素（Select similar）工具后，你就能自动选中网格上所有符合某个相似规则的边，如长度、面夹角、面朝向等规则。

要留意操作项（Operator）面板，因为你可以在这里通过自定义参数来调节选择的结果。其中一个非常重要的选项就是阈值（Threshold），可以让你决定与初始选区的相近程度，数值会影响到选区的范围。

6.2.9 选择相连的平展面

这个键盘快捷键有点复杂，不过看看你能否使出：［Shift + Ctrl + Alt + F］。该快捷键可选中选区周围所有的处于相同平面上的元素。操作项面板中的锐度（Sharpness）值可决定选区内面与面的夹角上限。

6.2.10 选择边界循环线与循环线内侧区域

这两个选项位于 3D 视口的选择（Select）菜单中，也可以在边操作菜单（Ctrl + E）中找到。

当你在网格表面上选中了一些面后，你可以使用选择边界循环线（Select Boundary Loop）工具。该工具仅会选中之前选中区域的外边界线（见图 6.6）。

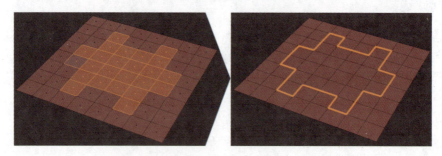

图 6.6 选择循环线内侧区域（左图）和选择边界循环线（右图）

选择循环线内侧区域（Select Loop Inner-Region）工具的作用结果则恰恰相反。此工具可让你将之前选取的某个封闭循环线内侧的所有表面元素全部选中。

6.2.11 间隔式弃选

间隔式弃选（Cheker Deselect）工具其实是一种将已选中的元素从选区移除的操作。首先，创建某个选区，然后使用此工具将某些指定的元素从选区中剔除，以获得期望的选区内容。该工具位于 3D 视口标题栏的选择（Select）菜单中。

一般来讲，此工具会根据操作项面板中的 3 个参数确定选择样式：间隔选取（Nth Selection）、跳过（Skip），以及偏移（Offset）。你可以利用它们将选区中的某些元素剔除。

6.2.12 其他的选择方法

在 3D 视图标题栏上，进入选择（Select）菜单，你会看到之前讲过的所有选择方法。上面讲过的那些方法是最常用的。但你也应该去了解一下其他的方法，也许你也会发现它们的用处。此外，如果你忘了上述各种方法对应的快捷键，可以随时从这里的菜单中找到（比例化编辑功能并未出现在该菜单中，只能从 3D 视图标题栏上启用）。

6.3 网格建模工具

本节会介绍几种 Blender 里几种主要的建模工具（按英文名称首字母次序讲解）。你将学会如何使用它们，以及它们的各种选项（选用工具后，其选项可在 3D 视图侧边工具栏下方的操作项面板上见到），以及它们会产生怎样的作用效果。试着去用它们，并掌握它们的用法，因为本书的后续章节中将会频繁用到它们。不过，如果不能马上学会也不必担心，你可以随时回看本章节。

提示：所有这些工具可在上一节中提到的菜单中找到。在本节中，我只会提到对应的快捷键。建议掌握使用以下快捷键来辅助变换操作：按[Shift]键进行精确移动；按[Ctrl]键开启吸附；或输入数值，并使用[X]、[Y]、[Z]键将变换约束到对应的轴向。

6.3.1 倒角

倒角（Bevel）是个非常有用的工具，尤其会用在科技产品或非生物体建模当中，它的效果就是创建出倒角或斜切效果。可以执行顶点倒角（仅当勾选了该工具的操作项面板中的仅顶点（Only Vertex）选项后可用）、边倒角和面倒角，图 6.7 是一个倒角应用案例。

要想使用倒角工具：

（1）先选择你想进行倒角的元素；

（2）按[Ctrl + B]组合键并拖动鼠标来增加或减少倒角量；

（3）使用鼠标滚轮增加或减少倒角细分级（段数）。此时，如果按一次[S]键并移动鼠标，也可以设置分段数；

（4）按一次[P]键并移动鼠标可更改倒角剖面形状（也可以直接输入数值来定义）。

（5）单击鼠标左键确定，或单击鼠标右键取消。

在倒角工具的操作项面板中，你可以计算方法、尺寸、段数、剖面（内倒角或外倒角），也可以设置为仅对顶点执行倒角操作（也可以按[Ctrl + Shift + B]组合键直接启用顶点倒角）。

提示：Blender 的倒角工具类似于 3ds Max 的斜切（Chamfer）工具。

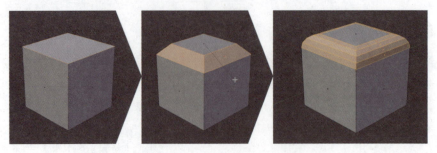

图 6.7 对于一个面使用倒角工具

6.3.2 布尔操作：布尔交切和切刀交切

布尔交切（Interset (Boolean)）与切刀交切（Intersect (Knife)）工具可让你使用两块网格在其交叠的地方切出相交线（见图 6.8）。二者的作用结果有所区别。二者都位于面操作菜单中（Ctrl + F）。记住，二者仅对同一物体中的交叠网格有效。

图 6.8 选中其中一个方块形网格（左图）、执行布尔交切的结果（中图，使用了差集（Difference）模式）和执行切刀交切的结果（右图）

1．布尔交切

布尔交切（Interset (Boolean)）工具的执行结果与布尔（Boolean）修改器的结果相近。布尔操作可通过使用另一个与之相交的网格来从当前选中的网格中减去或为网格增加体量。在 Blender 中，你可以使用布尔修改器实现这种操作，但你也可以在编辑模式（Edit Mode）下使用布尔交切工具。

要想使用布尔交切工具：

（1）先选中部分网格用作切割器；

（2）按[Ctrl + F]组合键，选择布尔交切（Intersect (Boolean)）；

（3）在操作项面板（F6）中选用一种布尔操作类型即可。

2．切刀交切

切刀交切（Intersect (Knife)）工具与布尔交切工具类似，不同之处在于，它并不会增减网格的体量，而是在网格上切出并生成交叉线。它也能够将交叠部分的网格单独分离出来。该工具是非常适用于在网格上切出指定的形状的。只需要建出一个切割器网格，并使用此工具执行切割即可。

要想使用切刀交切工具：
（1）先选中部分网格用作切割器；
（2）按[Ctrl + F]组合键，选择切刀交切（Intersect (Knife)），网格会在原来的位置执行切割；
（3）将不需要保留的部分移除即可。

6.3.3 切分

切分（Bisect）工具能够让你用一条直线划过被选中的网格，并用投影的方式生成一条将网格一分为二的循环边。然后，你可以选择仅保留某一侧的网格，这有助于创建物体的横截面（见图 6.9）。

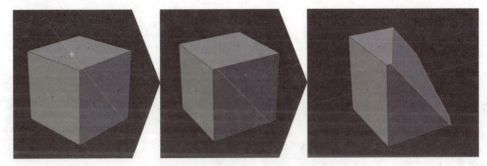

图 6.9　使用切分工具切割默认的立方体

要想使用切分工具：
（1）先选中想要分割的网格部分（有时候可以是整个网格，此时只需按[A]键全选即可）；
（2）从之前讲过的菜单中选用切分工具（该工具默认没有快捷键）；
（3）单击鼠标左键确定直线的一个点，然后按住并拖动鼠标，可以看到直线的指示；
（4）松开鼠标左键确定操作。
在操作项面板中，你可以找到手动调节切面位置和朝向的调节项。你也可以擦除分割面某一侧的网格，填充切分面的内部，或是将那里留空。

6.3.4 桥接循环边

桥接循环边（Bridge Edge Loops）工具适用于桥接若干相邻的循环边，相当于一个高级的建面工具（本章后面会有介绍），但不同的是，它通常会同时创建出一组面，将两个选中的循环边连接起来（见图 6.10）。

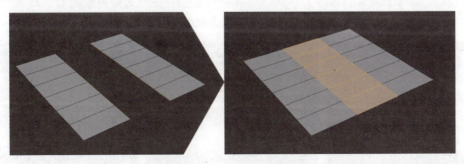

图 6.10　使用桥接循环边工具连接两条独立的循环边

要想使用桥接循环边工具：
（1）先选择一条边（连续边或循环边）；
（2）再选中模型其他部分的连续边或循环边（要想获得理想的效果，两组边的边数应相同）；
（3）按[Ctrl + E]组合键进入边（Edge）工具菜单，并选用桥接循环边工具即可。

此工具包含控制边线连接类型的选项，也可以扭转，以及应用某些合并选项（仅当两侧边数相同时）。这些选项也包含了若干其他功能，包括控制在新生成的几何体上的切割段数等。

6.3.5 连接

连接（Connect）工具在两个顶点之间沿面创建一条新边（见图6.11）。
使用连接工具：
（1）先选择两个顶点（必须在同一个面上）；
（2）按[J]键进行连接。

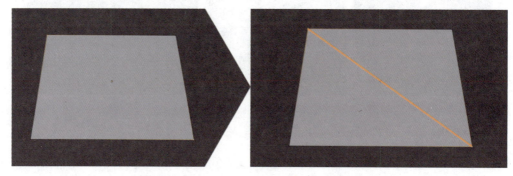

图6.11 使用连接工具在共用面上连接两个顶点

提示：如果你选择一串顶点，如果它们所在的面是两两相接的，那么当你按[J]键后，Blender会将它们依序相连，这样你就无须多次选中相邻两点执行连接操作了。

6.3.6 删除和融并

在Blender中，当你选中某个网格上的元素并按[X]键时，会弹出一个包含多个选项的菜单。你可以使用删除（Delete）键移除那些顶点、边或者面。这会带来多种结果。如果你选了其他选项，如仅面（Only Faces），那么就只会将面删除，而顶点和边会被保留。

此外，你也会看到融并（Dissolve）选项，与删除工具类似，不同的是，它不会让元素直接消失，而是用一个简单的多边形替代。当你处理复杂表面并想要重新为其布线时，这样会带来便利：先将那些面融并，然后重新手动连接上面的点即可（见图6.12）。

  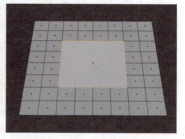

图6.12 选中的面（左图）、删除那些面的效果（中图）和融并那些面的效果（右图）

要想执行删除或融并：

（1）先选择一组相邻的顶点、边或面；

（2）按[X]键，从弹出的菜单中选用相应的删除或融并选项。

当你使用删除工具时，根据你所选择的元素类型不同，你可以使用一些与之对应的选项，可以让你控制删除程度，或者，对于有限融并（Limited Dissolve），你可以调节能够让两面融并到一起的角度临界值。

提示：要想保存融并面的操作时间，你可以选中想要融并的面并按[F]键。[F]键一般用于在多个顶点或边之间创建面元素，但当已经存在面元素时，它可以使用一个单面来替代所有选中的面（执行结果与融并面的结果相同）。

6.3.7 复制

复制（Duplicate）的功能非常简单。你可以快速复制网格的一部分并把它放到别处。

要想使用复制工具：

（1）先选择一个或多个顶点、边或面；

（2）按[Shift + D]组合键；

（3）拖动鼠标移动选取的对象，在移动时，你可以使用 X、Y 和 Z 向约束，如同在常规变换时的那种操作一样；

（4）单击鼠标左键确认。

复制工具虽然很简单，但它提供了丰富的选项。例如，你可以在操作项面板中控制副本的偏移量，并进行约束，甚至可以启用比例化编辑（Proportional Editing）功能。

6.3.8 边平移

边平移（Edge Offset）工具尤其适用于定义边角，与表面细分（Subdivision Surface）修改器结合使用。它会创建出两条平行边，分列于最初选中的那条边的两侧（见图 6.13）。

图 6.13 最初选中的边（左图）、两条新边（中图）和将末端顶点连接后（右图）

要想使用边平移工具：

（1）选中一条或多条边；

（2）按[Ctrl + Alt + R]组合键。

（3）滑动确定新生成的边的位置。你可以按[E]键让新边与原边的距离自动保持均匀，而不是自动计算与邻边的距离均值。

在操作项面板中，你可以定义滑动量，以及封闭末端点（Blender 会尽量将两条新边的末端点连接起来），也可以使用均匀距离等其他参数。

6.3.9 挤出

另一个很有用的建模工具是挤出（Extrude）。要想理解它的工作方式，可以想象一下房间的地板。你选中地面，当你挤出它时，你把它向上移动，仿佛这是一个可以用来创建屋顶的副本一样，只是 Blender 会同时为你建出连接地板和屋顶"墙壁"（见图 6.14）。你对顶点、边或面使用挤出工具。此外也有多种基础方法和选项，如区块挤出（Region）和各块挤出（Extrude Individual）：前者会将选中区域整体挤出，而后者会对各个面分别执行挤出。

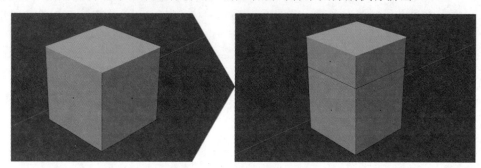

图 6.14 挤出工具的执行过程

有 3 种方法可以使用挤出工具。

1．第一种方法

（1）先选择一个或多个顶点、边或面；
（2）按[E]键挤出；
（3）拖动鼠标移动新生成的几何元素，你可以按[X]、[Y]和[Z]键约束轴向（如果你挤出的是一个面，那么它将默认沿面的法线方向挤出）；
（4）单击鼠标左键确定挤出结果。

2．第二种方法

（1）先选择一个或多个顶点、边或面；
（2）按[Ctrl]键并在挤出的目标位置单击鼠标左键，Blender 可以自动完成挤出。

3．第三种方法

（1）先选择一个或多个顶点、边或面；
（2）按[Alt + E]组合键，从弹出的菜单中选用不同的挤出选项；
（3）拖动鼠标，调节挤出的高度；
（4）单击鼠标左键确定挤出结果。

在挤出工具的操作项面板中，你会找到更改挤出方向、幅度或约束轴向等选项，也包括比例化编辑选项。

6.3.10 填充和栅格填充

填充（Fill）和网格填充（Grid Fill）工具可以让你先选择网格上有孔洞的部分，然后对那里进行填充。通常，栅格填充工具的效果优于填充工具（见图 6.15）。

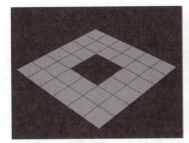  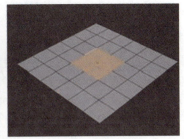

图 6.15 选择网格元素（左图）、填充效果（中图）和栅格填充效果（右图）

要想使用填充工具：
（1）先选择孔洞的边界线（有时候可以用[Alt + 鼠标右键]选择循环边）；
（2）按[Alt + F]组合键填充该孔洞，并生成新的几何元素。

填充工具提供了几种选项，如美化（Beauty）选项，可以对新建元素的应用更美化的布线算法。

要想使用栅格填充工具：
（1）先选择孔洞的边界线；
（2）按[Ctrl + F]组合键打开面（Face）菜单（栅格填充工具默认并无快捷键），并选择栅格填充，用新建元素填充孔洞。

栅格填充工具会尝试创建栅格状的四边面，你可以从它的选项中调节旋转角度等，以生成更简洁的几何面。此外也可以选择简单混合（Simple Blending）选项，可以减少网格表面的紧实度。

6.3.11 内插

内插（Inset）工具与挤出（Extrude）工具类似，只是它会在原网格面的内部创建新面，同时不改变网格的形状。该工具会生成原始选区的副本几何面（也可以调节其高度），该工具仅对面元素有效（见图 6.16）

图 6.16 对一个网格面使用内插工具（左图）、先定义了内插量（中图）和然后定义高度（右图）

要想使用内插工具：
（1）先选择一组面；
（2）按[I]键执行内插操作；
（3）拖动鼠标，增加或减少内插厚度，在拖动时按住[Ctrl]键则可调节内插面的高度；
（4）单击鼠标左键确定操作。

该工具提供了若干选项。例如，边界（Boundary）选项，可让网格的边界参与内插运算

（当你编辑镜像网格的时候，而且你又不想让内插操作影响到镜像面处的边界，那么此选项会非常适用）。

除此之外，你还可以更换厚度的计算方法，以及定义内插的厚度和高度。最后，还有一些关于"外插"的选项，以及分别作用于选区内的每个面。你也可以控制在应用此工具后默认选中内插结果的内侧还是外侧，视个人需要而定。

提示：在 Blender 中，内插（Inset）工具相当于 3ds Max 的倒角（Bevel）工具。这可能会让人产生混淆。而 Blender 中的倒角工具则相当于 3ds Max 中的斜切（Chamfer）工具。

6.3.12 合并

合并（Join）工具并不是在编辑模式下使用的，而是在物体模式下。你可以选择两个物体，并把它们合并成一个物体。与分离（Separate）工具的作用相反（将在本章后面介绍）。

要想使用合并工具：

（1）在物体模式下，选中两个或多个物体。确定将其中的一个作为合并后的主物体，并把它最后一个选中，即把它选为主控物体。合并后的物体的原心点或修改器等属性将从主控物体上继承。

（2）按[Ctrl + J]组合键将它们合并成一个物体。

提示：合并和分离分别对应 3ds Max 的配属（Attach）和分离（Detach）。

6.3.13 切刀

切刀（Knife）工具是非常有用的工具，能够让你在网格表面上进行切割，分离它的面和边，并生成新的几何元素（见图 6.17）。

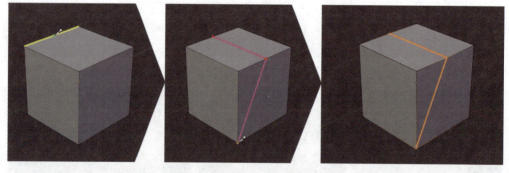

图 6.17 使用切刀工具切割网格面

要想使用切刀工具：

（1）先按[K]键。另外也可以按[Shift + K]组合键，后者仅作用于选中的几何元素；

（2）单击鼠标左键，移动鼠标并定义切割面，再次单击鼠标左键。

（3）重复步骤（2），直到完成目的，切刀工具会在屏幕上显示将要在网格上新增的切割顶点的位置，切刀工具默认会吸附到边或线上，按[Shift]键可禁用吸附，进行自由切割按[Ctrl]键可吸附到边线的中点；

（4）当完成切割后，按回车键应用切割结果。

提示：使用切刀工具时，你可以用单击拖曳的方式在网格上快速切割。如果愿意，你可以在应用结果之前执行多次切割，你可以按[E]键开始新的切割。

6.3.14 投影切割

投影切割（Kinfe Project）工具与切刀（Knife）工具类似，不同的是，它通过将另一个网格的轮廓投射到某个网格表面上实现切割。切割器的形状会从视角投射到网格上并生成新边（见图6.18）。

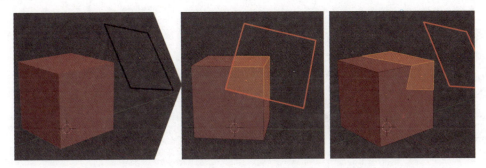

图6.18 建出一个切割器网格（左图）、基于视角投影切割操作（中图）和从透视视角观察切割的结果可以看到在网格表面上生成了新边（右图）

要想使用投影切割工具：
（1）创建一个网格，也就是你想要用作切割器的形状；
（2）按下[Shift]键并选择（加选）你想切割的网格；
（3）转到期望的切割视角；
（4）进入编辑模式（Edit Mode），从工具栏中找到投影切割（Kinfe Project）工具即可（此工具目前没有快捷键）。

提示：在编辑模式下，你同样可以选中另一个物体。方法是按住[Ctrl]键并点选另一物体，这样就可以将另一个物体一并选中，同时又不会影响到当前选中的物体。通过这种方法，即使在编辑模式下也可以选中切割器物体了。

6.3.15 环切滑移

环切滑移（Loop Cut and Slide）工具可对选中的元素进行环切，生成一条或多条循环边，然后你可以在新建的循环边的两侧的边线之间对其进行滑移操作（见图6.19）。

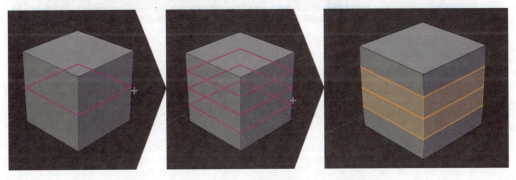

图6.19 对默认的立方体网格应用环切滑移工具

要想使用环切滑移工具：
（1）先按[Ctrl + R]组合键；

(2)将鼠标指针移动到模型上,以挑选将要添加循环边的位置,此时会看到粉色的循环边预览;

(3)将鼠标指针放到边线上,它会检测并排边并在并排边上新增循环线;

(4)滚动鼠标滚轮可调节循环边的数量;

(5)单击鼠标左键确定要添加循环边的位置;

(6)拖动鼠标,可滑动循环边;

(7)再次单击鼠标左键以确定操作,并应用新建的循环边,如果此时单击鼠标右键,则可忽略滑移,新的循环边会将位于边线中央。

此工具的操作项面板上提供了若干实用功能。当应用操作后,你可以更改环切边数,甚至可以调节它们的平滑度,并可应用不同的平滑衰减类型,以此创建出带曲率的几何外形。此外,你也可以调节边线滑移系数。

提示:当你使用环切滑移工具时,新创建的循环边会在相邻两边之间均匀排布。如果你不想让新创建的边均匀排布,而是对齐到某一边,那么可以在滑动的时候按[E](均匀)键。此时会出现一条与当前滑动线垂直的黄线,标示出滑动的方向和界限,以及一个红点标记,代表当前形状对齐的是那一侧。按[F](翻转)键可翻转对齐的方向。

6.3.16 创建边/面

创建边/面(Make Edge/Face)工具非常有用,你可以选中两个元素(仅对顶点或边有效),然后在他们之间创建一条边或一个面(见图 6.20)。选中的元素类型不同,效果也会不同。如果你选中两个顶点,那么该工具将在两个顶点之间生成一条边。如果你选中的是三个或三个以上的顶点(或者是两条或两条以上的边),那么根据选择对象的不同,它可以创建出三角面、四边面,或多边面。

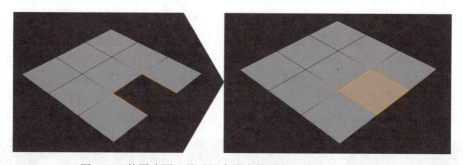

图 6.20　使用建面工具对四个选中的顶点间的洞面进行填充

要想使用创建边/面工具:

(1)先选中两个或两个以上的顶点行边(必须是在几何体的边界处选择。在将要创建面的地方,不应存在任何连接它们的元素);

(2)按[F]键创建边或面。

6.3.17 合并

借助合并(Merge)工具,你可以选择两个或多个元素,并把它们合并成单一元素。这与其他软件中的焊接(Welding)工具类似。合并选项有几种,效果也不一样。此工具可对顶点、边或面使用。

要想使用合并工具：
（1）先选择两个或更多的顶点、边和面；
（2）按[Alt + M]组合键，在弹出的菜单中选择一种操作。

对于某些选中的对象，还会看到更多的选项。对于顶点，你通常可以决定的是合并位置：可以选择合并到第一个被选中的顶点上、最后那个被选中的顶点上、选区中心或者是合并到3D游标的位置。

塌陷（Collpase）可将每组相连的元素分别执行合并。因此，如果它们之间并未相连，那么就不会被合并到一起（可用于删除循环边：你可以选择一条并排边，然后应用塌陷，这样一来，每条边都会塌陷成一个顶点）。例如，如果你选择的是网格上不同位置的两个面，并应用塌陷，那么每个面都将会被转换成位于各个面中心处的一个单点。

合并元素后，你依然可以更改合并类型，以及元素的合并位置。这便于去尝试元素各种合并效果，或者是在不慎操作错误后改正。

6.3.18 尖分

尖分（Poke）工具用法简单，功能实用，它可以在所有被选中的面元素中央创建一个顶点，并在该点与构成该面的各个顶点之间创建边线（见图6.21）。

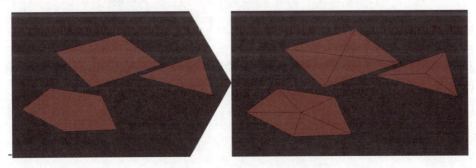

图6.21　对不同的面使用尖分工具

要想使用尖分工具：
（1）选中一个或多个面；
（2）按[Alt + P]组合键即可。
在该工具的选项中，你可以定义生成的中心点的高度，以及中心点的计算方式。

6.3.19 移除重叠点

有时候，你可能会在不经意间在网格的某些地方原位复制了顶点。移除重叠点（Remove Doubles）工具可让你自动合并所有距离小于指定阈值的顶点。

要想使用移除重叠点工具：
（1）先选择想要移除重叠点的区域，通常，你会希望移除整个网格上的重叠点，那么可以按[A]键全选即可；
（2）按[W]键打开专用项菜单，并从中选用移除重叠点（此工具并无默认的快捷键），在界面顶端的信息（Info）栏中，你将会看到显示被移除的顶点数量的通知。

在使用此工具后，你可以在操作项面板中更改合并距离。当使用极小值（近乎为零）时，可将完全重合的顶点移除掉。你可以增加这个数值，让距离较近的顶点相互合并。移除重叠点工具仅对选中的顶点有效，但你可以勾选未选中项（Unselected），这样可以让选中顶点合并到未选中的顶点上。

6.3.20 断离与补隙断离

断离（Rip）工具仅作用于顶点，可让你将选中的一个或多个顶点断离，并在网格上形成一个孔洞。补隙断离（Rip Fill）的功能与之相同，只是它会自动填充孔洞（见图6.22）。

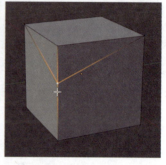

图6.22　选中顶点（左）、应用断离的效果（中）和应用补隙断离的效果（右）

要想使用断离和补隙断离工具：
（1）先选择一个或多个顶点；
（2）将鼠标指针放到你所期望的顶点断离所指向的那一侧，这将定义新顶点的位移方向；
（3）按[V]键执行断离，或按[Alt + V]组合键执行补隙断离；
（4）拖动鼠标，移动断离后的顶点；
（5）单击鼠标左键确定操作。

6.3.21　螺旋

螺旋（Screw）工具可用于添加一个以3D游标为中心的螺纹式或螺旋式效果，你可以调节生成螺旋体的圈数、段数，以及高度等（见图6.23）。

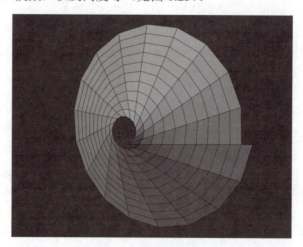

图6.23　对一条边应用螺旋工具的效果

要想使用螺旋工具：
（1）先选择一条连续的顶点串或边串（此工具不可用于面）；
（2）将3D游标放在你期望的螺旋中心位置；
（3）使用合适的视角，螺旋的中心位置由3D游标决定，而朝向则由视角决定；
（4）从工具侧边栏中找到螺旋工具。

当你执行螺旋操作后，会有若干选项可用。例如，调节螺旋效果的中心、朝向，以及圈数和阶数（段数）等。

提示：当你在操作项中修改参数时请注意，当你下次执行相同操作的时候，那些操作会以此作为默认参数执行。例如，当你对挤出后的元素应用比例化编辑尺寸后，当你下次执行基础操作时，你将会使用同样的比例化编辑尺寸。

6.3.22 分离

使用分离（Separate）工具，你可以选择网格的一部分，然后把它分离成一个独立的物体。
要想使用分离工具：
（1）先选中你想要从网格上分离的那部分；
（2）按[P]键，然后会看到一个弹出菜单；
（3）选择选中项（Selection）可将选区从中分离；如果选用按材质（By Material）选项，则可将网格上使用不同材质的部分各自分离开（只有当对网格应用过不同的材质时才有效）；如果选用按松散块（By Loose Parts），则可将网格上互不相连的部分各自分离开（使用按松散块时，无须建立选区）。

6.3.23 法向缩放

法向缩放（Shrink/Flatten）工具非常简单，却很实用。它可以将选中的顶点、边或面沿元素自身的法线方向缩放（"法线（Normal）方向是指顶点或面在3D空间中的朝向"）。
要想使用法向缩放工具：
（1）先在网格上选择想要编辑的部分；
（2）按[Alt + S]组合键；
（3）拖动鼠标调节缩放值；
（4）单击鼠标左键确定操作。
此工具也提供了几个简单的选项，可供调节缩放值，也有比例化编辑选项。

6.3.24 滑移

滑移（Slide）工具，当你选择顶点、边或循环边时，可将其在邻近的边上滑动。尽管可以对面使用此操作，但通常对点或面操作起来更直观一些。
要想对顶点使用滑移工具：
（1）先选择一个或多个顶点（通常建议你每次仅对单一的顶点操作，因为你选择的顶点越多，滑移的结果就越难预料）；
（2）将鼠标放在你想要让顶点滑移的边上；
（3）按[Shift + V]组合键；
（4）拖动鼠标滑移顶点，Blender会用一黄线显示你可以滑移顶点的幅度；

（5）单击鼠标左键确认新顶点的位置。

要想对边使用滑移工具：

（1）先选择一条边或一条循环边；

（2）按[Ctrl + E]组合键，进入边（Edge）菜单，并选用边线滑移（Edge Slide）选项；

（3）拖动鼠标滑移边或循环边；

（4）单击鼠标左键确认操作。

操作项面板中的相关选项很简单，可供调节所选元素在邻边上的滑移距离。

提示：有一个更快速的滑移技巧，对顶点、边或面均适用，那就是按[G]键两次，这样就能滑移选中的元素了。

6.3.25 平滑顶点

平滑顶点（Smooth Vertex）工具的功能和名字一样简单直观。如果网格上有你不希望存在的突出结构时，或者只是想要让元素分布得更加均匀时，此工具较为实用。

要想使用平滑顶点工具：

（1）选择一组顶点、边或面；

（2）从工具栏中选择平滑顶点工具（此工具尚无对应的快捷键）。

此工具的操作项面板中包含了控制平滑效果的选项。

6.3.26 生成厚度

生成厚度（Solidify）工具可以为选区添加厚度，仅对面元素有效。

要想使用生成厚度工具：

（1）先选择想要添加厚度的面；

（2）按[Ctrl + F]组合键进入面（Face）菜单，并选用生成厚度。

当对一个或一组面应用生成厚度工具时，你可以通过操作项面板中的选项调节准确的厚度值。

6.3.27 旋绕

旋绕（Spin）工具可让你先选取一个或一组顶点、边或面，然后绕着3D游标挤出它们，如图6.24所示。

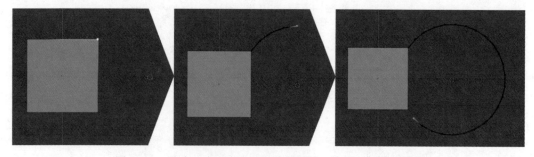

图6.24 选中一个顶点并使用旋绕工具，绕着3D游标旋绕

要想使用旋绕工具：

（1）先选择一个或多个顶点、边或面；

（2）将 3D 游标放在想要作为"圆圈"中心点的位置；
（3）视角决定旋绕的朝向；
（4）按[Alt + R]组合键调用旋绕工具。

旋绕工具可以让你定义旋绕角度及阶数（也就是在旋绕时的挤出次数），也可以调节旋绕中心和轴向。此外，还有一个复制（Dupli）选项，可以让你对选区进行复制操作，而不是挤出。

6.3.28 拆分

拆分（Split）工具可将选区从网格拆分下来，如图 6.25 所示。较适用于面元素（对于顶点或边而言，如果它们位于面上，则作用效果无异于复制）。当选区被拆分下来后，你可以把它自由移动到其他地方。拆分（Split）工具与分离（Separate）工具的不同之处在于：拆分会将网格留在同一个物体上，而不是像分离工具那样分离出一个新的物体。

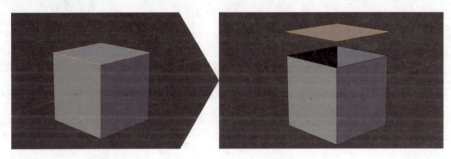

图 6.25　将一个面从默认立方体的网格上拆分下来

要想使用拆分工具：
（1）先选择想要断开连接的面；
（2）按[Y]键执行拆分。

6.3.29 细分

细分（Subdivide）工具专门用于对几何体进行细分操作，适用于边和面。边可被一分为二，并且会在中间生成一个新的顶点。面可被一分为四，如果你选中的是一个并排边，那么细分工具将会创建出一条将并排边一分为二的经过各条边的中点的循环边，你可以调节分割次数（见图 6.26）。

图 6.26　对一个面执行细分，次数设为 3

细分工具的用法：
（1）先选择想要细分的几何元素（至少要选择两个相连的顶点，也就是一条边）；

（2）按[W]键，从弹出的专用项菜单中选择细分选项。

你可以定义分割次数，以及它们相对于周边几何体的平滑度。你也可以在细分区域上创建三角形，以免产生多边面，并可以对最终的几何体应用分形（Fractal）噪波样式。

6.4 使用 LoopTools 插件

LoopTools 是 Blender 自带的一款插件，但默认并未启用。你可以打开用户设置面板（User Preferences）并在插件（Addons）选项卡下激活它。它可以从 3D 视图的工具侧边栏中进行调用，也可以在编辑模式下按[W]键弹出的专用项菜单的顶部选用，如图 6.27 所示。

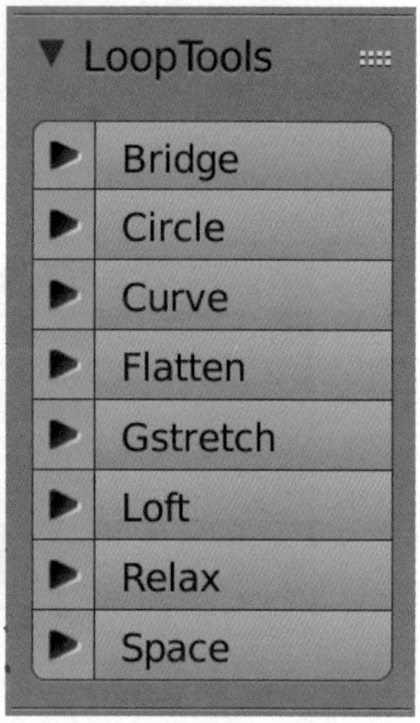

此插件提供了某些有趣且实用的建模工具，值得去了解一下。它们会提高建模的效率，我们来了解它们的作用吧。

- 桥接（Bridge）：在 Blender 的内建桥接工具被开发出来之前，此插件就已经有了这个功能。它所提供的选项和 Blender 内建的桥接工具"桥接循环边（Bridge Edge Loops）"有所不同。尽管两者可以做出类似的结果。这个工具可以让你选择边或面，并在选区中间创建出新的几何元素，类似于用桥梁连接起来的效果。
- 圆周排列（Circle）：此工具可将选中的元素（如顶点）排列成一个完整的圆周形状。

图 6.27 3D 视图侧边工具栏中的 LoopTools 插件面板

- 曲线排列（Curve）：选中一条边或一个面，并使用此工具将其转化成平滑的曲线。通过侧边工具栏下方的操作项面板可控制该工具的效果。
- 平面排列（Flatten）：选中多个面、边或至少 4 个顶点，然后可用此工具让它们排在同一个平面上。想象一下，当你手动创建了一个网格面，但它并不是完全平坦的，那么你可以选中整面后使用此工具让那个面变成一个完美的平面。
- 蜡笔路径（Gstretch）：此工具需要你先用蜡笔（Grease Pencil）工具画出一条曲线，然后可以让选中的元素沿着该曲线排列。

蜡笔工具的基本用法

蜡笔主要用于在 3D 视图中进行标注：按住[D]键和鼠标左键并移动鼠标，即可用蜡笔画出线条。如果按住[D]键的同时按住鼠标右键并移动鼠标，那么可以把已有的蜡笔路径删掉。在 3D 视图的属性侧边栏中，你可以找到删除或更改蜡笔图层参数的选项，也可以在 3D 视图的侧边工具栏中找到蜡笔工具的选项卡。

- 放样（Loft）：此工具与 Blender 内建的桥接循环边（Bridge Edge Loops）工具很相似，只是功能上有些增强，它可以让你同时"桥接"两条以上数量的循环边。例如，你有三个圆环，如果使用放样工具，你可以选中所有 3 个环，然后从第一个环开始依序桥接到最后一个环，中间经过第二个环，这样可以让你有机会在桥接的过程中控制网格形态。

- **松弛（Relax）**：此工具可对选中的元素做平滑处理，避免产生尖锐感。
- **间隔（Space）**：此工具会将你选择的元素按均匀的间距排列，它适用于机械类建模，如你手动编辑了多个部分，但你需要让它们彼此间均匀间隔开。

6.5 使用 F2 插件

F2 是一个简单却很实用的插件，同样是 Blender 自带的插件，但默认并未启用，需要在用户设置面板中手动启用。此插件对[F]键的功能进行了增强，用来提高面元素的创建效率。

其中的一项功能就是能够让你选择一个角点，按[F]键，即可基于该角点创建一个面。还有一种用途不是很好描述，但相信你能从图 6.28 中看明白：选择两个顶点，然后多次按[F]键，这样可以非常快速地填充这种有空洞的面。

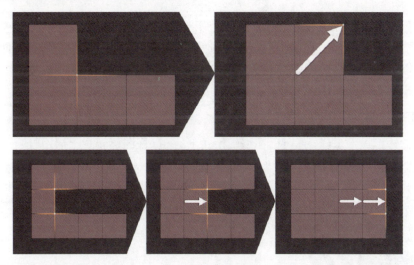

图 6.28　图中每个箭头所指的地方代表按[F]键后创建的结果，创建的结果视所选的元素而定

提示：当你在用户设置面板中开启 F2 插件时，展开它的菜单，你可以勾选自动抓取（Auto Grab）选项，当从角点创建新面时，都会自动选中生成的顶点，便于你用鼠标快速拖曳调整其位置。此功能在对模型进行重拓扑的时候尤其好用。

6.6 更多实用有趣的 Blender 选项

在本节中，你将掌握 3 个提升建模效率的技巧。它们是工具，也是实用功能。尽管你很容易忽略它们的存在，但 Blender 可以让你去使用它们，提升工作的效率和顺畅感。

1. 自动合并

自动合并（AutoMerge）功能对于建模来说非常实用。启用它后，你可以将一个顶点放在另一个顶点的位置上，它会自动与目标位置的顶点合并。

如果你同时启用了吸附（Snap）工具，当你将一个顶点移动到另一个顶点附近时，这个顶点会被吸附到目标顶点的位置上，这让合并更快速、更直接。或者不必启用吸附工具，只需把它的模式设定为顶点吸附（Vertex Snap），想要合并时，只需按[Ctrl]键临时启用吸附即可。

此工具类似于其他 3D 软件中的焊接（Weld）工具，自动合并功能的开关按钮位于 3D 视图窗口的标题栏上（编辑模式下可见）。

提示：在编辑模式（Edit Mode）下，你可以在工具栏的选项（Options）选项卡里找到重叠点阈值（Doubles Threshold），在启用自动合并功能时，该值代表你想要对被操作顶点执行自动合并的顶点间距上限。如果你想在不开启吸附工具的时候合并顶点，那就是当增加此距离值；当你操作的顶点与其附近顶点的间距小于此距离值时，二者即被合并。

2. 隐藏和取消隐藏

隐藏（Hide）和取消隐藏（Reveal）是非常有用的哦！你可以选中网格的一部分，然后按[H]键，把它隐藏起来，这样就可以看到被它们遮挡的网格元素了，方便你对它们进行编辑。编辑的时候，你可以按[Alt + H]组合键让之前隐藏的部分重新显示出来。此外，也可以按[Shift + H]组合键将未选中的元素隐藏起来。

它们不仅有助于隐藏或显示元素，也可以用于控制编辑的范围。例如，你想创建一条环切边。一般情况下，这样做会影响到整组并排边。但如果你只想对该组并排边的一部分进行操作。你可以把其余的部分隐藏掉，那么环切工具就只会作用于当前可见的那些元素上。这个技巧可以和绝大多数的建模工具结合使用，所以要充分利用它哦！

3. 吸附

就像在物体模式下那样，你可以在编辑模式下的 3D 视图标题栏上启用吸附（Snap）工具，并选用期望的吸附元素类型：顶点（Vertex）、面（Face）、增量（Increments）等。如果吸附工具当前是启用状态，当你移动元素时，就会看到它们的吸附效果。此外，当按下[Ctrl]键时，你可以临时禁用吸附，可以自由地移动它们。另一方面，如果吸附功能当前是禁用状态，那么按下[Ctrl]键后将会临时启用吸附。

6.7 总结

在本章里，你已经学习了 Blender 的常用建模工具、它们的作用效果、使用方法，以及如何在应用之后调节它们的选项。学会了这些，也就算基本入了建模的门，而且你已经运用这些工具对网格进行修改，从而创建出简单的模型了。你也会发现，其中大多数的功能都可以通过键盘快捷键进行快速调用（当然，你可以在菜单里找到它们，然后会看到它们对应的快捷键提示）。一下子记住这么多快捷键或许有些勉强，但从长远来看，你会觉得记住它们是很值得的，因为它们会大大提升你的工作效率！

6.8 练习

1. 尝试在简单的物体上应用本章中所讲到的所有建模工具。
2. 做一个非常简单的物体，供 Jim 在他的冒险之旅中使用（如手电筒）。思考应该使用哪些工具、如何去使用，以及按照怎样的顺序使用。

第 7 章 角色建模

终于到了可以正式开始为 Jim 建模的时候了！在本章里，你将学习关于拓扑的知识，以及几种最流行的建模方法；然后，你将会跟着一起设定之前做好的参考图，以便可以照着它建模；最后，你将一步一步地建造出 Jim 身体的各个部分。这是本项目当中至关重要的一个环节，因为它直接决定将在后续章节操作的角色的形态和外观。

7.1 什么是网格拓扑

网格拓扑是指边线在网格面上的分布方式。两个外形相同的网格面可以拥有截然不同的拓扑方式。那么为什么说拓扑是非常重要的呢？对于角色动画制作来说，拓扑就显得尤其关键。当角色运动的时候，模型会产生变形。好的拓扑方式可以确保让变形看上去真实自然；否则，网格就会显现出尖突感或拉伸感，产生怪异或不正确的变形效果。

在图 7.1 中，你可以看到两个拓扑方式不同的案例。一种是好的，一种是不好的（图中为非常夸张的效果，意在演示不好的拓扑会是什么样的）。在左边的案例中，拓扑做得很糟糕：几乎所有的循环边都是仅沿纵向或横向分布的，它们并没有真正沿着随面部外形的走向排布。显然，这在角色做出动作时产生问题，如张口的动作。而右图中的拓扑方案就要好很多了：循环边的走向顺应面部的外形，并且分布得当。

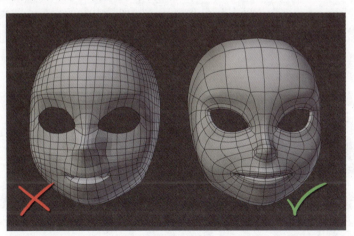

图 7.1　不合理的拓扑（左图）和合理的拓扑（右图）

可以把拓扑结构想象成面部或身体其他地方的皮肉。根据它们的变形方式，它们需要沿着模型的外形分布。否则，创建蒙皮时就会产生严重的问题。

以下是确保做出正确拓扑结构需要注意的几点：

- **尽量使用四边面（Quad）**：避免使用三角面或多边面，除非确有必要。对于三角面和多边面而言，如果使用不当，就会在经过细分或变形后的表面上产生尖点。这并不代表你不能使用三角面和多边面——只是说你要清楚用在哪里才能不导致问题。它们在弯曲的表面上往往会带来问题，但是在一个平坦的表面上，通常不会有什么问题。
- **尽量使用方面而不是矩面**：总的来说，如果你操作的是一个有机体形态，四边面上的四条边往往不会长度相同，因此要避免使用过于狭长的矩形面，因为它们不利于变形，以及其他一些建模过后的动画制作流程。尽量让你的拓扑结构保持匀称。
- **留意需要复杂变形的区域**：模型的某些地方可能会比其他地方更复杂，不只是在形态方面，也是因为在做动画时，你可能需要让那些地方的运动幅度大一些。边线的走向应当适应那些区域的具体情况，以便随后可以正确变形。眼睑、肩、膝、肘、臀及口等部位都是需要特别留意拓扑的地方，甚至可能需要更多的多边形面去呈现更细腻的变形。一般来讲，对于简单的角色，在关节处使用三条循环边通常就够了，一条用在关节自身，两侧各有一条。
- **保持低面数**：多边形面数是指多边形的数量总和（通常按三角面计算，因为模型上的任意多边形面都可以被分割成三角面）。面数越多，就意味着建模过程中要处理的元素越多，也会相应地增加建模难度和工作量。一般来讲，你应当用尽可能少的面数去表现你想要的模型细节。
- **留意密度和伸展度**：当你使用表面细分修改器时，务必要留意密度和伸展度。表面细分算法会让表面变得平滑，但有时候你想要做出拐角。这样的话，你就需要增加布线密度（更多的模型细节）。如果密度不够，那么就会带来明显的拉伸感，在细分后，形态会由于缺乏足够的几何细节支撑而呈现出拉伸状，因此细分后的循环线也会更加偏离原来的位置。要根据模型的实际情况决定密度和伸展度。记住，细节越多，形状就越理想，因为它能降低拉伸感（但需要添加更多的几何细节）。
- **顺应网格形态**：网格边线的走向应当顺应其自身的形态。例如，在口腔周围，应当使用环状循环结构，这样可以在角色张口说话时保持自然的口型。如果那里都是些横平竖直的线条，那么角色的口型就会显得方方的，会让张口的动作显得十分别扭——这是初学建模且并未认清边线的正确走向时容易掉入的一个陷阱。

提示：拓扑是个复杂的主题，足可以写一本书来专门讨论如何用各种技法做出理想的布线方案，或者讲解如何正确使用多边面或三角面等。如果你有兴趣了解更多有关网格拓扑方面的内容，可以上网查找相关的资源。网上可以找到大量的关于这方面的内容！

7.2 建模方法

建模看似技术含量高（实际上也的确如此），但建模的过程同样提供了大量的自由度和创作空间，其中不乏很多实用的方法和技巧。其中某些方法可能会相对更适合你用，或者你可以自行选用，取决于你要建什么样的模。在本节中，我们将介绍几种最常用的建模方法。

1. 方块建模法

方块建模法基于一个假设，即你可以从一个基型（如立方体、球体或圆柱体等）建造出任何模型。不要被名称误导哦，这里所说的"方块"是指任何物体都可以被抽象简化成最基本的形状。这种方法的理念是，如果你开始从一个基型建起，那么就需要进行切分、基础等方式去修改它，以达到任何想要的形态。

使用方块建模法，你可以从非常基础的形状做起，一点一点地往上面添加细节。尽管如此，你从一开始其实就已经有了一个最基本的形状，因此你只需要在上面添加需要的细节就好。不妨把方块建模法和泥土雕塑的过程做类比。例如，你可以从一个球体或其他基型做起，然后逐渐增加细节，如使用表面细分修改器让外形变得平滑等。

2. 逐面建模法

这种方法也叫 poly2poly。逐面建模法基本上是指把多边形面逐个"画"出来的方法。你可以创建顶点和边，挤出它们，然后合并到一起形成面，其过程类似于用一块块的砖一点点砌起一面墙那样。同样，你可以添加表面细分修改器让网格变得平滑。

3. 雕刻+重拓扑法

尽管方块建模法和逐面建模法算得上是最"传统"的建模方法，而雕刻功能走进 3D 软件也只有几年的时间，如今它却已被广泛使用，尤其是在有机体建模流程中。有了雕刻功能，你可以从一个非常基础的形状做起，而此时可以不必太在意拓扑。然后你在它的上面雕刻，调整它的外形，添加各种细节。此后，你可以使用重拓扑（Retopo，是 Retopologize 的简称）工序，也就是使用逐面建模法创建最终的拓扑结构，只不过几何元素会被吸附到之前雕刻完成的模型上。

这种方法是目前创造空间最大的建模方法，艺术家们都爱使用它。它可以让你专注于模型的塑造，而不必去花费心思考虑拓扑方案等技术方面的细节。只有当你对所塑造的形态满意以后，才需要去考虑拓扑布线，而此时的工作就变得非常容易了，因为你不需要考虑外形是否正确，因为你已经在雕刻环节中把外形搞定了！

4. 修改器建模法

使用修改器本身并不能称得上是一种建模方法。但在很多情况下，修改器的作用不容小觑。例如，你想创建一个角色模型。你可以建出它的一边，然后用一个镜像修改器同步构建对立面，对当前正在操作的网格做镜像。此外，你可以使用修改器提高工作效率。例如，你需要编辑一个复杂的弯曲模型。你只需要创建出该模型在平面上的形态，然后用修改器让它沿一根曲线做弯曲变形即可。修改器的用处很大，而且有些时候是建模的必要环节，所以还是有必要在这里提一下的。

5. 最佳的方法

如果你以为这一节会告诉你建模的最佳方法，那么抱歉了：所谓的"最佳"方法并不存在。每个人都会有相对于其他人来说更适合自己使用的方法，取决于他或她的技能高低、空间想象力，也取决于特定的项目等。有些人会在多种建模方法之间按需切换使用：建造汽车？那就用方块建模法吧。创造一个怪物？那就用 Blender 的雕刻辅以重拓扑功能吧。

请记住，最强大的建模工具是你可以将多种方法综合运用到同一个模型上（这里只是介绍了创建角色模型会用到诸多方法中的几种而已），你会体会到其中的奥妙所在！你可以对某个部位使用方块建模方法，甚至可以在你完成了基础模型后进入雕刻模式（Sculpt Mode）调整角色的形态，然后转而继续使用方块建模法。

这会带来无限的可能性，这也是为什么说 3D 建模是非常愉悦且充满创意的过程，尽管需要了解一些技能。

7.3 设定参考平面

在开始建模之前，你需要将在第 5 章里做好的角色设计稿导入到场景当中，作为"背景图"，用作建模时的参考图。这将非常有助于把握我们的角色 Jim 的正确身形比例。

有些人喜欢使用平面物体挂载参考图，以便可以在旋转场景的摄像机时也能看到它们。你可以先选一个视图，然后在该视图中新建一个平面物体，并将那些图像用作平面物体的贴图。这种方式稍显复杂（尤其是在你尚未学习后续章节中关于材质的用法之前），但 Blender 倒是提供了两种创建参考图的简单方法：

- 打开你的设计稿所在的文件夹，然后把那些图像拖曳到 3D 视图中。当把它们加载到场景中以后，你可能需要稍做调整。此时你可以展开 3D 视图属性侧边栏中的背景图（Background Images）面板，在里面进行必要的调节。
- 转到 3D 视图属性侧边栏并滚动到背景图面板，然后勾选它，启用此功能，并加载你的图像（见图 7.2）。

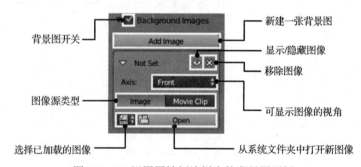

图 7.2　3D 视图属性侧边栏中的背景图面板

- 在场景中创建一个空物体，将空物体的类型设为图像（Image）。然后，在属性编辑器的空物体（Empty）选项卡中加载一张图像，按需要调节它的尺寸和透明度（这种方法的好处在于即使在线框显示模式下也能够看到图像）。

在背景图（Background Image）面板中，你可以加载一张图像，并决定它将显示在哪个视角中。当你加载了图像以后，你就可以调节它的位置、尺寸、不透明度等属性了。

提示：这些背景图仅可在预设的正交视图中才能看到（如前视图、右视图、底视图、顶视图等）；它们并不能显示在透视视图（Perspective View）或随意的正交视图中。如果你的键盘上有数字键盘区，那么可以按[5]键在透视和正交视图之间切换；此外，也可以从 3 视图标题栏上的视图（View）菜单中找到对应的选项。

加载参考图时，应将头部的前、中、后视图分别加载到对应的视图中去。这样你就可以在创建 Jim 头部的模型时看到它们在背景中了（见图 7.3）。

注意：适当地对齐参考图是非常重要的。在本案例中，它们的高度均相同，而且前、后视图是恰好居中的。但在某些例子里，图像的尺寸或边际可能不尽相同，因此你可能需要在背景图面板中去调节比例和位置了。为了便于对齐，你可以先用一个非常简单的网格作为图像的比例和位置的参照。你可以看到图 7.3 中使用了一个球体，确保 Jim 的头部参考图都已对齐到位。此外，毕竟手绘稿并不会那么精准，所以要在图上留一点修改的空间，因为要想将 3D 模型完美对齐到 2D 图像上是非常不容易的。

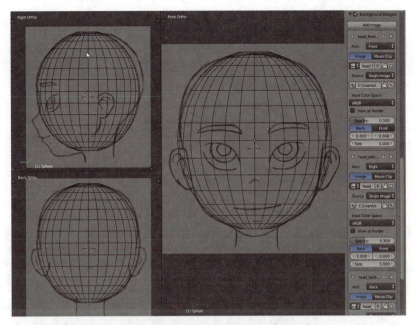

图 7.3　使用了三张参考图的三视图方案

2D vs. 3D

注意，2D 绘画的体量和外形存在一定的偏差。因此，如果 3D 模型并未能完全匹配参考图，或者未能匹配所有的视角，这很正常，此时也不要哭闹。最重要的是，是否对 3D 模型的形状和外观满意，而不必在意是否与参考图精准匹配。

7.4 眼球建模

当然，每个人会根据自身的喜好选择最先建模的部位；有些人喜欢从面部开始做起，有些人喜欢从身体开始做。对于 Jim 这个角色，我们就先从眼睛开始做吧，因为可以将其作为面部其他部位的比例参考，尤其是眼睑，因为这些特征结构是需要对齐到眼睛上的。

7.4.1　创建眼球

Jim 的眼睛好似一种动漫风格（不是正圆形）。眼睛基本是圆形的，但要想增加一点真实感，你可以做出角膜及其后面的瞳孔。图 7.4 中显示的是建模的详细步骤，以及每个步骤中对于作用效果的解释。

（1）在物体模式下，创建一个经纬球（UV Sphere）。在操作项面板中，将选项分别设为 16 段、16 环。

（2）将球体绕 X 轴旋转 90°，让两极分别朝向前后，这样你就可以用指向前方的使用环状循环边制作瞳孔了。

（3）按[Tab]键进入编辑模式。选择极点及其邻近的两条循环边。有一种快速方法可以实现快速选择它们，先选中极点，然后按[Ctrl + 数字键盘区的加号]键，连按两次即可将那两条循环边一并选中。

（4）按[Shift + D]组合键将上一步选中的几何元素复制一份，并将新的几何体向外侧移动一点，或者按[H]键暂且把它隐藏一下。这部分元素随后将作为眼角膜使用。

（5）再次选中第 3 步中的那些元素，按[E]键挤出。

（6）将选中的网格面的弯曲方向反转，方法是先按[S]键，然后按[Y]键将缩放轴约束到 Y 轴上，然后输入"-1"并按回车键确定。然后在 Y 轴方向上调节这部分网格的位置，把它放到眼球的适当位置，以免由于反转操作让它从眼球上突了出来。

（7）选中反转后的圆面区域的外边缘，并执行倒角操作（Ctrl + B），以便让这里在随后应用表面细分修改器后能够多生成一些细节。

（8）按[Alt + H]组合键，让之前分离并隐藏掉的角膜部分显现出来，把它移回原来的位置，并稍作均匀缩放，使之填补由于对边界进行倒角而产生的间隙。

（9）添加一个表面细分修改器，并将细分级数设为 2。切换到物体模式（Object Mode），在侧边工具栏上，单击光滑（Smooth）按钮，这样可以让眼球不再显得像是由若干小平面构成的那种生硬感了。

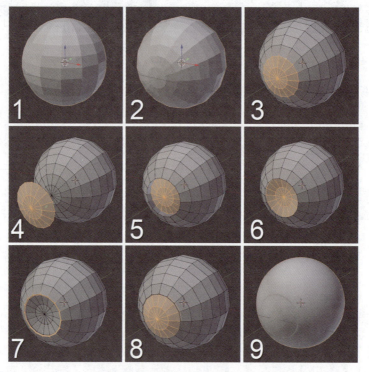

图 7.4　眼球的创建过程

提示：对于这个练习，灯光和摄像机放在另一个层中。按[M]键，选择随后弹出的其中一个小方格。然后，你可以在 3D 视图的标题栏上开启或关闭那些方格（层）。你将在后续章节中了解更多关于层的内容。此外，你可以删除灯光和摄像机物体，让它们临时消失，等到项目收尾时再使用它们。不过，如果你这么做了，那么就得在需要的时候去重新创建了。

7.4.2　用晶格让眼球变形

现在你做好了一个眼球，但它是完美的球形，而在 Jim 的参考设计图中，眼球是偏椭圆形的。好在 Blender 里有一种叫作晶格（Lattice）的工具，可以用来让物体变形，同时又可以在旋转物体时保持几何体的形态不变，这恰恰是你所期望的眼球样式。你可以直接沿 Y 轴缩放眼球，让它变得更扁，而当你旋转它并让它注视某件物品时，它不会填充眼窝。晶格修改器的效果如图 7.5 所示。

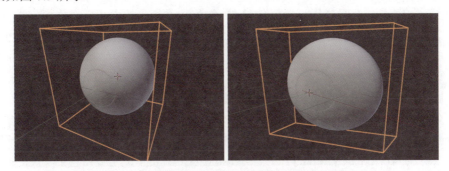

图 7.5　晶格（左图）及其对眼球的影响（右图）

以下是对眼球应用晶格修改器的步骤：

（1）按 [Shift + A] 组合键创建一个晶格物体；
（2）把它缩放至覆盖整个眼球的大小；
（3）选择眼球并为它添加晶格修改器，建议把它添加到表面细分修改器的上方，以便让晶格变形作用于未经细分的低精度网格上，然后在此基础上使用细分，这样操作起来会更顺畅一些；
（4）在晶格修改器面板中，在物体（Object）选项区下面的选单中选择你在第（1）步中创建的那个晶格物体；
（5）现在，你可以选中晶格物体，按 [Tab] 键进入编辑模式，然后，一边移动晶格顶点，一边观察眼球产生的相应的变形；
（6）按 [A] 键选中所有的顶点，并沿 Y 轴缩小；
（7）从侧视图中调整靠外侧的顶点，使其更加贴合眼球；
（8）退出编辑模式，旋转眼球，现在它应该能够在保持晶格变形的基础上进行旋转了，这正是我们想要的效果。

7.4.3　眼球的镜像与调节

我们已经做出了一个眼球，但 Jim 需要两个哦！首先，你需要将现有的这个眼球对齐到其中背景图上其中一侧的眼球位置上。别忘了，由于晶格现在正作用在眼球上，你需要将眼球和晶格都选中并一起移动。要想创建另一个眼球，你可以对当前这颗眼球执行镜像操作，如图 7.6 所示。

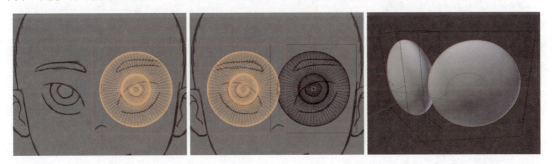

图 7.6　对齐眼球的位置（左图）、镜像复制出第二个眼球（中图）和 3D 视图结果（右图）

以下是镜像眼球的步骤：

（1）先选中眼球和晶格；

（2）对它们同时进行移动、缩放等调节操作，让它们达到前视图中的那种眼球的位置，然后对侧视图中的位置也做相应的调节，即使没能完美贴合也没关系；

（3）当对齐了第一个眼球后，确保你将 3D 游标放在场景的中心点，你可以按[Shift + S]组合键从中选择游标 -> 中心点（Cursor to Center），或者直接按[Shift + C]组合键也可；

（4）按[Shift + D]组合键复制眼球和晶格。单击鼠标右键撤销移动，这会让新的眼球和晶格留在和原物体相同的坐标上；

（5）按字母键盘区的"."（句号）将 3D 游标用作当前的变换操作轴心点；

（6）按[Ctrl + M]组合键进入镜像模式，以轴心点作为镜像轴（这就是为什么要将 3D 游标用作镜像变换轴心点了，否则你将会沿所选物体的原心执行镜像），记得要在下一步操作之前将轴心点切换到质心点（Median Poiny，快捷键是[Ctrl +,]）或边界框中心（快捷键是[,]）；

（7）进入镜像模式后，可以按[X]、[Y]或[Z]键选择镜像轴，本案例中应按[X]键，新的眼球和晶格物体将被移动到镜像位置（见图 7.6），按回车键确认操作。

注意：当使用镜像方法时（Ctrl + M），你会发现，有时候它会产生一些出乎意料的奇怪效果。例如，物体并不会按期望的方式镜像等。这通常是由于物体被旋转过，或是沿负向缩放过，它的坐标轴向并未直接与世界坐标空间保持一致。如果你遇到了这种情况，那么可以在执行镜像前先选中物体，然后按[Ctrl + A]组合键应用旋转和缩放后再试一下，这通常会解决此问题。

7.5 面部建模

现在 Jim 有了一对大眼睛，是时候开始为他做一张与之相配的酷炫的脸孔啦！在此阶段里，你将使用方块建模法创建角色的面部，可以先体验一下这种方法。

7.5.1 研究面部的拓扑结构

还记得我们说过前期制作阶段对于一个项目来说有多重要吗？其实，它对于任何建模任务来说也是同样重要的，而且面部建模是人体建模最难的一个部分，有必要先观察一下参考设计稿并研究一下面部的拓扑方案，这样才能在建模时做到心中有数，这要比单纯去盲目建模好得多！图 7.7 中是对 Jim 面部拓扑的研究，在参考图上使用了一些简易的描线做标记。

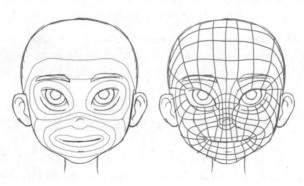

图 7.7　面部主要区域的边线走向演示，包括眼、鼻、口（左图），以及可行的拓扑方案设计稿（右图）

注意：面部建模是本书中的一大难点，也是角色创建过程中最重要的一部分。如果第一次的结果不理想也不要灰心，建模需要多去实践、毅力和技巧。此外，下文所讲的步骤是建模流程中的关键点。在各步骤之间，当你创建生物体模型时，如 Jim 的面部，你需要移动顶点，让新建的几何元素定义出正确的形状。生物体建模需要不断调节顶点的位置。顶点并不会神奇地吸附到它们的理想位置上，而你的任务就是告诉 Blender 你想把它们放到哪里。

7.5.2 面部基型打样

在本节中，我们就要开始创建面部的基型了。"打样"是我们对建模、动画、绘画或其他艺术创作工序第一阶段的称呼。这是你快速定义物体大体样貌的阶段，此时无须太过留意细节，只是确定基型即可。例如，在本案例中，打样工序是指做出面部的基础形状和几何轮廓，以供我们在后续步骤中添加更多细节。

打样的作用很大，因为在此过程中做出实质性的改动既方便又快捷。因此，在此阶段中，你可以尝试多种建模思路。

注意：对场景元素进行有序的组织是很重要的，现在你将创建很多新的物体，这是个对它们进行适当命名的好机会。

在图 7.8 中，你可以看到面部建模的第一阶段，我们以此来创建出基础形状。以下就是各步骤的详细说明。

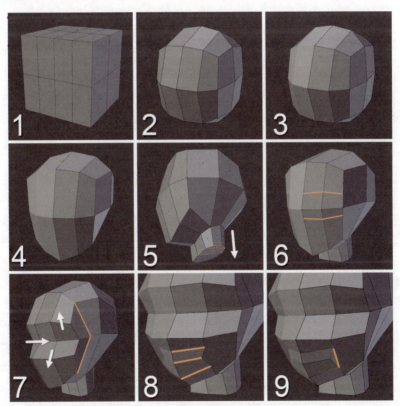

图 7.8　Jim 面部建模的第一阶段

（1）创建一个立方体，进入编辑模式，像第一张图中那样在立方体上创建出若干条环切线（Ctrl + R）：从面部的前面添加 3 条纵向分割线、一条横向分割线，从面部的侧面添加一条纵向分割线。这几条循环边将有助于你完成第一阶段中的面部基型。之所以要从前面添加 3 条纵线，是因为你需要做出口和双眼的细节。

（2）按[A]键选中所有顶点，在侧边工具栏或顶点菜单（Ctrl + V）中找到平滑顶点（Smooth Vertices）工具。应用平滑效果后，在该工具的操作项面板中增加它的迭代值，目的是为了让形状更为圆滑。现在，对形状进行整体缩放，让它的尺寸与参考图中的尺寸相符。

（3）在前视图中选择网格左侧的顶点（-X 方向）并把它们删掉，只保留右半边脸。现在，添加一个镜像（Mirror）修改器，勾选修剪（Clipping），这是为了避免镜像中心附近的顶点跳到对立面去。其他设置保持默认即可。此时，当你操作面部一侧时，另一侧的镜像网格也会同步显示更改结果。

（4）使用比例化编辑工具（按[O]键启用或禁用），调整几何体的形状，让它与头部参考图中的轮廓对齐。眼睛应当放在前面的水平线上。头的后下部的面将作为颈部的基型。

（5）选中该区域的面，并用挤出的方式创建出颈部。要想做成颈部的形状，需调节顶点让它们看上去成圆形排列。此阶段中，你要定义的是基型，所以要避免使用方方正正的形状。否则，等你开始添加细节的时候，那些方方正正的地方会越发凸显，而且在后面的步骤中会更难进行适当的调节。

（6）使用切刀工具（快捷键[K]），在前面做出若干条切割线，如图 7.8 中的高亮线条所示。

（7）经过上一步操作，你创建出了 3 条循环边。适当地移动它们，让它们贴合 Jim 的面部形状：顶部的那条循环线将确定眼眉的位置；中间的那条将确定眼睛中线；底部的那条将确定鼻子和脸颊的位置。随后，再次使用切刀工具，在图中的位置再切一下，用来增添面部的圆滑度。

（8）在嘴部切出 3 条循环边，中间那条将形成嘴部，底部那条可用于确定下巴，顶部那条将用来标记嘴部靠近鼻子处的区域。

（9）将嘴部顶部和底部侧面边线上的顶点合并，在嘴角处做出三角形。

7.5.3 确定面部的形状

完成打样阶段后，我们已经创建出了面部的基型，现在我们继续为网格添加细节。

图 7.9 中显示了接下来的面部建模步骤，各步骤说明见下文。

（1）使用切刀工具，对形成的嘴角的三角形进行切割，并创建两条新的循环边，将嘴角与脸颊和下巴相接。现在，嘴周围的循环边就被完全转化成四边面了（所有的面均由四条边构成）。

（2）选择嘴角的边，对它稍做倒角处理，并删除新创建的网格元素，以便让嘴角的开口及周边区域都由四边面构成。

（3）选择眼睛中间的顶点并执行倒角（可使用顶点倒角工具的快捷键[Shift + Ctrl + B]）。然后，将生成的顶点做成参考图中设计的形状。

提示：当你调节网格并与参考图对齐时，应当让网格形状适当扩大一点。这样做的原因是，当你添加的细节越来越多时，某些地方分割出多个顶点，这会让网格趋于内敛。

使用表面细分修改器的时候也会出现这种现象：当你对网格进行平滑处理时，网格上的顶点就会趋于内敛。

（4）用切刀工具在眼睛周围切割若干次，位置如图 7.9 中对应的高亮线条所示。这会在眼睛周围增加更多的顶点。用类似的方法再切几刀，确定鼻子的网格面细节。

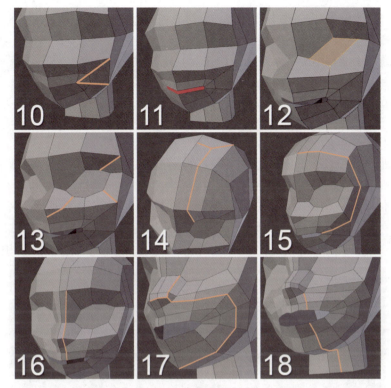

图 7.9　面部建模第二阶段

（5）在上一步中，眼睛的一个侧面并没有被切割到。现在我们就来切它，但要让切线朝头顶走，并按如图 7.9 所示的方式将两条循环边相接。由于我们只需要头前侧的循环边就够了，所以用这种方式可以让循环边在不需要的地方终结延伸。

（6）使用循环边工具（Ctrl + R），新建一条从嘴角延伸到额头的循环边，并对周边顶点的位置做相应的调节。

提示：当你使用环切滑移（Loop Cut and Slide，快捷键 Ctrl + R）工具在生物模型上添加一条新的循环边时，你可以利用操作项面板中的平滑（Smooth）选项减少新生成的循环边的锐利感。此外，当你处理一个含有大量顶点的区域时，你可以选择全部顶点并使用平滑顶点（Smooth Vertices）工具进行平滑处理。

（7）切一条从眼眉到嘴部的线，进一步增加了鼻子的形状细节。

（8）再从眼睛向鼻子切出一条线，并与嘴周围的另一条新建循环线相接。调节一下形状，你会发现这里的网格面对于鼻孔来说是有必要添加的。

（9）从脖子下面向下巴再向嘴部新建若干条边，并且从鼻子到上嘴唇处新建一条纵线。

7.5.4　确定眼睛、嘴巴和鼻子的形状

Jim 的面部细节开始逐渐成形啦！接下来，如图 7.10 所示，我们将为眼睛、嘴巴和鼻子添加更多的细节。

（1）选择嘴巴的循环面，并挤出，按照参考图调节嘴唇的形状。

（2）使用环切滑移工具（Ctrl + R）为嘴唇添加一条新的循环边，并为该区域添加更多的细节。例如，你可以通过调节环切滑移工具的操作选项中的平滑值来让嘴唇显得鼓起来一点。

此时，你给网格添加一个表面细分修改器，并经常开启该修改器的显示，以便观察调节过程中的平滑度是否适当。

（3）选中嘴唇外侧的循环边，按[Ctrl + B]组合键添加一个倒角效果。然后滑移嘴角附近的循环边，让那附近的点距大于其他地方的点距。这将定义使用表面细分修改器后的嘴唇形状，将那里的顶点距离调大有助于增加平滑的细分效果，而嘴唇中部会有更多的细节，因此循环边会靠得更近一些（注意，如果顶点靠得太近，细分后会产生突起，而顶点间的距离足够大的话，细分后会更加平滑）。

（4）选择眼睛那里的多边面，按[I]键执行内插操作，创建出眼睑的基础网格。

（5）让之前隐藏的眼睛部位显示出来，并调节眼睑那里的网格，让它贴合到眼球的表面。这时我们可以使用比例化编辑工具来做。在眼睑和眼球之间留出一定的间隔。这里可以采用一个编辑技巧：不断变换视角，从各个角度调节顶点的位置，直到对结果满意。

（6）选择眼睑内侧的循环边并挤出，用它来填充眼睑和眼球之间的那段间隔。

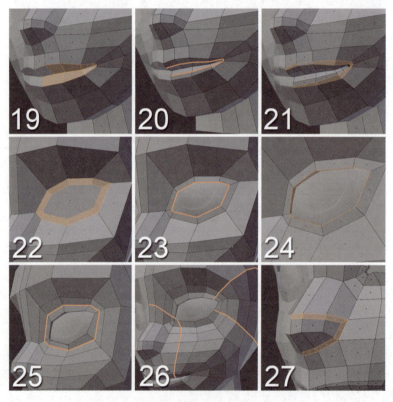

图 7.10 为眼睛、嘴巴和鼻子添加更多细节

（7）选择眼睑外侧的循环边并向外侧滑移顶点，为即将创建的另一条循环边流出一点空间。

（8）在眼睛区域，再按[Ctrl + R]组合键添加若干条循环边，用来定义鼻子与前额之间的细节，然后调节顶点直至与参考图上的位置贴合，确保顶点与周围网格成平滑过渡。

（9）选择鼻子底部和鼻孔上的面，执行内插操作，并将该工具的操作项面板中的边界（Boundary）选项关掉，鼻孔前部的面不会内插到中央去。

提示：在建模的时候，试着去思考下一步该做些什么。如果你心中已经有了最终拓扑方案的样貌，那么就会更有针对性地添加循环边和顶点了。盲目地建模当然也可能做出来，但你可能需要多花些时间去琢磨，而且有时候不得不删掉某些部位然后重新创建那里的拓扑结构。

7.5.5 添加耳朵

面部差不多快完成啦！图 7.11 中显示的是对 Jim 面部的进一步细节调整。在这个阶段当中，你将添加耳朵，并对颈部和头部做进一步的调整。

（1）移动刚创建出来的鼻子的顶点，调整出鼻子的形状。打开表面细分修改器查看细分后的效果是否满意。鼻子的网格部分可能需要多花些精力去调整，在本案例中，由于角色的设计风格较为卡通化，所以我们就不为模型做出鼻孔了。

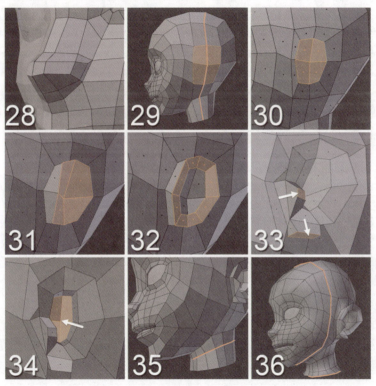

图 7.11 耳朵细节的创建及调整步骤

提示：在建模的时候，不时地启用表面细分修改器有助于观察网格细分后的效果是否理想。此外，该修改器提供了几种显示模式（也就是修改器面板顶部的 4 个按钮图标），后两个按钮图标在此阶段中尤为有用。其中一个可以让你在编辑模式下预览到细分后的模型效果，此时依然可以调节原始网格的数据，相当于在细分后的模型上面加了一个罩。最后那个按钮的效果比之前的那个更进一步，可以让你直接操作细分后的网格，同时并不会显示原始网格罩（在某些时候，这种显示方式更为直观）。

你可以对选中的物体使用不同的细分级数，可通过［Ctrl + 1］键快速将细分修改器的细分级数设为 1，随后可以按需要组合相应的数字即可。如果按［Ctrl + 0］，那么细分级数就为 0，等同于无细分时的效果，按［Ctrl + 2］就会显示细分级数为 2 时的效果。

（2）转到头的侧面，并从颈部向头顶创建一条新的循环边，图中高亮的那些面就是用来挤出耳朵用的基面。耳朵的细节相对多一些，不过，在本案例中，我们的设计偏向动漫的风格，因此我们姑且做个简单的耳朵吧，不是特别逼真，但可以与角色的整体风格相配。

（3）对耳朵的基面执行内插操作。

（4）将它挤出，并调节成耳朵的形状。

（5）在耳朵内部再次执行内插。

（6）再次挤出，并调节高亮区域，做出耳朵的那些细节。

（7）再次用挤出的方法创建出耳孔，并对那里的顶点稍做调节。如果网格看上去有点别扭，也别太在意；只要留心细分后的效果就好，因为细分以后的效果难免会和原始网格有较大的区别。

（8）切割一条新的循环边，用来确定头底部的关节。

提示： 在与此阶段对应的步骤示意图中，你会看到低精度的网格，这样你可以更加清楚网格和顶点的作用原理。不过，在此过程的当前阶段，你也可以从一开始就对细分后的网格进行调整（需要在修改器面板上手动开启）。

（9）还是这个区域，在你觉得有必要增加细节的地方继续添加几条循环边，在此步骤的示意图中，新加的两条循环边如高亮线条所示：其中一条加载了脖子底部，以便填补 Jim 夹克衫顶部的空隙。此外，还有另一条循环边环绕整个脸庞，你考虑把它作为从脸上分离出面具轮廓的分割线。

7.5.6 创建口腔的细节

在本节中，我们将为 Jim 的头部添加最后的细节。面部看上去还不错，但还需要做出口腔内部的细节，以便在 Jim 张口的时候不至于看到头后面有个空洞！最后的若干步骤如图 7.12 所示。

（1）选择嘴唇内侧的循环边，并向头的内侧挤出，头部的其余部分已被隐藏，这样便于观察操作结果。

提示： 你也可以先选中你不想隐藏的部分，然后按[Ctrl + I]组合键反选选区，然后按[H]键隐藏。有时这样操作会更方便些。

（2）添加若干条循环边，以便更好地定义口腔内的圆滑区域。最重要的是，要在嘴唇内侧添加一条循环边，否则那里在细分后会丢失一些细节。如果嘴唇内侧有叠加的部分也不必在意。

（3）闭合口腔后面的洞，并稍做调整。你也可以在嘴唇内侧再添加一条循环边，让口腔内侧靠近那里的地方纵向空间更宽敞一些，这部分空间将在后续步骤中留给牙齿使用。

图 7.12 创建口腔内部，以免在 Jim 张口时看到空洞

到这里，Jim 的面部建模就算大功告成啦！最终效果如图 7.13 所示。对于角色建模而言，

面部是最复杂的部分，也是最容易一眼就看出问题的部分，因此需要细心调节才能获得满意的结果。

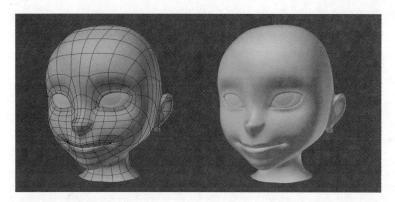

图 7.13　Jim 面部的拓扑方案（左图）和应用细分后的最终效果（右图）

7.6　躯干和手臂建模

截至目前，你已经完成了面部的建模，现在让我们转到身体部分。这也意味着面部的建模参考图已经没有用了。你可以在 3D 视图的属性侧边栏的背景图面板中把那些图像删掉，并加载完整身体的参考图。你也可以把头部参考图直接替换为整身参考图。但这里你可以尝试另一种方法：在测试图中调整参考图的位置，让角色的脚落在地板上（增加 Y 向位移值）并将 Y 值复制给前视图和后视图，如图 7.14 所示。

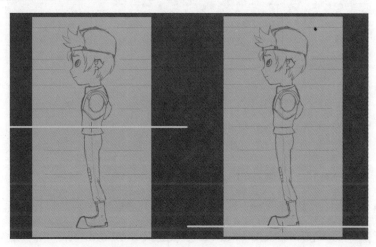

图 7.14　Jim 的侧面参考图中的地面在刚导入时的位置（左图）和
　　　　将图中的脚底平移到接触地面时的位置（右图）

你首先会注意到的是，现在的面部网格尺寸非常大，那么我们就选中目前创建过的所有元素（包括脸庞、眼睛和晶格等），移动它们，并把它们缩放到贴合新的参考图的位置上。现在的头部应当位于当前参考图的对应位置上，这样就为 Jim 的身体留出空间啦！

还有一个问题需要弄清楚，这也是故意为之的，好让你有机会发挥一点想象力，也是你在自己的项目里可能遇到的情况：在 Jim 的角色设计图中，手臂的姿势与正要建的模型稍有不同。有时候，手臂的建模姿势通常称为 T 型姿态（T pose），也就是双臂与地面完全平行。由于 T 型姿态适合建模（如果所有的部位都与 3D 世界的轴向对齐，那么调整起来也会更方便些），对于模型来说，或许这不是后续阶段的最佳姿态方案。例如，如果角色的手臂完全伸开且与地面平行，那么当它们弯曲的时候，由于肩关节处旋转的幅度很大，会很容易在那里发现问题。

在 Jim 这个案例中，肩部有一些夹克的细节，因此你应当让手臂稍向下垂 45°左右。这样一来，即使你上下转动它们，变形问题也不会那么明显，Blender 也会将那里的细节保留得很好。在这种情况下，你所看到参考图会有所不同。最终，你要创建的模型的姿态会稍有变化，但不必担心，因为你会在建模过程中学到很多非常有用的技巧。

7.6.1 躯干和手臂的基型建模

我们先给 Jim 的躯干和手臂的基础形状打个样。图 7.15 中显示的是创建这些模型的最初几个步骤。由于面部是使用方块建模法制作的，我们不妨在此阶段中换个方法，看看如何使用逐面建模法来做，即使其中会结合使用方块建模。

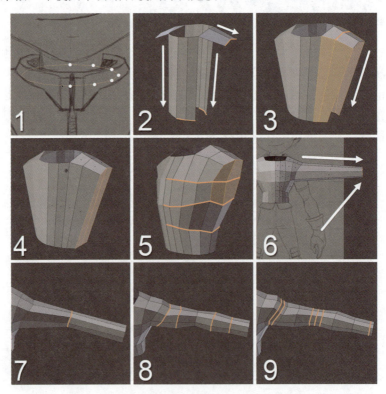

图 7.15 Jim 躯干及手臂建模第一阶段的步骤演示

（1）创建一个包含 12 个顶点的圆，删除左半边并添加一个镜像修改器（类似于面部建模时的做法），并把它放在颈部下方。勾选镜像修改器面板中的修剪（Clipping）有助于修整躯干中线处的顶点。

（2）执行 3 次挤出（快捷键[E]），每次挤出时选择一对边（两条前边、两条后边、两条侧边）。前面的两条边将定义躯干前侧；两条侧边用来形成肩部的梯形区；后面的两条边将延伸至臀部，定义背部的形状。

(3) 使用环切滑移（Ctrl + R）工具在肩部切出一条循环边，然后选择前面和后面靠外侧的边，并向下挤出。现在，选择围绕狭长空隙的 4 个顶点并按[F]键，在空洞位置补面（对前后两侧均执行此操作）。

(4) 选择肩膀侧面中间的顶点，向下挤出至臀部，然后选择旁边的顶点并按[F]键补面。此时，你已经做出了躯干的封闭外形。

(5) 切 3 条贯穿躯干的横向循环边，并按照参考图调整形状。注意图中的高亮面，那里的形状应当是将要挤出的手臂基面形状。

(6) 选择第（5）步中的高亮面，并横向挤出它们，做出整条手臂，长度直达手腕。

提示：继承你完全沿水平方向挤出，即 X 轴方向，也可以根据参考图想象手腕在 T 型姿态下应当延伸到哪里。随后，你可以做进一步调节，但现在沿着单一轴向调节会比较容易些（本案例中是沿 X 轴）。此外，手腕的形状将会稍稍不规则一些，因此在挤出之后，你可以沿它的 Y 轴缩放，缩放值为零。现在在前视图中就会看到它是完全平的了。

(7) 在手臂中间环切一下，稍做调节，做出肘部。在顶视图中，将循环边略向后移，让手臂显得略微松弛一点，这将有助于调节手臂形状。需要注意的是，手臂绕肩部的转角一般达不到 90°，因为那样看上去会显得不自然。

(8) 要想继续定义手臂形状，需要分别在二头肌和前臂上按[Ctrl + R]组合键创建几条新的循环边。每添加一条循环边时，便对顶点的位置稍做调节。因为如果你添加很多条循环边并打算以后去修改的话，会比较难于调节。

提示：手臂或腿部建模的方法有很多。其中一种好办法（以手臂为例）就是从肩膀挤出到手腕，然后在肘部切一刀，然后在二头肌和前臂上切，并继续切割，直到满意为止。通过这种方式，你可以得到手臂的大体形状，然后你将确定主关节的位置，于是一分为二，然后二分为四、四分为八。对我而言，这种方式建模更加方便，也更易于逐步增添细节，而不是一点点地挤出形状。

(9) 在关节处添加更多的循环边，如肩关节和肘关节；在这些地方使用足够数量的几何元素是很重要的，这有助于让它们随后可以正确变形。你也应该在手腕处再添加一条循环边，以便再细分后更好地定义那里的形状。就像做面部时那样，此时到了该添加表面细分修改器的时候了，开始检视细分后的效果。

7.6.2 定义手臂和躯干的形状

在本节中，我们将为手臂和躯干添加更多的细节。也要开始添加 Jim 的背包了。接下来的若干步骤如图 7.16 所示。

(1) 添加几条循环边，并定义手臂形状。

(2) 选择肘周围的面。你可以向肘部添加细节，确保当 Jim 的手臂弯折时，肘关节也会相应变化。

(3) 对这些面执行一次内插（I），然后使用滑移工具（选择一个顶点或一条边，然后按两下 G），让肘部的循环边更圆滑一些。此外，选择循环边之间的面（如图中高亮面所示），并向外移动一点，这是为了让肘关节外侧鼓起一点。

(4) 回到躯干上，添加几条循环边，用来定义腰部。

(5) 使用切刀工具（K），在图 7.16 中演示的位置处切出若干条边线，定义胸部轮廓。

提示：如果你真想把角色模型做得漂亮些，那就按照做面部的拓扑思路制作手臂的肌肉。

对于这个模型来说，并没有显示太多的肌肉细节，而且夹克上的变形也非常简单，所以我们可以使用相对简单的拓扑结构去做。

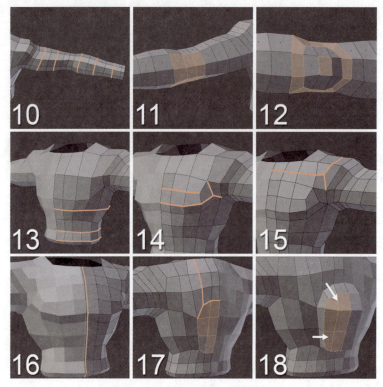

图 7.16 继续创建躯干模型

（6）用切刀工具在颈部与肩膀附近切出几条边线，为的是在那里添加一条新的循环边（在图 7.16 中，你只能看到躯干的正面，但背面的切割方法和前面是一样的）。

（7）在前面的镜像面附近切两条竖边，用来创建夹克的拉链。

（8）现在，转到模型的背面。如果你之前没有做过任何编辑，请先按照参考图调整一下形状。在图 7.16 中所示的位置创建切割线，并调节高亮的面，这些细节将作为背包的基面。

（9）挤出选中的面，做出背包，并调节形状。

7.6.3 背包和夹克的细节处理

接下来，我们将要完善 Jim 的夹克和背包，步骤如图 7.17 所示。

（1）选中背包棱角上的那些边线，并做出倒角（Ctrl + B）。此时会出现几个三角面（图 7.17 中圆圈标注的位置）要把它们解决掉。

（2）其中的两个三角面是比较好解决的，它们的旁边有一个多边面（N-gon），这是由于同一个顶点被 4 个以上的面共用所致。选择那条位于某个三角面与多边面之间的边，将其塌陷，这样可以将原来的三角面转化成一条边（如图 7.17 中绿圈标注所示）。第三个三角面的处理有点复杂，因为如果你把它移除，那么就会将倒角做出的部分细节一并移除。在本案例中，只需在三角面的侧面添加一条新的循环边。这样一来，通过添加更多的面，就可以将三角面转化成四边面了。

（3）选择手臂上除肩膀以外的所有顶点。将 3D 游标置于肩膀处，并使用比例化编辑工具，旋转手臂，让它稍稍松弛一点。同样，选择手臂末端（手腕）的四个封口面，把它们删除，因为它们不会被看到，以后也不会被用到，所以现在是时候让它们消失了。

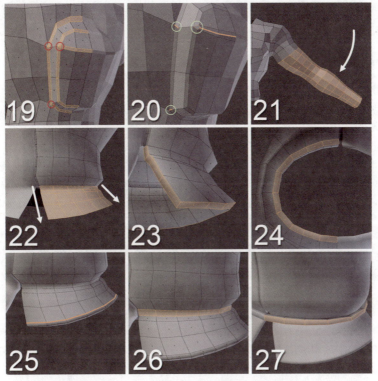

图 7.17　为背包和夹克底部添加一些细节

提示：此步骤充分运用了 3D 游标，能够让你无需骨架就可以为角色摆姿势！只需将游标放在关节处，选中想要移动的身体部分，借助比例化工具，就可以很好地调整角色的姿态了（但要注意，你可能需要在操作完成后对关节上的顶点做些调节）。

（4）挤出若干次，做出夹克衫的下摆。

（5）选中下摆上的所有面，按[Ctrl＋F]组合键进入面（Face）菜单，选用生成厚度（Solidify）工具，为下摆做出一定的厚度。厚度细节如图中高亮部分所示。

（6）你在上一步中使用生成厚度工具添加的厚度也会在下摆顶部生成一些面，这些面对我们来说是无用面，而且会在细分网格时产生问题，因为它们焊接在其他多边形的背面。现在删掉那些面。这些问题面如图中高亮处所示，将视角放在夹克内侧可以见到。此外，生成厚度工具无法识别镜像修改器的修剪选项，这会让夹克下摆的后侧产生一些插进内侧的面，因此也要把这些面删掉。

（7）在下摆底部添加一条新的循环边，以便增加模型细分后的细节表现。你可以将拉链底部和与之对应的顶部顶点合并（Alt＋M），以便填补那里的空洞区域。

（8）选择腰部的所有面并创建一条新的循环边，用作腰带。按[Shift＋D]组合键复制，并单击鼠标右键，让复制出的面留在原来的位置上。现在按[P]键，从弹出菜单中选择选中项（Selection），将复制出来的面分离成可供独立编辑的新物体。

（9）选择这个新物体，进入编辑模式（Tab），选择前面中线处的边，并向左移，直到它贴到另一半腰带为止。选择物体的所有面，按[E]键挤出。单击鼠标右键退出移动，同时让新挤出的面留在原地。现在，确保未启用比例化编辑工具，按[Alt + S]组合键（沿法线方向缩放）将物体的面向外侧放大，为的是稍微调整一下腰带的厚度。

提示：当你复制一个物体或者使用分离（Separate）工具分离出新物体时，新物体将自带和原物体相同的修改器。

7.6.4 完成腰带并在夹克上添加衣领

夹克差不多快做好了，但我们还需要为腰带再添加一点细节，夹克需要与颈部相接，所以就让我们看看如何按照图 7.18 所示的步骤做出这些细节吧。

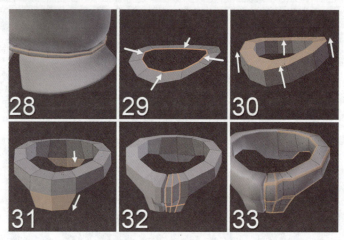

图 7.18 夹克领子的建模步骤

如果你只想编辑这些细节，那么可以将夹克物体自身隐藏起来，以免妨碍视线。只需选中它然后按[H]键即可隐藏。再按[Alt + H]组合键即可恢复显示。

（1）选择腰带顶部和底部的边线，并做倒角，以便让细分后的效果看起来锐利些。

（2）将 3D 游标放在颈部，并创建一个圆（虽然你可以将这个圆创建到夹克物体上，但或许创建为新物体更便于分别编辑）。和之前刚开始做夹克衫时一样，做一个包含 12 个顶点的圆，删除左边的顶点，为物体添加一个镜像修改器，并在该修改器的面板中勾选修剪（Clipping）。然后，只需移动顶点就可以做出夹克的领子了。选中圆上的所有边，并向内挤出它们。

（3）选择所有的面，并向上挤出它们。现在夹克领子的基型就算做好了。

（4）临时将夹克和头部的网格恢复显示，根据它们调节领子的形状，并对图中所示的面挤出两次，进一步为领子添加细节。

（5）添加若干循环边，做出领子前面及拉链的形状。

（6）添加表面细分修改器后（你可以随时通过添加此修改器来检查网格形状是否合适），对边线做倒角处理，让边角更显细腻。此外，观察细分后的网格，并调节形状，使之贴合 Jim 的头部和身体。

7.7 腿部建模

腿部建模相对于目前做过的部位而言要简单得多。建模步骤与手臂类似，但要先建出臀部，以此作为基面进而挤出双腿。图 7.19 中显示了 Jim 腿部的建模步骤。

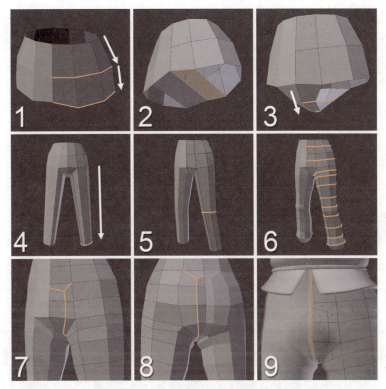

图 7.19　Jim 的臀部和腿部建模步骤

（1）创建一个 12 条边的圆，删掉半边，添加一个镜像修改器并勾选修剪（Clipping）。挤出两次，做出臀部基型。

（2）选择模型底部中间前侧和后侧的边，按[F]键在其间创建一个面，这个面用来做出胯部。

（3）用环切滑移工具（Ctrl + R）将上一步中创建出来的面分成三段。向下移动一点，调整成胯部的形状。此时，模型看上去像个内裤的形状。

（4）选择洞周围的循环边（大腿根部）并向下挤出到脚踝顶部，也就是靴子的上缘，具体做法参考制作手臂的步骤，不同的是，这里我们无须严格按照腿部当前的朝向挤出，而是可以与地面更垂直一些。

（5）和定义肘关节的步骤相同，在膝关节处切除一条循环边，按照参考图调节上面的顶点。

（6）现在在腿部添加更多的循环边并调节它们的形状。要记住，需要至少分别为臀部和膝关节添加三条循环边，以便在后续步骤中弯折腿部时能够让变形效果理想一些。

（7）使用切刀工具（K）在图中所示的位置切出一个类似的结构出来，以便为胯部做出更多的细节，让那里的变形效果更理想一些，因为那里较为靠近腿关节。

（8）对裤子背面也进行类似的操作，但这里需要调节成更像臀部的形状。

（9）在裤子中线处创建一条循环边，作为布料的接缝，编辑这里需要点技巧，你可以考虑使用下述任意一种方法来做：第一种方法是使用[Ctrl + R]组合键切出新的循环边，然后滑移镜像平面附近的顶点。在胯底靠近腿部的地方，新创建的循环边将会非常贴近周围的边线，而从前面看，距离则较远，因为那里的空间相对较大。第二种方法是禁用镜像修改器的修剪选项，将中线处的顶点移开，再次启用镜像修剪，并向中间挤出这些顶点。这样一来，两条循环边就会是完全竖直的了，并且在中线处焊接成一条单一循环边。然后，选中靠近中间的循环边并按[Alt + S]组合键稍微向内侧缩小，稍微缩小一点点就好。此时，将物体上其他部位的网格恢复显示，并确保裤子与夹克的下摆贴合得很好。

提示：有时候，当你使用逐面建模法进行建模时，连续面的法线方向看上去可能是反的。当你看到颜色较深的面，或者边线的颜色呈现反常的或深或浅的颜色时，就很有可能是这个问题。面的法线决定了面的朝向。因此，如果你将两个看上去法线方向不同的面合并成一个面的话，就会增加这种问题的出现概率。如果出现了这种问题，你有两个办法解决这个问题，第一种方法是，在面菜单中（Ctrl + F），选择反转法线（Flip Normals），可以将选中面的法线方向反转。另一种方法是，如果你选择了多个面，你可以按[Ctrl + N]组合键，让 Blender 自动计算法线朝向，并且可以将所有的法线朝向统一。

7.8 靴子建模

Jim 当然不能光着脚走路哦。在本节中，我们将做出靴子的模型。图 7.20 显示的就是这个过程。目前，你的建模速度应当明显加快了，并且你在操作使用 Blender 方面可能也越来越娴熟了。所以，靴子的建模应该算是小菜一碟啦！具体步骤如下。

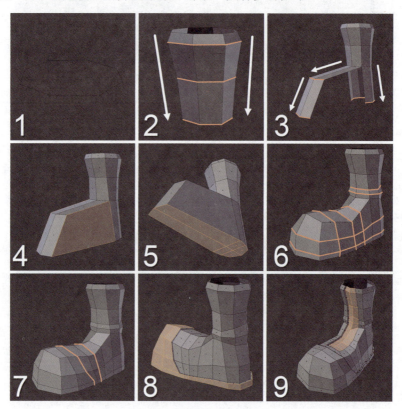

图 7.20　Jim 靴子的建模步骤

（1）在靴子顶部的地方建一个八边圆，如图 7.20 所示。要注意的是，你需要建造两个靴子，因此你可以使用镜像修改器做出另一只靴子（将靴子物体的原心点移到中间，让它们对齐到参考图上的位置），或者你只需在完成靴子模型后手动进行复制和镜像。

提示：在本案例中，你可以使用点小技巧来节省一点时间，选中裤底与靴顶相接处的循环边（Alt + 鼠标右键），按[Shift + D]组合键复制，并按[P]键分离成单独的物体，随后将作为靴子物体。用这种方法，可以让分离出的新物体直接继承表面细分修改器和镜像修改器。

（2）按[E]键将所有的边线向下挤出到脚踝，做出若干条定义形状的循环边。

（3）选中圆圈底部除前面两条边以外的所有边，向下挤出到脚跟。然后选择前面那两条边并挤出两次，做出靴子的形状。

（4）在靴子两侧的空白处建面。

（5）用四边面填充靴底的空洞。

提示：之前创建圆圈时之所以要选用偶数条边（如该圆最初的八边形），是因为这样在填充空白空间的时候比较容易用矩形面做到。

（6）添加几条新的循环边，用来定义靴子的形状。

（7）做几次环切（Ctrl + R），以便定义脚关节处的细节（与膝和踝关节的做法相同），便于随后做变形动画。其中一条循环边将有助于你在下一步中创建某些细节形状。

（8）选中图 7.20 中高亮的区域（不包括靴底），按[E]键挤出，单击鼠标右键退出移动，按[Alt + S]组合键执行法向缩放，这样就做出了靴子的部分细节。

（9）继续完成剩下的几处细节，选中中间的两组从靴顶到接近脚趾处的循环面，按[I]键执行内插，然后向内挤出，用来定义鞋带的位置（纹理绘制部分详见第 9 章）。此外，在挤出的时候，靴子的顶部会生成两个厚度与挤出高度相同的面，你可以把它们删掉。最后，你可以在凹陷处添加几条循环边，改善细分后的细节效果。还有就是要调节靴子与裤子相接处的形状，别忘了充分运用比例化编辑工具哦。

7.9 手部建模

手部的建模难度相对较大，但在这个案例中，我们化繁为简，教你一种简易的方法（如果做错了，别担心，重新再来就是了，迟早会做对的）。

7.9.1 创建手部基型

手部的建模步骤如图 7.21 所示。你可以在场景的任何地方建模，然后移动并缩放它，让它与身体的其余部位匹配即可。

（1）先创建一个立方体。

（2）把它做得扁一点，并将其中一条边向中间移动，这一面将作为手掌。左侧的斜面将作为拇指的基面。

（3）添加两条循环边，一条靠近手腕（底部），另一条靠近手指（顶部），手指将位于网格上方。

提示：在添加顶点的同时记得及时调整它们的位置。调节得越早，在后面的建模过程中添加新顶点的时候就越方便。

（4）选择基面并挤出它，以此做出拇指的初步形状。

（5）选中所有元素，在专用项菜单中（W），选用平滑细分（Subdivide Smooth）添加更多的细节。注意观察手掌顶部的顶点已经被分出了可供四个手指使用的基面。

提示：在创建手部模型时，人们常犯的两点错误是让拇指从手掌的侧面长出，而不是前面，将四个手指建得高度一样。这些错误都会让手看上去不自然。

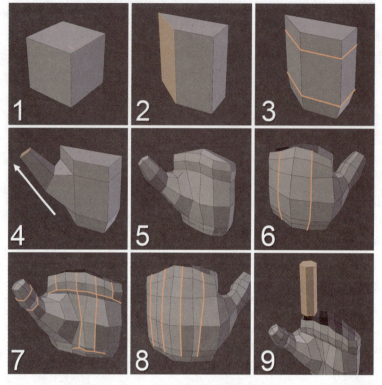

图 7.21　Jim 的手部建模步骤

（6）删除顶面（手指的基面），在手背上添加两条循环边，最终将手指基面的边分成四段。

（7）在如图 7.21 所示的位置添加若干条切割线。这些切割线的目的是要在手掌的两侧添加两条边，以便随后做出手指相连的地方。你可以看到手顶部外侧的边线是如何切割的，而且中间的切割线一直延伸到手腕，可用于细化手掌的形状。此外，在拇指上添加两条循环边，为拇指添加更多的细节。

（8）在手背上同样切出几条边，用来定义手指上的肌腱和关节。观察手腕那一侧的切割方式。这样可以让你在随后挤出手套后缘时使用较少的边线，并使用切刀工具切出拓扑布线。

（9）在手的顶端，创建一个剖面顶点数为 6 的圆柱体（顶面用多边面填充），这将作为手指的初步外形。做出一个手指后，可以创建副本并稍加修改，即可做出其他几根手指。

7.9.2　添加手指和手腕

想必你已经体会到了，手部建模是很有挑战性的，而且不容易做好。手指和手腕的制作过程参考下面图 7.22 中的步骤，并最终完成手部建模。有时候，建议添加一个表面细分修改器观察细分后的效果。

（1）在手指上切出几条线，用来做出关节。将顶部封盖多边面上的两个点连接起来（J），将该多边面分成两个四边面。你也可以删掉底部的多边面，因为我们用不到它了。

（2）在手指上添加一些环切线，做出细节形状。

（3）选中整根手指（对于这种面面相连的网格，可以用[L]键选择全部元素）复制 3 次。对副本进行移动、缩放，并调节到匹配手部的位置。

（4）启用自动合并（AutoMerge，该工具的图标位于 3D 视图标题栏上靠近吸附工具选项的地方，或者可以从网格（Mesh）菜单中找到），并开启顶点吸附，将手指底部的顶点拖曳到手顶部的与之对应的顶点上。然后调节顶点的位置，让手指形状看上去自然一些。你也可以在拇指根部再添加一条环切线。

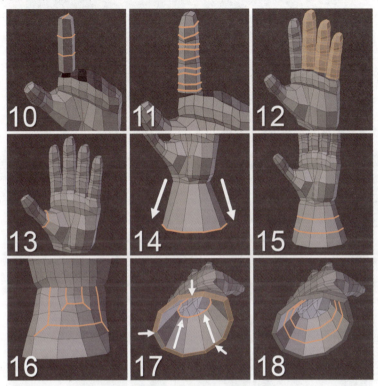

图 7.22　Jim 手部建模的最终步骤

（5）将手的底面向下挤出，做出围绕腕部的手套后缘。

提示：挤出后的边线可能不会像应有的那种椭圆形。如果你启用了 LoopTools 插件，你可以使用其中的圆周排列（Circle）工具，它可以将顶点排列成完美的圆圈。然后，你可以稍加缩放，让它看上去像手腕那种椭圆形。

（6）在手套后缘处添加两条环切线，进一步定义那里的细节形状。

（7）继续使用切刀工具（K），按图中所示的方式切割。然后，如果形状有点乱，你可以选择整片区域然后使用平滑顶点（Smooth Vertices）功能。

（8）选择手套后缘最下面的循环边，挤出一点点，为的是做出手套的厚度，然后再向上挤出一次做出贴着手腕内侧的一面，这是为了避免在手臂网格与手套之间产生空隙。

（9）在手套后缘处添加一对环切线，以便在需要对它变形的时候有足够的几何细节。

此时，你可能需要调节一下手部的整体形状。将模型的其余部分恢复显示（如果之前隐藏过的话），然后对手部缩放、旋转，并移动到手臂下面合适的位置上，并确保比例正确。一旦就位以后，你可能需要用镜像复制出另一只手。这个过程可以参考之前镜像复制眼睛时的处理方式：选择手臂（需在物体模式下，你也可以用[Ctrl + A]组合键对旋转与缩放进行应用，确保手部的镜像效果符合预期），将 3D 游标至于模型中央（Shift + C），按键盘区的"."（句点）将 3D 游标设为当前轴心点，按[Ctrl + M]组合键执行镜像操作，然后按[X]键以选定镜像轴。最后，按回车键确定。此步骤的效果如图 7.23 所示。

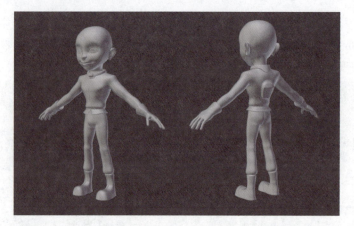

图 7.23　图中是 Jim 目前的样子（只剩少数细节待添加）

7.10　帽子建模

现在我们来创建帽子。随后，我们将建出头发的模型并让它从帽子里扎出来。帽子的建模不会很难，但也涉及一些小技巧。

7.10.1　创建帽子的基型

Jim 帽子建模的第一阶段如图 7.24 所示。

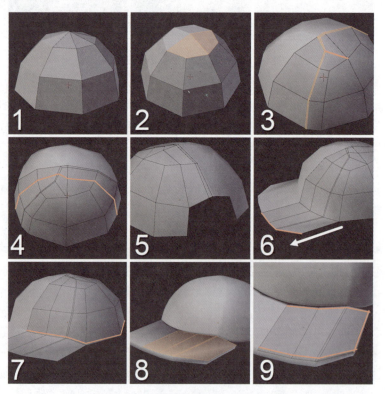

图 7.24　Jim 帽子建模第一阶段的步骤

（1）创建一个经纬球，顶点值设为 8，圈数设为 6。删掉球的下半边和左半边，并添加一个镜像修改器。沿 Z 轴缩放一下，让它不再是完美的球形。

（2）使用融并面（Dissolve Faces）工具（X），将选中的面从三角面转成四边面。每次选中一对相邻三角面并调用融并面工具，直到所有的三角面对都被转化成了四边面。现在你可以添加一个表面细分修改器了。

（3）使用切刀工具（K），按图中所示的方式切割帽子。那两条切割线应该彼此邻近，以便在模型经过细分后，内侧的接缝看上去比较锐利。在帽顶，内侧的那条线与镜像中心线相接，另一条线继续从帽子的中线穿到另一面去。

（4）加一条环切线，并调节生成的新顶点，让帽子的形状平滑一些。

（5）在帽子的后面，删掉底部两个靠近中央的面。

（6）回到帽子前面，挤出底部靠前的边，做出帽舌。

（7）将帽舌中间的面向上移动一点，为帽舌的中间做出一点弧度。此外，在帽身靠下的地方添加一条循环边。添加一个厚度（Solidify）修改器，并把它放在表面细分修改器之前，并将厚度值调节到自己满意为止。

（8）现在，选择帽舌上的面，按[P]键将其从帽身上分离下来。如果之前加过修改器，那么新的物体也会继承那些修改器。

（9）在整个帽舌的边界上添加几条新的循环边，有助于制作形状。

7.10.2 添加帽子的细节

现在我们已经做出了帽子的基型和帽舌，让我们开始继续为它们添加更多的细节吧！这个阶段的步骤如图 7.25 所示。

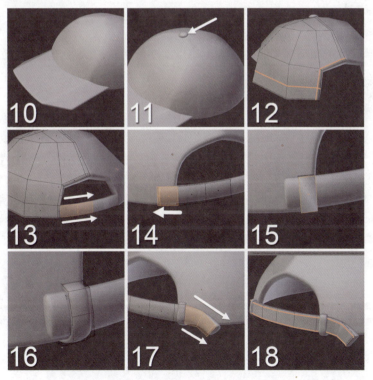

图 7.25 为 Jim 的帽子添加一些生动的细节

（1）将帽子的侧边向后移动，直到它们和帽身之间没有空隙为止。

（2）创建一个小球体，沿 Z 轴向缩小，并把它放到帽子顶上。

（3）回到帽身上，使用切刀工具（K）在帽子后面的开口处切一条新的循环边。如果你无法避免在切割时产生三角面，那就在切割后再去合并它们，保证最终结果只包含四边面。此外，要在帽子的底部新建一条循环边。

（4）按图中所示的方式挤出，做出帽子的调节带，并把它细分一次，以增加细节。

（5）选择两个调节带的面，并把它们分离成另一个物体（按[P]键，选择选中项（Selection）。在左边挤出一次，把它放到帽子上，并在靠外侧的边上再切一条循环边，以便再细分后仍能保持这里的形状。

（6）选择调节带外侧的那些面，复制一下（Shift + D），把它分离成另一个物体（P），作为调节带的扣环。

（7）挤出些厚度出来，并添加几条循环边，达到图中所示的效果。

提示： 在修改器的选项里，你可以添加表面细分（Suubdivision Surface）和实体化（Solidify）这两个修改器，可以在编辑模式下看到它们的影响效果，可以让你在建模过程中实时得到反馈。

（8）让调节带的一段稍微松弛一点。如果你在编辑模式下，那就按[Tab]键转到物体模式，并应用镜像（Mirror）修改器（只有退出编辑模式后才能应用修改器，应用镜像修改器后，返回编辑模式，在调节带的一边挤出若干次，并做适当的旋转和移动，让它稍微下垂）。

（9）在调节带的顶部和底部，按[Ctrl + R]组合键添加两条环切线，进一步细化形状。另外，此时你可以先选中所有将要作为帽子附属部分的物体，最后选中帽身。按[Ctrl + P]组合键并在弹出菜单中选择物体（Object），这会将所有物体附属到帽身上，这样一来，当你选择帽身并移动它时，所有其余的物体也会随之一起移动。

帽子做好了，现在需要移动并缩放它，把它放到 Jim 的头上面去。按照参考图中的样子摆放。或者在目前这个高级建模阶段，你也可以忽略参考图，想怎么摆就怎么摆！

7.11 头发建模

头发建模是很复杂的过程，而且方法有很多，每种方法做出的最终效果也不一样。例如，你可以用网格平面建模，每个平面都是一个发绺，可以在上面使用头发贴图。另一种效果更真实的方法是使用毛发粒子系统：选中头上想要覆盖头发区域内的顶点，Blender 会生成头发，然后你可以梳理、修剪和造型。此后，你甚至可以模拟被重力和风力作用的效果。但这是非常复杂的操作（对计算机的性能也有一定的要求）。

在本案例中，我们选择使用网格面片做头发，也就是手动做出头发的形状，并调节网格做出角色的发型。

提示： 在三维世界中有一条通行的法则，不要创建看不到的物体！例如，如果 Jim 总是戴着帽子，那还有什么必要去创建被帽子盖住的那部分头发呢？反正我们也看不到那里嘛。在本节中，我们就来创建 Jim 的头发，但我们只专注去做露在外面的那部分头发。

7.11.1 制作发绺

如图 7.26 所示，你可以按照如下步骤制作发绺。

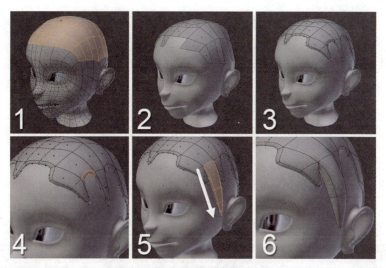

图 7.26 Jim 头发建模的第一阶段

（1）选中头顶的那些面作为头发的基面。按[Shift + D]组合键创建副本，并按[P]键分离成独立的物体。此外，分离成独立的物体后，应用该物体上的镜像修改器，也就是单击该修改器面板中的应用（Apply）按钮，因为从现在起，我们需要做出不对称的头发，这样会显得更加真实。

（2）删掉头侧面的某些面，以免每个发绺的挤出起点高度相同（图中可以看到，表面细分修改器已被禁用，你可以更清楚地看到那里的网格分布情况。不过，在后面的步骤里，还是需要重新启用该修改器的）。

提示：在这一步中，为了更便于操作，你可以将场景中所有已经做好的物体放到单独的层中（按[]M后选择一个代表图层的方块投放即可），将帽子放在第二个层中，头发放到第三个层中。这样一来，你就可以在建模时快速地显示或隐藏帽子上的元素了（在 3D 视图标题栏上的层方块上按住[Shift]键可以从当前可见层中增加或减少层）。请注意，只有在物体模式下才能执行显示或隐藏层的操作，你也可以使用字母键区上方的数字键（非右手边的数字键区）来快速显示或隐藏层。

（3）选择头皮上的所有面，打开面菜单（Ctrl + F），选择生成厚度（Solidify）。适当调节其选项，你可能还需要按[A]键再次选中所有面，并缩放到合适的厚度，并与头表面贴合。

（4）选中某些由生成厚度工具生成的面，我们将对这些面进行挤出，做出发绺。

（5）挤出若干次，确保将最末端的面缩到很小，让它在细分后会显得尖尖的。调整顶点的位置，按自己的想法做出发绺的外形。图中的发绺一直被拉到了面部那里。

（6）移动发绺前面的边，增加发绺的厚度。

在头上重复上述步骤。让帽子所在的层恢复显示，观察是否与其贴合得好。

7.11.2 为头发添加自然的细节

要想让头发看起来更自然，需要调节发绺的顶点和边线，让它们彼此相叠，如图 7.27 所示。

发绺创建好了，也叠放完了（这会需要花些时间），你可能会看到有些地方空着。你可以选中一整条发绺，复制若干次，让顶点叠放到其他发绺上面，放到上面或者下面去，如图 7.28 所示。图 7.29 呈现的是目前的头发效果。

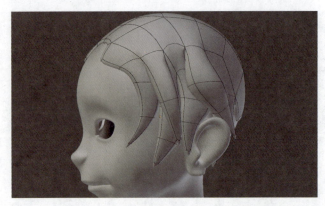

图 7.27 相互叠放的发绺让头发更显自然

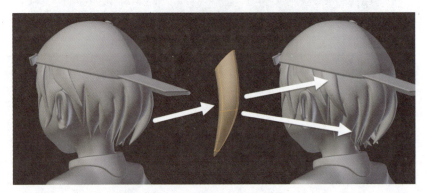

图 7.28 复制发绺并放到空的地方

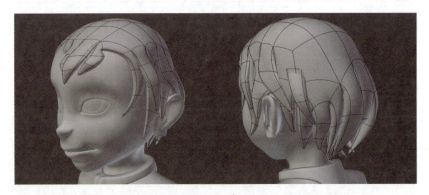

图 7.29 目前完成的效果，可以看到顶点的摆放方式

记得在参考图中，帽子是反着戴的，Jim 前额处的头发因此而从帽子的开口处伸了出来，这块发绺需要点技巧来做。你可以先选中一条发绺，方法同之前复制那样。并把它放到帽子开口处，并添加几条循环边，调节出你想要的形状，让发绺的根部足够大，以便能够盖住那个开口。然后，你可以复制、缩放、旋转它，将余下的开口部分盖住。这一次要把发绺做得小很多。尽量用一条大的发绺和 2～3 条小一点的发绺把帽子的开口完全盖住。头发这个部分的制作步骤如图 7.30 所示。

如你所见，头发建模并非轻而易举之事，尤其是需要做很多调整才能匹配到头部和帽子上去。不过现在看上去已经很自然了，那就让我们继续完成最终的细节吧！

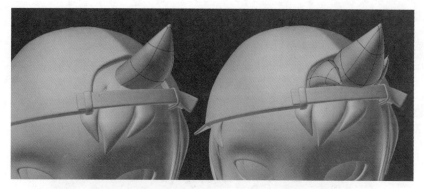

图 7.30 在帽子开口出添加伸出来的头发

7.12 最终细节的建模

经过对本章内容的实践，想必你已经学会了如何熟练使用各种建模工具编辑物体了（或许这些工具的用户界面不会总是那么直观易懂，但做出来的网格效果还是不错的）。在最后这一节中，我将简要讲解如何创建这些最终细节，并把它们加给之前的模型，但本节内容并不打算逐步去讲解。图中呈现的是最终效果，你可以观察一下并从中获得启发。可以把本节内容当做练习：观察最终效果，试着运用自己学过的 Blender 建模工具，并想办法自己做出那些细节。

这里建出的模型细节（当然你也可以按照自己的创意添加更多细节）包括眉毛、胸章和帽章、通信耳机、牙齿和车头，以及衣服上的一些细节等。

7.12.1 眉毛

眉毛的做法非常简单。我选择了眼睛上方眉骨上的三条边，创建副本并分离成新网格，然后挤出眉毛的形状和厚度，并稍微调节一下顶点的位置，然后添加一个厚度（Solidify）修改器，让其面板位于表面细分（Subdivision Surface）修改器之前，因为修改器的执行顺序很重要，要多留意。如果将厚度修改器添加到表面细分修改器之后，那么将会是一种结果。眉毛的最终效果如图 7.31 所示。

提示：对于这个细节，包括下面将要讲到的其他某些细节，你会体会到综合运用多个修改器非常有助于快速方便地做出你想要的效果。

图 7.31 Jim 的眉毛效果

7.12.2 通信耳机

通信耳机是基于耳朵的一部分网格创建而成的。当你需要制作与某物体相贴合的物体时，如这个物件，建议在前一个物体的部分网格基础上建模，因为这样可以让两个物件的几何形状很好地贴合在一起。只需选中耳朵上的可用来制作通信耳机的那部分面，然后创建副本并分离，这种操作方式我们已经用过多次了。对于这个新物体，只需建模并调整出通信耳机的形状，然后挤出、倒角，并在需要的时候综合运用之前学过的多种工具。天线是用两个圆柱体制作而成的，如图 7.32 所示。

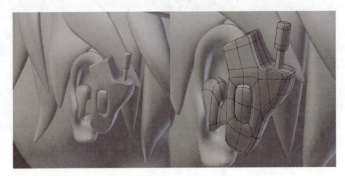

图 7.32　将通信耳机加到耳朵上

7.12.3　胸章

制作胸章时将用到另一种修改器——缩裹（Shrink Wrap），可以让你把一个物体投影到另一个物体的表面上去。只需添加该修改器，并单击目标（Target）框，从物体名称列表中选择你想要缩裹到哪个物体上。

在此之前，你可以先将那个造型简单的扁平胸章放到你想要投影的物体表面上，如胸前。适当调节缩裹修改器的选项，直到调节出符合预期的结果，然后再添加一个厚度（Solidify）修改器。这样做的好处是，如果你先去添加厚度，那么经过缩裹修改器的作用后会让厚度消失。但如果先执行缩裹投影，再添加厚度的话，这样的结果就完美了！

最后，只需添加一个表面细分（Subdivision Surface）修改器即可。可以看到，综合使用多个修改器来做出特定的效果是一种很有用的技能哦，如图 7.33 所示。

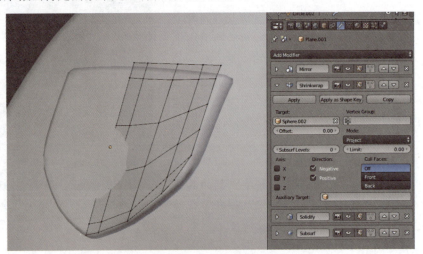

图 7.33　在制作胸章时，使用了多个修改器简化制作过程

7.12.4　牙齿和舌头

牙齿和舌头都是非常简单的模型，就是用两个带有厚度的曲面作为上牙和下牙，以及用

一个非常简单的形状作为舌头。从图 7.34 中可以看到它们的形状特点和基本的拓扑方案。图 7.34 中，上下牙的距离被临时调远，方便你观察后面的舌头。

根据目前学过的知识，你应该能够做出这样的模型了。尽管这些特征并不是太复杂，但这符合角色其他部位的风格。这样一来，当 Jim 张开嘴巴的时候，你会看到口腔里面的这些细节。制作这些模型的时候，你可能需要调节口腔内侧的形状，以免遮挡到牙齿，或是产生网格交叉的问题。

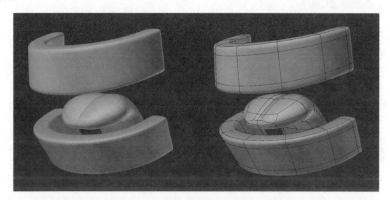

图 7.34　Jim 口中的牙齿和舌头模型

7.12.5　其他衣服细节

在参考图中，服装上面也有一些细节设定，可以参考眉毛的制作技法：复制并分离出衣服网格，然后调节上面的顶点，然后应用厚度修改器等。

图 7.35 中呈现的是 Jim 目前的样子，很帅气吧！

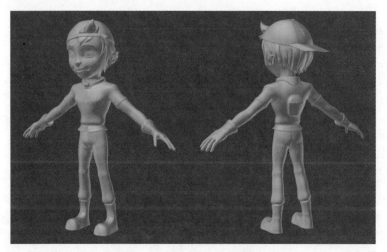

图 7.35　Jim 现在看上去很帅气哦！

7.13　总结

哇哦！这一章内容虽然很有挑战性，但如果你已经学到了这里，说明你已经学会了很多东西，而且现在也做出了自己的模型。你掌握了如何逐步创建角色的各个部位，而且应该也对 Blender 的建模工具有了更深入的了解。此外，如果你按照指示使用快捷键操作的话，那么你的效率就更高了。多边形建模的拓扑布线是很有讲究的，但如果你觉得这很有趣，那么就会有乐在其中之感。当然了，建模本身就会带来满满的成就感。

7.14 练习

1．继续添加更多的细节，如在帽子上加线，或者在衣服上加某些细节等。
2．说说看，为什么好的拓扑对于动画模型来说至关重要？列出几点做出好的拓扑方案要遵循的法则。

第四部分　展开、绘画、着色

第 8 章　Blender 中的展开与 UV

展开（Unwrapping）是动画流程中为 3D 角色添加纹理贴图的基础环节。如果不进行展开，那么贴图就会随机投影在模型的表面上。UV（平面空间中与 3D 空间中的 XYZ 类似的概念）是指一个三维网格上的顶点所对应的平面空间中的坐标。它们定义了平面贴图将如何投影在网格的表面上。不妨这样来理解：例如，我们要呈现地球的样貌，想象将地球表面展平成一张地图。这个将 3D 的形状转变到 2D 平面的过程就可以称为展开。

展开的操作看似有点奇特，这也是很多人不喜欢做的事，但这通常是由于他们对它的工作机理缺乏理解所致。有时候，它的确显得有些枯燥乏味，但如果你试着去提起对它的兴趣，那么展开也会是很有趣味性的一步！看着一切都得偿所愿会很有成就感哦。但要注意：你需要一点耐心。

所幸的是，Blender 提供了一些实用展开工具。另外，从其他软件转过来的人一般也会喜欢 Blender 里的展开操作方式（甚至在好莱坞的电影制作中，有越来越多的专业人士喜欢用 Blender 去展开 UV）。不过，鉴于 Blender 的整体设计，展开的方式会显得比较与众不同。因此，如果你之前一直在使用其他软件，那就先忘掉之前的操作方式，让思维放开一点吧！

8.1　展开与 UV 的工作原理

纹理贴图定义了模型表面的色彩，这里需要先了解一些知识：你的模型是三维的，但纹理贴图是平面的，那么你要怎样才能用一张平面贴图给三维的模型上色呢？答案就是用 UV。三维模型顶点需要 X、Y 和 Z 三个方向的坐标来确定位置，但在 Blender 中，从内在角度讲，它们也存在于 U 轴和 V 轴上，而 U 和 V 代表二维空间中的坐标轴，这就可以用来做投影了。在 UV/图像编辑器（UV/Image Editor）中，你可以读取及编辑那些 UV 数据，以便定义贴在 3D 模型上的投影方式。

展开（也叫"UV 映射（UV mapping）"）是调节物体 UV 的过程，为的是让贴图能够正确投影。如果看一下它的工作原理，或许会更容易理解。

你是否还记得儿时做过的那些手工练习？取一张平面纸，按照特定的方式剪切与折叠，最终会做出一个立体的方块。这个例子可以用来理解展开的概念，只是刚好反了过来：你有一个三维模型，用 UV/图像编辑器把它沿折线展平，然后转成一张平面图（此过程丝毫不会影响到 3D 模型本身，而是"悄悄"地完成）。此过程如图 8.1 所示。

可以看到，展开就像是一个将 3D 模型沿边线展开并转成一个平面网格的过程，你可以将一张图投影到这样一个网格上，这种投影将作用到 3D 模型本身。

第 8 章　Blender 中的展开与 UV　117

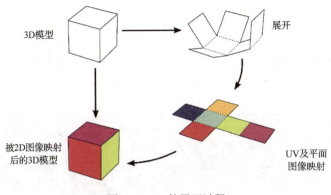

图 8.1　UV 的展开过程

8.2　Blender 中的展开方法

现在你理解了展开的工作原理，我们来探索一下 Blender 提供的展开工具如何用在基本的工作流程中。

要想在 Blender 中执行展开，首先要选中模型上想要展开的那部分，然后调出展开选项（稍后再详解）。当对选区执行了展开以后，会在 UV/图像编辑器中显示展开后的样子，你可以调整 UV，把它焊接到之前展开过的那部分 UV 上，或者放在你期望的贴图位置上。

需要注意的是，展开模型以后，你通常需要创建一个与该 UV 对应的纹理贴图。然而，有时候你可能要赶时间，并且只需要显示与图片的某一区域对应的 3D 模型的区域位置。本案例中，你可以将 UV 适配到给定的图片即可。

在下一节中，你将了解各种相关的工具及其使用方法。然后你会看到如何展开一个很基础的模型，以便理解展开的过程。

8.2.1　UV/图像编辑器

UV/图像编辑器（UV/Image Editor）是 Blender 界面的一部分，是可供查看和编辑 UV 的地方。它也可用于加载参考图。图 8.2 是 UV/图像编辑器的界面一览。

提示：在 UV/图像编辑器中加载一张图像的方法非常方便，你可以直接从硬盘上拖入一张图片。只要点选图片文件并把它拖放到 UV/图像编辑器中，Blender 就可以立即加载它了。

以下是 UV/图像编辑器中的一些主要功能。

- **界面**：这其实就是 Blender 中的一种编辑器。它有自己专用的工具栏和属性侧边栏，分别位于界面的左右两侧，中间是工作区，此外它也有一个包含了各种选项和按钮的标题栏。
- **2D 游标（2D Cursor）**：2D 编辑器中也有一个游标，类似于 3D 游标。你可以用它来对齐顶点或其他的 UV 元素。在工作区内单击鼠标左键并按 [Shift + S] 组合键，你可以看到可配合 2D 游标使用的吸附选项。
- **显示面板**：在属性侧边栏中，你会看到有个显示（Display）面板，你可以在那里自定义 UV 的显示方式。其中还包含了一个拉伸（Stretch）选项，可以根据 UV 映射图中的面与面之间的夹角或面积差来显示相对于 3D 模型的变形量，这非常适用于找出复杂的区域。如果面拉伸得非常剧烈（蓝色代表拉伸良好，蓝绿色代表一般，但要避免绿色和黄色出现），纹理看上去可能会有变形感，贴图在模型表面上会呈现出拉伸效果，让品质打折扣。

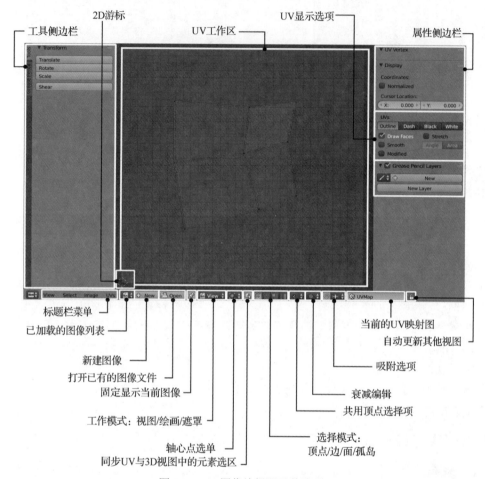

图8.2 UV/图像编辑器及其选项

标题栏上提供了很多选项，如下所示。

- **标题栏菜单**：包括视图（View）、选择（Select）、图像（Image），以及UV。UV菜单尤为重要，因为里面包含了几乎所有的展开工具。
- **图像加载选单、新建图像、打开已有图像**：你可以加载图像，也可以从下拉列表中选择已加载过的图像，还可以在Blender中新建一张图像（包括新建一张纯色图或UV栅格图，稍后会详细介绍）。
- **固定显示**：如果你单击图钉图标，那么当前显示的图像将会始终固定显示在其他所有选中的物体上。不过，当编辑UV的时候此功能无效，只有当图像显示在UV/图像编辑器中时才可用，因为编辑器只能显示你在编辑模式下操作的那个物体所使用的图像。此选项适用于想要在UV/图像编辑器中显示一张参考图的时候。

提示：在UV和参考图之间来回切换并不是一种理想的用户体验，而且也不高效。你无须在调整UV和浏览参考图像之间做取舍。在Blender中，你可以做到二者兼顾！将界面分出另一个编辑区窗口，同时开启两个 UV/图像编辑器即可。对于用来显示参考图的那个 UV/图像编辑器，记得单击标题栏上的图钉按钮。这样一来，无论你在其他 UV/图像编辑器中选择了什么图像，或者做了什么操作，都不会影响到当前的编辑器。它会始终显示那个图像。

- **工作模式**：在工作模式选单中，你可以选用视图（View）、绘制（Paint）或遮罩（Mask）这 3 种模式。视图模式是调节 UV、浏览图像时使用的常规模式。绘画模式可以让你直接在平面图像上进行绘画，就像在 3D 视图中的纹理绘制（Texture Painting）模式中那样（详见第 9 章）。遮罩模式是一种特殊的模式，你可以在这种模式下创建遮罩，随后可在节点合成器（Node Compositor）调用，用来特例一张图像的某个部分。
- **轴心点选单**：轴心点（Pivot Point）的工作方式与 3D 视图中一样。你可以选择一种轴心点类型，如作为元素的旋转或缩放中心。而这里的 2D 游标作用也是一样。就像在 3D 视图中那样，你可以按"."（句点）和","（逗号）键切换使用 2D 游标和选区中心点作为当前的轴心点类型。
- **同步 UV 与 3D 视图选区**：此工具用于同步显示 UV 选区与 3D 模型上的选区，有助于在复杂的模型上找出指定的顶点或面对应着 UV 图上的哪个位置。要注意的是，不建议一直使用此功能，因为它会限制使用某些展开选项。此模式对孤岛（见下段）选择无效。
- **选择模式**：在 UV/图像编辑器中，你可以在顶点（Vertex）、边（Edge）、面（Face）和孤岛（Island）这 4 种选择模式间切换使用（孤岛是指一组相连的面）。与 3D 视图中的操作类似，你也可以用[L]键快速选择一个孤岛。
- **共用顶点选择项**：共用顶点（Shared Vertex）是个很有趣的选项。在 UV 图中，Blender 会将各个面分别对待，但它能够视特定的条件让你选择顶点。例如，当 3D 模型上的顶点的 X、Y、Z 三向坐标值相同的时候。当禁用该选项后，并且你选中了某个顶点或某个面，那么它将会被单独移动，其他与之相连的顶点或面将显示在原位。如果它们在 UV/图像编辑器中重叠放置，那么共用位置（Shared Location）选项将把它们视作焊接在一起的 UV，但仅当它们在 3D 模型中共用同一位置的时候方才有效。共用顶点选项将会选择那些在 3D 模型上坐标相同的顶点，即使它们在 UV 图上被分开摆放。最好亲手体验一下这些功能才能更好地理解它们的作用。

提示：为了能够更好地理解共用顶点选项，你需要知道 Blender 是如何对待 UV 数据的。3D 网格上的顶点坐标值对应的是 X、Y、Z 三个轴向，而 UV 布局图中的顶点则对应了 U 和 V 两个轴向。二者区别在于，3D 网格上的面和面通常是相连的，而 UV 空间中的面可以不与相邻的面相连。从而可以对模型的不同部位使用不同的贴图内容，即使那些部位在 3D 模型上是彼此相连的。

- **比例化编辑与吸附选项**：在 UV/图像编辑器中，你也可以使用比例化编辑工具和吸附工具来操控 UV 元素。
- **当前 UV 映射图**：UV 映射图的命名很重要，因为在 Blender 中，一个物体可以包含多个 UV 映射图，可在创建复杂材质时独立使用，这样你就可以同时使用两张使用不同的 UV 布局的贴图了。默认名称是 UVMap，而且多数情况下你只需使用一档映射图就够了。但如果你想要创建其他的 UV 映射图，那么你可以在属性（Properties）编辑器的数据（Data）选项卡下找到 UV Maps（UV 映射图）面板。
- **自动更新其他视图**：标题栏上的最后一个图标是一个小锁头。启用该功能后，Blender

会在你编辑 UV 的时候同步更新模型上的 UV 预览结果（需在 3D 视图中启用纹理显示模式）。如果你的电脑又老又慢，那么建议把它关掉以节省系统资源（该选项默认开启）。

8.2.2　UV/图像编辑器的导览操作

UV/图像编辑器中的导览操作非常简单：鼠标中键用来平移，滚动滚轮或按[Ctrl + 鼠标中键]可缩放视图。左键单击某处可投放 2D 游标。除此之外，其他的控制方式 3D 视图中的方式完全相同：鼠标右键用于点选元素，按住鼠标右键并拖动可移动元素，G、R 和 S 可移动、旋转或缩放选区等。

此外，其他编辑器中某些特定的功能也可以在 UV/图像编辑器中使用，如隐藏（Hide）和取消隐藏（Unhide）功能（快捷键分别是[H]和[Alt + H]或按[Ctl + Tab]组合键在 4 种选择模式间切换等）。

8.2.3　访问展开菜单

Blender 提供了多种展开工具，可以在界面上找到。
- 在编辑模式下选中部分面（执行展开时，通常是针对面操作的），并按[U]键调出 UV 展开菜单。
- 标记缝合边（Mark Seam）是展开时使用的一个关键工具，可以在选中一条或多条边线后 Ctrl + E 菜单中找到（稍后会对此做详细介绍）。
- 在 3D 视图的工具侧边栏中，进入到着色/UV（Shading/UVs）选项卡。你可以在其中找到 UV 映射（UV Mapping）选项，以及缝合边（Seams）等相关选项。
- 在 3D 视图标题栏上，进入网格（Mesh）菜单，你也可以找到 UV Unwrap 子菜单。

8.2.4　UV 映射工具

图 8.3 中，你可以看到 UV 映射菜单（在 3D 视图中按[U]键调出），以及边菜单（Ctrl + E），其中可以找到标记缝合边（Mark Seam）与清除缝合边（Clear Seam）选项，它们是展开操作的基础选项。

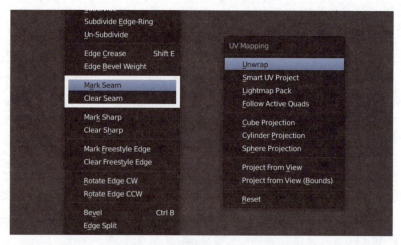

图 8.3　左图为边菜单（Ctrl + E），以及标记/清除缝合边选项；右图为 UV 展开菜单（U）

我们简要介绍一下这些 UV 映射工具的使用方法，以便让你有个大致的了解，有助于本章后续内容的学习。

- **标记/清除缝合边**：在边（Edges）菜单中，选择一条或多条边，按[Ctrl + E]组合键调出边菜单，并从中选择标记缝合边（Mark Seam）。标记后的缝合边在 3D 视图中显示为红色的轮廓线。要想清除缝合边标记，只需选择那些想要执行清除操作的边，并按[Ctrl + E]键，从中选择清除缝合边（Clear Seam）即可。
- **展开（Unwrap）**：这是 Blender 中的主要展开工具。按[U]键进入 UV 映射菜单并选用展开（Unwrap）即可。此工具其实就是将模型沿着边界和缝合边打开。如果缝合边定义得当，它一般可以做出理想的效果。
- **智能 UV 投影（Smart UV Project）**：此选项可以让你免去标记缝合边的步骤，适用于简单的物体。它将物体展开，并按照你在弹出菜单中设定的参数把它拆分成多个部分（如面夹角等）。
- **光照映射拼排（Lightmap Pack）**：此功能通常情况下不建议使用，除非你想用一种完全自动化的方式创建 UV。对于无需精确调节的复杂物体，或者那些想要用自动方法（如纹理烘焙，这是一种在两物体间传递细节信息的应用）指定贴图的物体来说会有用处。它会将每一个面都排布在 UV 图上，尽可能覆盖所有的图像像素。
- **跟随主控四边面（Follow Active Quads）**：此功能会生成横平竖直的 UV 图（也就是说所有的元素都对齐到水平或竖直方向上），但它只适用于小选区。就像名字中描述的那样，它对于那些非四边面并不起作用，如三角面，会被它直接忽略。
- **块面投影（Cube Projection）/柱面投影（Cylinder Projection）/球面投影（Sphere Projection）**：这些都是非常基本的工具，但有时候可以派上用场。要注意的是，这些投影算法会使用物体的轴心点和当前的操作视角。应用以后，你可以在操作项（Operators）面板中找到调节选项，可以调节最终效果。
- **视角投影（Project from View）**：这个选项很有趣，因为它会将选中的面按照你在 3D 视图中看到的样子在 UV/图像编辑器中展开。当然，操作视角是关键，也会保留透视感。如果你选择视角投影（按边界）（Project from View（Bounds）），那么它会将最终的 UV 缩放至达到 UV 空间边界处的大小（最大化利用 UV 空间）。
- **重置（Reset）**：此选项将所有选中的面转化成其原本的状态，每个面都会占据整个 UV 空间。

提示：要想更好地理解这些展开工具，建议都亲手试一试，看看它们的作用效果。其中某些工具会比其他更有效，而且仅凭上述介绍也很难完全理解它们的作用。不只是展开，学习知识的过程又何尝不是如此呢？反复尝试才能受益良多！

8.2.5 定义缝合边

缝合边是为展开操作而定义的"边界线"。还记得图 8.1 中的那个立方体吗？当它被展开的时候，那些黑色的实线就是缝合边。你也可以把它想象成衣服上的缝线。在一件衬衫尚未制作完成前，它仅仅是一些扁平的布料，经过后来的缝合工序，把那些工具缝合起来，形成了一件立体的服装。在三维世界中，最常用的展开方法就是使用缝合边。首先，在 3D 模型上定义缝合边的位置，然后再沿着那些缝合边把 UV 图展开。

要注意避免使用那些没有必要的缝合边。缝合边通常会放在相对不显眼的地方，这样做的原因是，当你应用一张贴图时，在贴图上的缝合处会看到一条"切割线"，正是由于那里有缝合边的缘故。这种现象出现在 UV 的边界处，也就是说，即使你的贴图内容是连贯无切线的，缝合线两侧的贴图尺寸也未必会完全一样，进而导致图像的分辨率沿缝合边发生了变化。

在 UV 中，模型的多边形面的尺寸越大，需要用到的图像像素就越多。这样才能让 3D 模型上的贴图看上去足够清晰。关键是要知道模型上的哪个部分需要更多的贴图表现细节，从而需要占用更多的 UV 空间。

在图 8.4 中，你可以看到缝合边的作用结果，以及 UV 的尺寸是如何能够影响到投影后的贴图。尽管 3D 场景中的平面物体（右图）上的两个半边大小相同，但左半边所占用的像素相对更少，这就造成了一部分 UV（左图）看上去更小。

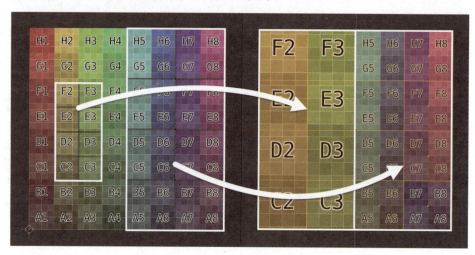

图 8.4　图像上的 UV（左图）；它们对模型贴图映射的分辨率的影响（右图）

8.3　展开前要考虑的事情

需要注意的是，并非 Jim 身上的所有物体都有相同的属性，你需要在开始做 UV 映射之前考虑某些方面的事情。以下列举了一些你需要注意的地方。

- **不需要展开 UV 的网格**：如果一个物体表面各处的材质没有变化（现实世界中的材质通常不会这样），那就没必要展开了。展开是为了定义图像在模型表面上的投影方式。但如果你只用了一种颜色的话，那么一个不带贴图的材质就够用了。Jim 的头发就是个例子。
- **带修改器的网格**：角色上某些元件的网格可能使用了修改器。当网格使用了那些让几何数据发生改变的修改器时，它们也会影响到 UV。我们就以 Jim 的胸章为例吧。它们使用了厚度修改器来做出模型的厚度。由于 UV 仅对原始网格有效，因此由修改器生成的多边形面将不会像你所期望的那样显示贴图。对于厚度修改器来说，表现"厚度"的那些多边形面将显示为正面贴图边界处的颜色，而背面则显示为与正面相同的贴图（这对于本案例来说并不重要，因为背面是看不见的）。在这些情况下，你必须确定是否要在继续对全部网格执行展开之前应用修改器。这要视你对细节的标准而定，以及你想要让纹理精确地显示在哪里。

- **镜像网格**：镜像是一种修改器，但当结合 UV 的时候，它就显得尤为重要了。如果你要处理 UV，并且使用了镜像修改器，那么镜像后的网格将与你之前展开过的网格共用相同的 UV。有时候，你可能希望对物体应用非对称的贴图，这时候，你需要在展开 UV 之前应用镜像修改器。除此之外，镜像贴图的效果还是比较理想的，这意味着两件事。第一，你只需要展开半边物体，第二，更加节省贴图空间。此外，还有一种情况就是，你可能需要对不对称的网格形状应用对称贴图。如果是这样，你就需要先在形状对称时执行 UV 展开操作，最后应用镜像修改器。然后再对物体网格进行编辑。这样一来，你的 UV 是镜像的，而形状是不对称的（只有形状是不对称的，但双侧网格的拓扑结构应该是相同的）。在下一小节里，我们通过 Jim 的面部和夹克衫网格来更好地理解这种操作。

提示：一般来讲，你要先确定是先展开 UV 再调整模型更高效，还是先应用修改器后再展开 UV 更高效。这取决于你的模型、你想要实现的效果，以及自己认为更有效率的方法。

8.4 在 Blender 中编辑 UV

在本节中，你将逐步了解如何为 Jim 的头部展开 UV，你将了解如何使用基础的展开工具。然后，经过了基本介绍后，你将自己动手为角色的其余部件展开 UV。这里，你不需要对面部应用镜像贴图，因此你需要一次性展开完整的面部 UV。首先应当选中面部并在物体模式下应用镜像修改器。

8.4.1 标记缝合边

UV 展开的第一步就是标记缝合边，让 Blender 知道你想要在哪里展开 UV。在编辑模式（按[Tab]键切换）下，选中图 8.5 中所示的那些边线。可以分几次去标记它们。你可以先在这里标记一下，然后转到别的地方标记余下的。标记缝合边的方法是按[Ctrl + E]组合键进入边（Edge）菜单，并从中点选标记缝合边（Mark Seam）。

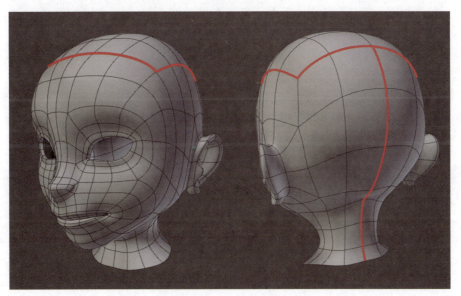

图 8.5　Jim 头部的缝合边位置（用红色表示）

注意被选为 UV 缝合边的那些边线是如何选在相对不太显眼的地方。它们分布在头的后面和侧面，以及前额上方，那里几乎会被头发遮住。头顶那里选出的一段闭合式缝合边，那里将成为一个 UV 孤岛。毕竟，那里始终会被 Jim 的帽子遮挡住，所以无须过于在意那里的细节。这样一来，就可以为需要占用更多贴图分辨率的区域分配更多的 UV 空间了。

另外，嘴唇内部还有一条循环缝合边，图中并没有表示出来。这样一来，在 UV 映射图上，口腔内侧的网格就与外侧面部的网格分离开了。记住，你可以使用 Alt +鼠标右键组合键选中循环边。

提示：对于标记循环边，有一个非常有用的选择方法，那就是最短路径（Shortest Path）选项。当你需要选中连成一行的边线时，可选中一条并按[Ctrl + 鼠标右键]组合键点选另外一条边，然后，连接你所选中的这两条边的所有边线都会被选中，这大大方便了对长边的选择。你可以连续多次单击[Ctrl + 鼠标右键]组合键，直到选中所有想要选中的循环边为止。此方法同样适用于顶点选择模式。

为了进一步提高效率，可进入 3D 视口工具侧边栏的选项（Options）选项卡，然后从边选择模式（Edge Select Mode）列表中选用标记缝合边（Tag Seam）。这样一来，当你使用前文提到过的最短路径选择法去选择边时，被选中的边会被自动标记为缝合边。标记结束后，记得把选项切换回去哦（默认模式为选择（Select））。

8.4.2 创建与显示 UV 测试栅格图

现在你已经可以开始展开 UV 了，但你可以创建一张 UV 测试栅格图，便于在展开前看到贴图贴在面上的样子。通过使用测试栅格图，你可以看到图像是如何借助 UV 奇妙地投射到 3D 模型上的。

UV 测试栅格图的作用就是测试网格 UV 展开的是否理想。它是一张铺满栅格的图像。当他投射到 3D 模型上时，可以让你获知很多信息。栅格的尺寸会让你知道物体上的哪个区域使用了较多的贴图空间（栅格越小，则对应区域所覆盖的贴图分辨率就越高）。通过使用测试栅格图，你可以调节物体各个部分的尺寸，让它们的尺寸大致统一。对于需要表现更多细节的区域，你可以使用较小的栅格。此外，栅格的变形情况也是很有用的信息。如果你发现栅格图上的某个地方产生了形变，那么可以尝试通过调节 UV 来修复。通过使用 UV 测试栅格图，你还可以找到缝合边的位置，并观察那里的接合度如何，或者说它们是否几乎不会被觉察到。

UV 测试栅格图既可以显示为色块样式，也可以显示为字幕加数字样式。此功能可以让你知道 UV 的哪个部分被显示在模型的特定部位上。通过颜色、数字或字母进行标识。

8.4.3 新建一张 UV 栅格贴图

Blender 可以为你生成两种 UV 测试栅格图，供你在自己的模型上做测试。要想创建它们，只需在 UV/图像编辑器（UV/Image Editor）的标题栏上单击新建图像（New Image）即可。你也可以单击图像（Image）菜单，从中点选新建图像（New Image），或者按快捷键[Alt + N]。

在图 8.6 中，你可以看到随后弹出的新建图像菜单，你可以选择创建单色图像或者 UV 栅格图。你可以设置图像名称（默认名为 Untitled）、分辨率及颜色。颜色选项仅当你在生成类型（Generated Type）当中选用单色图（Blank）时可用。如果你在生成类型中选择某一种栅格图，则会忽略对颜色的设定。

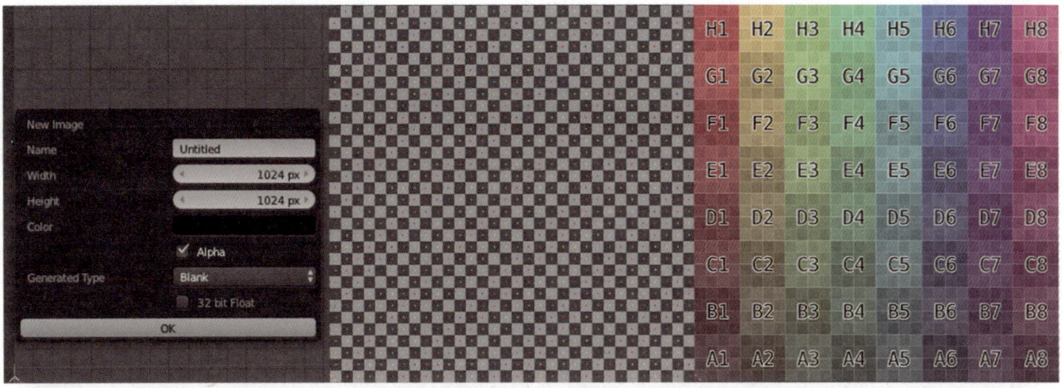

图 8.6 在 Blender 中生成一张贴图，左图是新建图像菜单，中图是 UV 栅格图，右图是彩色栅格图

选择完成后，单击 OK 即可生成图像。你可以在标题栏上修改其名称，并在图像菜单中将其保存。如果你打开属性侧边栏（快捷键是[N]），在图像（Image）面板中，你也可以将其重命名并调节其他的参数。由于该图像是由 Blender 生成的，你甚至可以在创建完以后更改其类型，也可以在 UV 栅格图或彩色栅格图之间切换（当然，也可以切换成单色图）。

8.4.4　在模型上显示 UV 栅格图

3D 窗口中 3D 模型上图像的显示效果取决于你所使用的渲染引擎。我们来看如何分别在 Blender Render 渲染引擎和 Cycles 渲染引擎中让图像显示出来。

两种渲染引擎都可以让你通过使用材质，并且将 3D 视图的显示模式切换到 Textured。但在 Blender Render 引擎下，有一种方法可以在不创建材质的情况下也能显示贴图，但需要你的网格上已经存在的 UV 数据。

转到 UV/图像编辑器（UV/Image Editor），并在显示 UV 映射图的时候加载图像。这张图像称为纹理面（Texture Face），也就是"应用"给 UV 贴图的纹理图。现在，在 3D 视图中，你甚至可以在实体（Solid）显示模式下看到贴图。打开属性侧边栏（N），在着色（Shading）面板中，勾选实色纹理（Textured Solid）选项即可。

在 Cycles 引擎中，有一种更好的方法使用材质实现。在属性编辑器（Properties Editor）的材质（Material）选项卡新建一个材质并命名，如"uv_test_mat"。这样就在场景中创建了一个专门用于测试 UV 的材质。在材质选项中，找到颜色（Color）参数（若找不到，请先单击使用节点（Use Nodes）按钮）。单击选色条右侧的带有一个小点的按钮，并从列表中选择图像纹理（Image Texture）。在下拉列表中，选择你刚才创建的那个 UV 测试栅格图。现在转到 3D 视图中，并使用纹理（Textured）或材质（Display）显示模式查看 UV 测试栅格图的效果。

8.4.5　展开 Jim 的面部 UV

展开 Jim 面部的 UV 很简单。选中 Jim 的面部网格，然后进入编辑模式（Tab），选中所有的面（A）。按[U]键并选择第一项 Unwrap。展开效果如图 8.7 所示。

模型展开完成后，你可以看到 UV 的展开效果，面部被完全展平了。你会看到另外的两个孤岛：头的顶部和口腔内部，正如之前用缝合边划分的那样。另外，脑后的那条缝合边将面部展开。

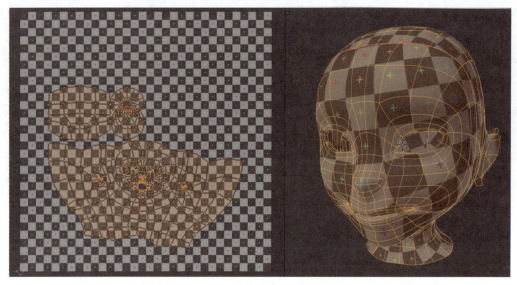

图 8.7 展开 Jim 面部的 UV 后，你会在 UV/图像编辑器（左图）中看到 UV 图。
UV 测试网格看上去分布得比较均匀（右图）

当你在 UV/图像编辑器中使用一张 UV 栅格图或其他图像的时候，很难观察到精确的 UV 结果。当在 UV/图像编辑器中加载一张图像时，在标题栏的右侧会看到 3 个小按钮：两个按钮用来控制图像的监视，而第三个按钮用来显示当前 UV 贴图的 Alpha 通道即图像透明度。当图像没有 Alpha 通道时会显示为白色，便于你更好地观察 UV。此外，在编辑器的属性侧边栏中也有其他更改 UV 显示方式的选项。

提示：值得一提的是，UV/图像编辑器只会显示你在 3D 视图中选中的那部分网格的 UV，并且只有在编辑模式下才能显示。这对于之前用过其他软件的人来说可能会有点不知所措，毕竟在多数软件里，你是随时可以看到 UV 的。如果启用了让 3D 视图和 UV 视图中的选择内容同步的选项，那么就可以看到完整的 UV。不过，如果你想要在不开启同步的时候看到完整的 UV，只需在 3D 视图中按[A]键全选所有的网格面即可。

8.4.6 实时展开

实时展开（Live Unwrap）是非常棒的工具。它可以让你固定顶点的位置，并移动它们的位置来实时调节展开效果。用这种方式，你可以很快速地调节所有的 UV，而无须一次次地展开并根据每次的结果调节各个顶点的位置。

在 UV/图像编辑器中，进入标题栏上的 UVs 菜单，并勾选实时展开（Live Unwrap）选项。要想将想要固定位置的顶点钉住，按[P]键即可。请注意，至少需要钉住两个顶点才行。钉住顶点后，这些顶点可以是参照点，或是网格上的角点。只需移动它们的位置（被钉住的顶点显示为红色），你就会看到整个 UV 会相应地调整布局以适应那些顶点位置的变动。在这种模式下，仅可移动被钉住的顶点。如果你移动了其他的任何顶点，那么当你移动一个被钉住的点时，其余的活动顶点的位置会被重置。只有被钉住的顶点的位置才会在实时展开期间固定不变。

对展开的结果满意后，你可以按[Alt + P]组合键取消被钉住的顶点的钉固状态。然后，确保在进行进一步的 UV 调整之前退出实时展开模式。

8.4.7 调节 UV

当然，你可以调节 UV 上的任何顶点，以便让 3D 模型上的贴图效果如你所愿，你会在 3D 模型上的 UV 测试栅格图上实时看到调节的结果。

别忘了你还可以使用比例化编辑（Proportional Editing）工具对一组顶点进行细致的调节，也可以移动、旋转及缩放它们。试着去调节与面部对应的那部分栅格，让那里的方块比脑后的显得更小，这有助于优化贴图的尺寸，让面部显示更多的细节，那里正是要重点关注的部位。

此外，UV 里也有对齐工具。建议去试试标题栏上的 UVs 菜单中的那些选项——说不定你会找到一些有趣的选项哦（按[W]键找到对齐（Align）和 Weld（焊接）选项）。此外，当你使用工具的时候，你可能需要在确定之前调节它的效果，那么标题栏上会显示对应工具的指导信息，以及当前的参数，因此要时刻留意标题栏哦！

另外，你也可以使用吸附（Snap）工具，这是很实用的工具如在你想要将某个顶点对齐到另一个顶点上的时候。

8.4.8 拆分与连接 UV

Blender 提供了一种与众不同的方式来实现 UV 各个部分间的拆分和连接，一旦你掌握了用法，它会成为一个利器。

1. 拆分 UV

拆分 UV 最快速的方法是使用选中后分离（Select Split）工具。选中你想要拆分的面，按[Y]键，即可将它们分离出来，你可以逐个单独移动。你也可以在标题栏上的选择（Select）菜单中找到该工具。

之前我们说过，Blender 只会显示在 3D 视图中选中的那些网格面的 UV。但有一点值得注意：当你在 3D 视图中只选中一个面（或一组面）并在 UV 窗口中移动所选面的时候，你只会改变可以看到的那部分 UV，当你这样做的时候，它们会从当前未显示的那部分 UV 面上分离出来。

另一种拆分 UV 的方法是再次单独展开你想要分离的那部分面。在 3D 模型上选中它们，然后执行展开，即可将它们分离。

还有一种拆分 UV 的方法就是利用 Blender 的隐藏（Hide）和取消隐藏（Unhide）功能（快捷键分别是[H]、[Shift+H]和[Alt + H]），它们在 UV/图像编辑器中也可以用。选中你想要分离的那部分面。按[Shift+H]组合键将未被选中的面隐藏，然后移动选中的面。按[Alt + H]组合键重新显示隐藏的面，你会发现所有被移动的面都被分离了出来。

2. 连接 UV

有时候，一个复杂的网格范围可以被更轻松地展开成多个部分，然后再连接起来，这样可以尽可能避免形变。

Blender 有一条准则：只有在 3D 网格上焊接在一起的顶点才能在 UV 上焊接在一起。这意味着你可以将两个顶点吸附或焊接在同一个点上（焊接（Weld）选项位于 W 菜单中），但它们并不会真正合并为一个顶点。因此，当你移动它们的时候，你只是在移动其中的某一个顶点而已。

即便如此，要想在 UV 上合并原本在 3D 模型上就焊接在一起的顶点，只需把它们焊接到同一个点上，或者吸附到另一个顶点上即可。

使用 UV 视图与 3D 视图的同步（Sync）选择模式可以找出相邻的顶点，使用这种方法时，如果你在 3D 视图中选中了网格的某个顶点，那么就会在多个 UV 孤岛上显示出共享的顶点。另一个选项是临时启用共享点（Shared Vertex）选项，查看哪些顶点在 3D 模型上共享了相同的位置。

缝合（Stitch）是另一个用来连接 UV 的利器。你可以在标题栏上的 UVs 菜单中找到它，它的快捷键是[V]。选中某个 UV 孤岛边界上的某些顶点并按[V]键，会在 UV 上预览到适合与那些顶点接合的其他顶点。如果你对预览结果满意，单击鼠标左键即可应用结果，如果不满意，可单击鼠标右键撤销缝合操作。

8.4.9 完成后的面部 UV 效果

如图 8.8 所示，你可以看到经过调整后头部的 UV 效果。UV 对齐得很好，头顶和口腔内部现在所占的贴图空间减少了，而面部则被放大了，也会有更多的细节。耳朵从主体上分离出去后可以充分利用头部以外的 UV 空间，但也不是非要这样。

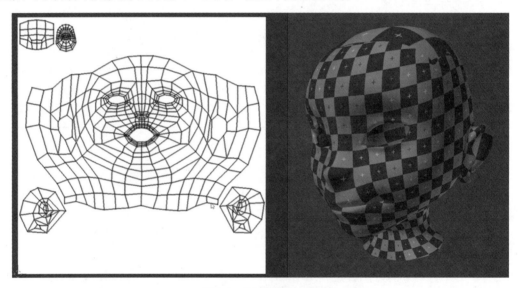

图 8.8　Jim 面部的 UV

8.5　为角色的其余部分展开 UV

展开角色其余部分的过程很简单。我们大致解释一下这个过程里最重要的部分，便于你理解预期效果。图 8.9 中是我们想要在本节里执行的展开对象：手套、靴子、裤子、夹克、帽子，以及颈部细节。

其中多数部分的展开过程是很快捷的。整个过程大概用了 20 分钟。以裤子为例，它只需要在裤子内侧标记一条缝合线即可，就像现实里的裤子一样，展开的结果也比较理想。值得注意的是镜像修改器也发挥了作用。

手部的缝合线是沿手掌边界标记的。一直延伸到手指的底部。最终的 UV 是使用实时展开（Live Unwrap）工具调节的，尤其是手背那里的孤岛，它包含了手指的侧面，因此有点呈球状。

提示：图 8.9 中只有一只手，原因在于我们在上一章里只建了一只手，而且并没有对它应用镜像修改器。相反，我们创建了一个副本并且镜像复制了它，当时是为了让你预览到两只手都做好时的效果，不过最好还是先展开 UV，然后再创建副本，这样就无须对每只手单独展开 UV 了。

图 8.9　需要执行 UV 展开操作的网格，红色线条为缝合线的位置

帽子上的展开方式基本上没什么特别的，并没有标记任何缝合边——只需要选中所有的面，然后直接展开就行了！

颈部网格的展开也很简单。只需要在颈部内侧底部标记一圈缝合线，就可以让 Blender 把它按适当的方式展开了。

夹克的展开有点复杂：首先，先把它展成三块——身体、双臂和下摆。然后，在使用实时展开和比例化编辑工具调节了 UV 之后，将手臂接到夹克的侧面，先使用缝合（Stitch）工具，然后吸附并移动某些顶点。目的是为了让肩膀没有接缝，因为夹克的垫肩会被上色，如果在中间有道缝的话就不怎么好看了。

如果你想看它的 UV 贴图是什么样的，那么可以在下一节"拼排 UV"里去看。现在，每个 UV 孤岛都完全占满了工作空间，如果同时把它们显示出来肯定会是一团乱麻。这就是为什么说拼排很重要了！

8.6　拼排 UV

在展开物体后，你要对它们进行"拼排"，也就是将所有的 UV 都放到同一个工作空间内，而且互不重叠。排布的目的是为了让角色的所有部分都使用同一张图像，而不是让每个部分各使用一张图像。这样一来，每个部分只会占用 UV 贴图的一部分空间。

图 8.10 为最终的 UV 拼排效果，这就是我们想要在本节中实现的效果。

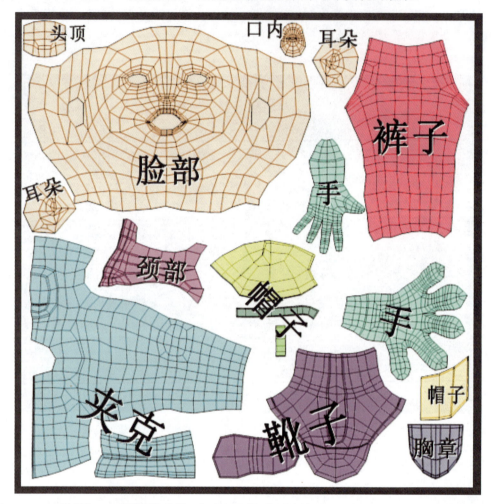

图 8.10　Jim 模型的 UV 拼排后的效果（各个部分用不同的颜色表示，你可以看到它们的分布方式）

所有的物体 UV 都放到了同一个工作空间内，角色可以使用一张贴图了。如图 8.10 所示，面部所占的贴图空间最大。物体各部分之间还有一些空间：你可以多花点时间去填满所有的贴图空间，尽可能多地利用每一寸贴图，但通常也应该在 UV 孤岛之间留有少量的空间，以便在绘制贴图时预留出出血（Bleeding），否则你会看到边缝处旁边未被画上的地方。

拼排 UV 的方式有多种，我们来探讨其中几种最常用的方法。

拼排 UV 最简单的方式就是把所有的部件都放到同一个网格中，这样就可以把它们分成孤岛，非常方便地在同一个纹理空间移动、旋转及缩放，这是可行的。例如，对于并没有应用修改器（如镜像或厚度修改器）且包含大量物件的模型来说。否则，你将在此过程中失去修改器的作用。如果没有应用任何修改器，那么你可以选中所有的物体后按 [Ctrl + J] 组合键把它们合并为一个网格，然后再去拼排它们的 UV。拼排完以后，你可以将 UV 导出（方法详见第 9 章 "绘制纹理"），如有需要可把网格再次分离。

这种方法的弊端在于，当你合并后再分开的时候，你会失去它们原有的原点（轴心点），并且它们的原点位置都会变成与目标合并网格原点相同的位置。在第 11 章"角色装配"里，你将学习如何更改物体原点的位置。

提示：当把多个物体合并成一个物体时，Blender 还提供了拼排 UV 的专用工具。孤岛比例平均化（Average Islands Scale）和拼排孤岛（Pack Islands）。孤岛比例平均化（Ctrl + A）能够对已选中的孤岛进行缩放，让孤岛间的相对比例与 3D 模型上的比例相仿。拼排孤岛（Ctrl + P）将自动缩放并拼排选中的孤岛，让它们尽可能多地利用 UV 空间。

另一种拼排方式是使用 Blender 的一个特性，能够让你在 UV/图像编辑器中看到其他网格的 UV，尽管你在编辑模式下只能编辑主控物体的 UV。用法如下。

（1）按 [Shift + 鼠标右键] 组合键选中多个物体。最后被选中的物体即为主控物体。
（2）在编辑模式下，调节 UV。
（3）在 UV/图像编辑器的标题栏上的视图（View）菜单里勾选显示其他物体（Draw Other Objects）。尽管你只能编辑主控物体的 UV，但也会显示其他被一同选中物体的 UV。

在所选物体间切换主控物体的快速方法是按 [Tab] 键退出编辑模式，并结合 [Shift] 键和鼠标右键单击其他你想调节的物体。再次进入编辑模式，那么这个被调节的物体就成了新的主控物体，并且也保持原来的物体选区不变。当你的物体由于包含修改器而无法合并的时候，

这或许就是人们用得最多的 UV 拼排方法。这也是我在拼排 Jim 的 UV 时所用的方法。

提示：如果你正在编辑模式下编辑 UV，并且想要在当前工作区内看到另一个物体的 UV，你可以在不退出编辑模式的情况下按 [Ctrl] 键并用鼠标左键单击另一个物体即可。这样就能将该物体添加到选区，让它的 UV 在当前的 UV/图像编辑器中显示出来，前提是已开启了显示其他物体选项。

8.7 总结

现在你已经对 Jim 进行了适当的 UV 展开，下一步就可以为他指定贴图了！你可能已经发现了，展开 UV 需要很多技巧和耐心。不过，这是创建高品质角色的必经之路，因为你需要定义贴图在模型上的映射方式，并且使用最有效的方法。这对于视频游戏而言尤为重要，因为视频游戏对实时运行的流畅度要求较高，因此对于网格（包括贴图）的优化要求也很高。某些软件的 UV 展开工具自动化程度很高，对于某些特定的情况来说非常方便，但通常情况下你都免不了要对 UV 的映射方式进行手动控制，便于后面为角色的贴图上色。

8.8 练习

1. 展开一个立方体，并为它指定一张贴图，这会帮你理解 UV 的工作机理。
2. 对任意模型添加一张图片（也可以是 Jim 的面部），并试着展开它，并且尽量让缝合边位于不显眼的地方，同时确保贴图不会变形。
3. 展开一个物体并拼排它的 UV，让它充分利用贴图的空间。

第 9 章 绘 制 纹 理

纹理就是指为用于为模型上色（或定义物体的其他参数，如反射度或光泽度）的图像。你已经展开了 Jim 身上那些需要指定纹理图的部件，现在就可以利用那些 UV 来绘制一张纹理图了，让角色的效果离项目的预期结果更进一步。纹理图通常是在如 Photoshop、Gimp、Krita 等平面软件中制作的，对于它们的详细介绍不在本书涵盖的范畴内，本章只会简要讲解 Blender 中的工作流程及纹理绘制步骤。

9.1 主要流程

在 3D 模型上绘制纹理有两种流程：

- **先绘制纹理，后展开 UV**：有时候，根据实际需要，"先制作出纹理图，然后再根据纹理图展开 UV"的程序会更便利。在这个例子里，显然你需要在展开 UV 之前先做好纹理图。一个典型的例子就是制作木地板，你可能已经有了一张木材照片，要把它贴到模型上，你只需要加载图片然后根据它来摆放 UV，让照片中的木材贴合模型表面的尺寸与方位。
- **先展开 UV，后绘制纹理**：这种流程常用于角色或者复杂的物体，因为这样可以做出专用于该模型的纹理图。先展开模型，然后将 UV 布局图导出为一张图像，作为做绘制及调整纹理图的参考图。这种方法将用于为 Jim 赋贴图。

第二种流程在上一章中曾经介绍过，但现在要讲的也值得一看，它会让你耳目一新。

9.2 在 Blender 中绘画

没错，你可以直接在 Blender 中的 3D 模型上画纹理！在 3D 视图标题栏上的模式选择菜单中，选用纹理绘制（Texture Paint）模式，并且在工具侧边栏（按[T]键展开）中，你会看到有很多与绘画相关的选项，以及可供使用的画笔样式。

9.2.1 纹理绘制模式

在正式开始绘画之前（因为还需要几个步骤），我们先来大致了解一下纹理绘制模式的工作方式。如图 9.1 所示，你可以看到 3D 视图的主界面及工具栏的大致变化。现在鼠标指针变成了圆圈状，代表一支"画笔"，而工具侧边栏上的选项也与其他模式中的选项迥然不同。

有多种工具供你选用（尽管名义上叫工具，实质上是画笔）。例如，绘画（Brush）、克隆（Clone）、Smear（涂抹）、柔化（Soften，类似于模糊）等。通过调节多种选项，你可以调节画笔的范围和强度（不透明度）、纹理、轮廓曲线，或者你可以使用平滑笔触（Smooth Stroke）特性。你还可以创建自己的工具预设，方便快速使用。当然，你也可以随意选用画笔的颜色。

第 9 章 绘制纹理 133

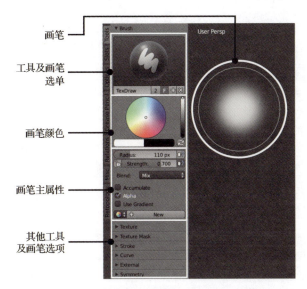

图 9.1 纹理绘制模式及其工具侧边栏中的相应选项

关于笔刷的范围和强度，值得注意的是，你可以在 3D 视图中按[F]键然后移动鼠标来更改这些数值（你会看到调整后的画笔范围预览），单击鼠标左键即可确定使用该范围值。调节画笔强度值的方法是按[Shift + F]组合键后移动鼠标，再单击鼠标左键确认。

在第 8 章中，你了解了很多关于 UV/图像编辑器的知识。那里的标题栏上有一个可以切换视图（View）、绘画（Paint）和遮罩（Mask）模式的选单。如果你将模式切换为绘画（Paint），那么你也可以在平面图像上绘画。

需要注意的是，在 3D 视图中，你只能在被选中的那个物体上绘画，如果有多个物体被同时选中，那么也只能在主控物体上绘画（通常是被最后选中的那个物体）。如果想在多个物体上绘画，请切换到物体模式，选中其他物体后再切换回纹理绘制模式即可。

9.2.2 准备绘画

在开始绘画前，要清楚以下两点：
- 你要进行绘画的物体必须已经展过 UV，否则就无法在它上面绘画，即使可以，结果也会很怪异。
- 物体至少被指定过一张贴图并且/或者一个材质。

在最新的 Blender 版本中，开始绘画的工作流有了显著的改进，如果这两个条件都不满足，那么 Blender 提供了可以让你迅速创建 UV、图像或材质的选项。在下一节中，我会介绍这种方法。

如果你已经跟着上一章的步骤做了，那么 Jim 身上需要贴图的部件已经应用了一个材质，并且显示的是 UV 测试栅格图。当你展完 UV 后，可以转到纹理（Texture）属性侧边栏，将贴图类型从 UV 测试栅格图（UV Texture Grid）切换为空白图像（Blank Image）。你还可以为这些纹理图重命名，如改成"texture_base"。另外，考虑到分辨率方面的需要，至少使用 2048×2048 像素的图像。现在，你便有了一张可供绘画的"画布"。

提示：在 UV/图像编辑器的属性栏（[N]键展开）中，当你将图像从 UV 测试栅格图改为空白图时，你可以在那里定义它的颜色。如果你想在上面绘画，那么通常建议选用白色。你也可以使用填充（Fill）工具单击网格表面，将整个网格都填充为单一颜色，其余未被网格UV覆盖的地方依然是原色。在UV/图像编辑器中使用填充（Fill）工具时，也可以对未被UV覆盖的区域进行填充，而在3D视口中进行绘画时则无法填充这些区域。

目前，Blender里尚没有单色填充工具。因此，建议你先新建一张空白图，然后指定一种颜色作为画布的底色。

设置完成后，你就可以开始绘画了！和平时一样，摄像机视角可以随意摆放，进入纹理绘制模式后，如果你在之前选中的物体上单击并拖动鼠标，就会看到笔触已经被画了出来。如果你是在UV/图像编辑器中的绘制模式下，那么你也可以在那里进行绘画。

分辨率

纹理图分辨率应该选用正方形，且边长为2的幂次方（如8×8、16×16、32×32、64×64、128×128、256×256、512×512、1024×1024、2048×2048、4096×4096等）。理由是这些分辨率会比随机的尺寸好很多，之所以叫"2的幂次方"，是因为每一级数字都等于前一级数字的2次方，因为你始终可以缩放它的尺寸，但如果是放大，则意味着会丢失细节，而且模型看上去也会有失真感。你使用的最终尺寸取决于模型本身的细节量。如果它是个高精度模型，并且在某些镜头里只出现在很远处，那么使用高分辨率的纹理图则不会带来视觉上的差异，而且会消耗计算机的运算性能。创建完纹理图后，最好能多做几种尺寸出来，以便根据物体距离摄像机的远近来适当调用。

9.2.3 绘画的条件

之前提到过，在最近的版本中，Blender集成了一套经过改进的纹理绘制工作流。这些改进包括在纹理绘制（Texture Paint）模式下的新增选项，专门面向被选中物体不具备绘画条件的情况（见图9.2）。

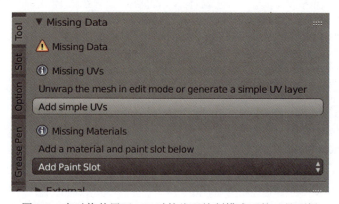

图9.2 未对物体展开UV时的纹理绘制模式下的工具面板

- Blender会检测物体是否包含UV数据。如果不包含，那么Blender会在工具栏面板中显示"缺少UV"（Missing UVs）的信息，并引导你在绘画前对物体进行UV展开操作。此外，你可以看到一个按钮，可以自动快速创建简单的UV。这样的UV并不会十分理想，但有的时候，用来做快速测试或者对简单的物体而言是足够的。
- Blender会检测物体是否包含可供绘画的图像或材质。如果不包含，那么Blender会为你提供快速创建绘画槽并开始绘画的选项。我们将在本章后文中介绍。

如果当前的主控物体已经包含了 UV，以及可供绘画的图像或材质，那么工具栏中就会出现绘画工具。否则，Blender 会提供若干选项帮助你解决问题，尽快投入到绘画创作当中。

9.2.4 绘画槽

在第 10 章"材质与着色器"中，你将会处理物体上的多张贴图，每张贴图都会使用一个槽。纹理绘制模式下的工具栏中提供了一个新的槽（Slots）选项卡，其中包含了若干选项，可以让你指定你想绘画的贴图。在菜单的顶部是其中的两个最重要的选项：

- **材质（Material）**：当绘画模式（Painting Mode）为材质时，你可以在材质中已有的贴图上绘画。所有的贴图都列在该面板下的可用绘画槽（Available Paint Slots）中，你可以在这里快速切换（见图 9.3）。如果你为材质添加了一张新图像，那么它也会同步显示在槽列表中。其中还有一个按钮允许你同时保存该材质中所有图像的编辑结果（你也可以在 UV/图像编辑器的菜单中逐一保存）。
- **图像（Image）**：如果你选择图像模式，那么你可以看到一个图像选择器，你可以从中选择在该文件中创建过的任何图像。这张图像会被映射到主控物体上，供你在上面绘画。在选择器的下方有若干选项。你可以创建一张新图像，选择一个你想使用 UV 映射（此选项在材质槽中不可用，因为材质中的图像已经定义过了 UV），还有保存全部图像（Save All Images）按钮。

图 9.3　工具栏中的槽（Slots）选项卡，你可以从中选择想要进行绘画创作的图像

提示：当你在材质模式或图像模式下操作时，保存全部图像（Save All Images）选项仅对之前保存过的图像有效，即该图像已存在于电脑的某个路径下。只有对图像执行过一次保存，该按钮才能正常使用。

9.2.5　Blender 的纹理绘制功能的局限性

尽管 Blender 的纹理绘制功能非常棒，并且提供了丰富的选项（很多选项需要你自己去探索，这里只是抛砖引玉而已），它依然有其自身的局限性。例如，它没有分层机制，这是纹理绘制的基础功能，也是很实用的特性。实际上，有一款插件试图实现分层，但在处理多层图像时会不太方便。另外，在 3D 模型上绘画有时会有卡顿感，这取决于你的计算机性能。

当然，Blender 并不能替代专业的平面图像编辑软件，但它包含了基本的纹理绘制工具（甚至有使用 Blender 的艺术家用 Blender 的绘画工具创作出非常惊艳的作品哦）。

你可以用纹理绘制工具在整个角色模型上绘画，但这取决于你的模型，而且假设你喜欢在 3D 窗口中绘制纹理的话。但你可能需要在平面图像上绘画、加载纹理图、使用分层、调色、添加效果、应用遮罩——这些都是 Blender 的内建纹理绘画模式难以实现的。

即便如此，纹理绘画工具依然有其优势。它适用于创建纹理图的基调图。有时候，在 UV 窗口中，当你仅在平面空间内创作时会很难看到该改动哪里才好，所以你得先找到那里对应的 3D 模型上的位置才行。但由于你可以在 Blender 的 3D 模型上直接绘画，这样就可以在 3D 模型的表面上直接在想要增加细节的地方绘画了，然后将那张图作为最终纹理的基调图。

9.3 创建基调纹理图

现在我们就来绘制 Jim 模型的细节。我们不打算在基调纹理图上做太大的改动，只是简单地画上几笔黑色与白色线条，便于在平面图像编辑软件里进行后续创作。

9.3.1 摆放纹理元素

使用角色参考图，观察各个部分的基础纹理元素应该摆放在哪里，然后就可以开始在 3D 角色模型上绘画了。这一次，我们不使用用作 3D 视图背景图的那张参考图（哦，对了，现在你可以在属性侧边栏（N）的背景图（Background Images）中把它关掉了），而是将界面工作区一分为二，将其中一个区域切换为 UV/图像编辑器。如果你恰好有第二块显示屏，那么你可以保留当前区域，让那张参考图单独显示在那块显示屏上，这样就可以不去占用主工作区的操作空间了。当所有的基调纹理元素都就位后（见图 9.4），你需要保存一下图像，这样就可以继续在平面编辑软件里继续处理它了。

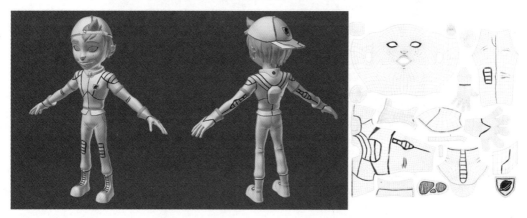

图 9.4 大致画出的各个基础纹理元素的位置

提示：用鼠标画平滑的曲线并不是那么容易的。对于某些元素来说，你可能需要更规则的曲线。那么你可以转到工具侧边栏，在笔触（Stroke）面板中启用平滑笔触（Smooth Stroke）选项。现在，当你绘画的时候，画笔就会跟随你的笔触并保持一段距离，同时根据运动轨迹计算平滑度，这样就可以画出更平滑的曲线了。

9.3.2 保存图像

当你对一张图像做过改动而尚未保存时，Blender 会给你提示。如果你观察 UV/图像编辑器标题栏，可以看到图像（Image）菜单名称后会显示一个星号（*），表示有尚未保存的改动。进入图像（Image）菜单后会看到保存选项。另外，当鼠标指针位于 UV/图像编辑器中时，按[Alt＋S]组合键也可以保存图像。按[F3]键可执行另存为（Save as...）命令。

9.3.3 打包图像

这里所说的打包（Packing）和之前讲过的 UV 贴图排布（Packing）虽然英文单词相同，但却是两码事。Blender 的打包特性可以让你将外部文件（如图像文件等）包含到.blend 文件中。如果你是在多台电脑上操作，那么这个功能非常有用。想象一下，如果你的模型加载了本地硬盘上的贴图，当你把这个工程文件发给朋友后对方却看不到贴图，因为 Blender 无法在他的电脑里找到对应的贴图文件。这时候，你可以把它们打包，将这些图像文件装进.blend 文件内，这样你的朋友就可以看到有贴图的模型啦！

要想将图像打包进.blend 文件，只需在图像（Image）菜单中选择顶部的任意一种打包（packing）选项。如果你想要将所有相关的外部文件都打包进.blend 文件中，那么可以在文件（File）菜单中找到外部数据（External Data），并单击全部打包到.blend 文件（Pack All Into .blend）。

需要注意的是，将所有这些文件装进.blend 文件会增加工程文件的大小，并且会随着工程的进度不断累积。

9.4 在平面图像编辑软件中绘制纹理

现在你可以将刚做好的基础纹理元素导入你的图像编辑软件中去进一步创作。本节中将以 Photoshop 为例。当然，你也可以使用其他自己喜欢的软件。

9.4.1 将 UV 导出为图像

在绘制纹理时，能够时刻看到 UV 布局图是很重要的，这样才能知道纹理图是否适合模型，并且可以确保它们随后会正确地投射到模型上。我们这就来了解一下 Jim 的 UV 布局图的导出步骤：

（1）选中物体。

（2）进入编辑模式，全选所有元素（A）。

注意：当你的 UV 位于不同的物体上时，如 Jim 这个例子，其导出的步骤会与单物体的稍有不同。你需要先选中所有物体，然后合并它们（Ctrl＋J）。这可能会你将模型打乱，所以一定要确保只有在导出 UV 图时才这样做（待完成导出后，不要保存更改结果，直接重新加载文件到合并前的状态即可）。合并物体后，如果你进入编辑模式并按[A]键全选所有网格，那么你就会看到所有的 UV 图都显示在一起了。

（3）打开 UV/图像编辑器。

（4）在 UV/图像编辑器的标题栏上，单击 UVs 菜单，并选择导出 UV 布局图（Export UV Layout）。

（5）在保存图像的界面上，可以在屏幕的左下方看到几个选项。勾选修改器影响（Modified）选项可显示修改器作用后的网格，如表面细分（Subdivision Surface）修改器。这个选项很重要，因为它会让你看到贴图所投射的目标网格的最终效果。所有 UV（All UVs）选项会确保导出完整的 UV 布局，因此也把它勾选上。分辨率设为 2048×2048 也行，但我们打算把它改成 4096×4096，以便能够展现更多的细节。格式选 .png（你也可以导出为 .svg 矢量图格式）。

（6）选定想要导出的目标路径，并单击导出 UV 布局图（Export UV Layout）按钮。

（7）本例中，以及处理其他类似的角色时，不保存工程文件，直接关掉它，这样可以不让 Blender 保存物体网格及修改器合并后的状态，以免把一切弄得乱七八糟。

（8）再次打开上次保存的文件。最终导出的 UV 布局图如图 9.5 所示。

现在我们来看看制作纹理图的典型方法，简单易学。

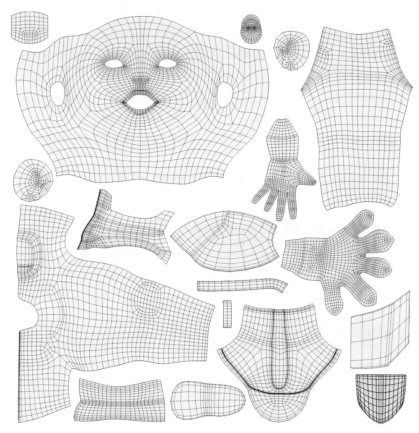

图 9.5　Jim 的 UV 布局导出图，可用作绘制纹理的参照

9.4.2　加载 UV 及基础元素

在图像编辑软件中，首先应加载参考图，也就是在 Blender 里画出了基础元素分布的 UV 布局图。把它们放到顶层，并使用正片叠底（Multiply）的混合模式（这样可以仅显示深色区域，让图像的其余部分透明），以便随时显示该图层查看绘画的位置是否得当。

9.4.3　添加基础色

接下来要利用你在 Blender 中画出的那些线，优化它们，完善它们。然后就可以开始填充颜色了。你可以从你之前设计角色时所创建的配色方案图上拾取颜色。在图 9.6 中可以看到此时的纹理图是什么样子的。

图 9.6 纹理图的基色图,上层显示 UV 布局,便于观察结果

提示:目前,如果你想要把纹理图加载到 Blender 中去查看效果是否满意。如果你是在 Photoshop 中创作纹理图,那么 Blender 支持读取.psd 文件,你可以直接加载而无需转换格式。如果你的图像位于 UV/图像编辑器中,那么你可以按[Alt + R]组合键快速更新。另外,如果你将纹理图另存为其他版本,可以在 UV/图像编辑器的图像(Image)菜单中单击替换图像(Replace Image),这样可以用新的图像更新到 Blender 中所有使用这张图像的物体上去。有时候,在绘制基底图之后,你会看到 3D 模型上某些地方的纹理图有些不连续,此时可以对 UV 进行微调,获得满意的效果。

9.4.4 添加细节

画完底色后,就该画细节了。这里我们一直在尽量使用素色,但如果你愿意,也可以增加更多的细节(具体要看想要做出什么样的角色风格)。

图 9.7 是添加了细节之后的效果,如缝合边上的深色粗线条、臂章上的符号、加深的唇色,以及面颊上微微泛起的红色。你也可以添加柔和的阴影、衣服的褶皱,以及其他一些小细节。

9.4.5 最后的润色

最后,我们再来让纹理图更生动一些。你可以在上面叠加一张噪点纹理图,或者将纹理图作为画笔预设来手绘出来。你也可以进一步去定义细节。在图 9.8 中,你可以看到服装上的拼缝在添加了黑白轮廓线条元素后显得更加生动了。让布料产生一点层次感。做完这步以后,纹理图就算画完了。

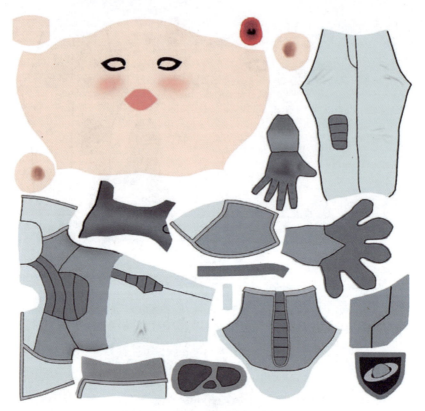

图 9.7　添加了细节之后的效果

图 9.8　改动很轻微，但可以让 Jim 的角色更显生动

9.5 在 Blender 中查看角色的纹理绘制效果

好了，如果你还加载纹理图的话，现在就可以在 Blender 中加载它，并观察角色各个部分的效果。要想获得满意的效果，免不了要在平面图像编辑软件和 Blender 之间来回切换操作并测试效果。在图 9.9 中，你可以看到将纹理图投射到 Jim 身上的效果。

某些部位还没有绘制纹理细节，只是显示为网格的颜色。那些地方将使用 Blender 的材质色，我们将在第 10 章中讲到，所以就不需要使用纹理图来表现了。

图 9.9　将纹理图投射到 Jim 身上的效果（Jim 看上去越来越像我们的设计稿啦）

9.6 总结

绘制纹理图是个充满乐趣的过程，完全凭你自己的创造力。应用纹理图是提高角色真实度的关键所在。如果你想要真实感，那么建议你使用照片素材制作纹理图（皮肤、木材、草地、沙地——所有看得见的东西），而不是用手绘的方式创作。在 Jim 的例子中，由于角色并不属于写实风格，因此用几种颜色配合手绘某些细节的方法是可行的。

纹理图的影响效果会视实际需要而有所不同。如果是一张仅用于表现表面颜色的漫反射贴图，并且需要结合其他用于表现光泽组或反射度的纹理图使用，那么它应当仅包含颜色信息。不过，如果你的项目要用到游戏当中，那么光照效果会受到技术局限，纹理图会包含高光信息，甚至是阴影。

如果你对制作逼真的纹理图感兴趣，不妨学习一下如何使用 Photoshop 或 Gimp 这样的平面图像编辑软件。它们功能强大，能够制作出让你角色栩栩如生的纹理图！

9.7 练习

1. 下载与本书案例配套的纹理图文件，并在 Blender 中应用它，然后展开模型的 UV，试着让纹理图与 UV 布局相契合。
2. 使用皮肤或布料的照片，在图像编辑软件里将其合成到纹理图上，让纹理图更逼真。

第 10 章　材质与着色器

你的模型表面已经有了用来定义色彩的纹理图，但这还不够，我们还需要材质。在 Blender 中，材质（Material）定义了模型的表面在渲染的时候是如何与光线作用的。它可以反射，或是透明，甚至可以自发光。这些只是常用的材质属性。它们也被称为着色器（shader），因为着色器会让软件知道（通过编写程序实现）该如何将某个物体呈现在屏幕上（甚至有单独的着色器语言来编写不同的着色器）。可以说，着色就是添加材质的过程。在本章里，你将学习着色及使用材质的主要流程。理解了基础内容后，本章将讲解如何分别在两种渲染引擎中使用材质，也就是 Blender Render 和 Cycles，两者存在较大的区别。

10.1　理解材质

在正式开始为角色着色之前，首先应了解一下材质的原理，以及 Blender Render 材质和 Cycles 材质之间的区别。

1．应用材质

应用材质的步骤如下：

（1）选中某个物体。

（2）进入属性编辑器（Properties Editor）的材质（Materials）选项卡，从列表中选用一个材质，或者新建一个材质，它将应用到主控物体上。

（3）调节材质，直到获得期望的效果。当你调节材质时，应当添加几个光源，并做一些渲染测试，以便观察材质的效果。在 3D 视图中使用渲染（Rendered）显示模式会很方便。

提示： 如果你想要把材质同时应用给多个物体，可以先选中那些物体，按上述步骤应用一个材质，它会被添加到主控物体上（通常是你最后选中的那个物体）。然后按[Ctrl + L]组合键打开生成关联项（Make Links）菜单，并从中选择材质（Materials）。这样就可以为所有选中的物体应用与主控物体一致的材质了。

2．材质的原理

在现实世界中，物体表面的材质具有不同的属性，能够让光以不同的方式反弹。例如，玻璃可以让光穿透，而金属可以反射光线，木材则会吸收光线。光线的反射度会视物体表面的粗糙度而定。粗糙表面上的反射会成散开状（模糊化）。如果表面的温度足够高，甚至可以自发光（如钨丝或高温的金属）。

在 3D 场景中，你可以通过控制材质的参数来模拟现实世界中的真实光线与物体表面的作用。你可以定义表面的反射度、光泽度、颜色、透明度，以及折射率等。通过对这些值的调节，你可以在 3D 世界中仿制出真实世界的材质。

3．遮罩和层

材质可以很简单，也可以很复杂！材质包含了共同控制模型各层面的属性。通过使用遮罩（Mask，是一张黑白图，其中白色表示完全影响，而黑色表示毫无影响）可以让 Blender 知道你想要让材质的各项属性影响的具体部分。例如，你可以用遮罩定义材质的那些地方具有反射属性。这在制作金属表面的锈斑时会很有用，没有生锈的那部分金属会闪闪发亮，而你可以用材质作为遮罩来影响具体的效果。

材质也可以有多个层。你可以将多个纹理、着色器及效果叠加，做出复杂的分层材质。例如，你做好了一辆车的模型，想要为它刷底漆，同时又想在上面贴几张贴纸。这时候，你可以使用层在底漆材质的上层叠加它们。

4. 通道

材质包含多个通道，即 Channel，通常会使用纹理去影响每个通道，每个通道控制着不同的材质属性（颜色、反射度、透明度等）。很多人觉得通道的概念不好理解，那么下面就来大致讲几个最常用的通道。

- 漫射色（Diffuse Color）：该通道定义了物体的表面色。
- 透明度（Transparency）：该通道定义了表面是否透明。通常使用一张黑白图或包含 Alpha（透明通道）的图像（RGBA）来定义。图像的黑色区域为透明，白色区域为不透明。
- 自发光（Emission）：通常，该通道为一张黑色/透明图，当该通道图像上有颜色时，软件会将该颜色作为自发光的颜色,而图像自身的 Alpha 值则定义了自发光的强度（通常它仅用于定义颜色，以及使用一种不同的纹理或强度数值）。
- 高光（Specular）：此通道定义了表面的光泽感强弱。黑色表示完全无光泽，白色表示极其有光泽。如果使用了颜色，则该通道会让软件知道光泽的颜色是什么。
- 反射（Reflection）：此通道的纹理图会定义表面的那些地方能够反射光线。同样，黑色表示无反射，而其他颜色则定义了反射光的颜色，颜色越浅，则镜射感越强。
- 粗糙度（Roughness）：当与高光及反射属性一起使用时，可以用一张黑白纹理图高速软件哪里的表面更光滑，哪里的表面更粗糙。该通道可使高光感和镜射感扩散或变得模糊，在表面上做出粗糙感。
- 凹凸（Bump）：用来做出表面的浮雕感。软件使用此通道决定光线从表面反射后的样式。它非常适用于展现物体上那些不便建模的小细节，如伤疤或划痕等。
- 法线（Normal）：此通道类似于高级版的凹凸。它包含了一张 RGB 纹理，其中每种颜色都会告诉软件光线应当向哪个方向反射。此方法广泛用于视频游戏，能够表现出比模型的实际几何体更加细腻许多的细节。法线贴图（也叫法线凹凸）通常不是徒手绘制的。它们通常根据模型的两个版本所生成。一个是高精度的模型，另一个是低精度的模型。法线贴图会将高精度模型上的细节"烘焙"成一张供低精度模型使用的纹理图。
- 遮蔽（Occlusion）：通过对此通道稍加设定，即可让艺术家创作的模型光影真实感获得显著提升。它基本上相当于一个软阴影通道，其中标记了模型上的孔洞和凹陷处的位置。如果某个物体的一部分非常接近另一个部分，那么那部分就会产生阴影，然后产生阴影过渡。遮蔽广泛用于提高阴影的真实感，尽管它并不是真实的灯光效果。

对于绝大部分的通道而言，纹理图中的黑与白用来定义数值，而纹理图中的颜色用来定义颜色值。黑色代表无效果，白色代表 100%效果。这种说法对高光、反射、自发光等均适用。

提示：各个动画软件中对于通道的叫法不尽相同，即使是在 Blender 里，叫法也有区别（稍后在本章后面会讲到），这只是动画师们的惯常叫法罢了。你会在其他软件中见到这些"通用"的叫法，社区内的人都能理解，知道它在其他软件里的叫法可能会不一样。

5. Blender Render 材质

我们在第 1 章里讲过，Blender Render 渲染引擎并不是一款真实型渲染器。尽管你可以渲染出逼真的效果，但这需要你费很大工夫去模拟出现实世界的光影感。但它的渲染速度会比 Cycles 引擎快很多。如果你对真实度要求不高，如制作动态图形动画，那么用它会非常合适。

Blender Render 引擎中的材质包含很多参数。一般来讲，每个材质的参数都是一样的，只要细心调节它们，就可以模拟出现实世界中的材质感。

Blender Render 引擎尚不支持真正意义上的自发光特性，因为它并未使用反弹光或网格光。如果物体使用了自发光材质，那么它会变得明亮，但并不会向场景中投射光线。

尽管你可以用节点系统做出非常复杂的材质，但在 Blender Render 引擎中，通常只是在属性编辑器（Properties Editor）里的材质（Material）和纹理（Texture）选项卡中进行设置。

6. Cycles 材质

Cycles 是一款真实型渲染引擎，也就是说，光线的作用方式类似于现实世界。Cycles 引擎的材质设置方式与 Blender Render 引擎有很大不同。你可以在属性编辑器中设置基本的属性，而要想制作复杂的材质，需要使用节点编辑器（Node Editor），使用多种着色器来做出想要的效果。

Cycles 材质由着色器构成。不同的着色器代表不同类型的表面特性：漫反射（Diffuse）、光泽（Glossy）、玻璃（Glass）、自发光（Emission）及透明（Transparency）。例如，有时候只使用其中的一种即可，而要想做出更加真实的材质效果，就需要混合多种着色器才行。

着色器都是很简单的节点，每个节点上面的属性也不多，但要把它们混合在一起则可以做出非常复杂的效果。

与 Blender Render 渲染器相比，Cycles 引擎可以轻松做出更加真实的效果，但会耗用较多的渲染时间。建议使用相对较高的机器配置。

7. 程序纹理

程序纹理（procedural texture）广泛用于计算机图形领域。甚至出现了程序建模技术。这里的程序（或称程序化）一词是指计算机能够自动生成大量的结果。

我们在来举个例子：例如，你想建造一座城市。你可以创建几幢建筑，但你随后想用它们铺满整座城市。你固然可以手动摆放它们，逐个复制并摆放到想要摆放的位置。要知道城市是很大的，会有成千上万幢建筑，所以这种方法是非常低效的。这就是为什么软件为你提供了程序化的方法。只需要使用某些工具，让你可以实现某种级别的控制，软件就可以代你在城市里随机摆放它们了。

程序纹理是指软件自动生成的且适配于任何表面的纹理图。这些纹理就像是可以随机重复的图案，你可以控制它们的某些特性。

Blender 提供了多种程序纹理。在属性编辑器（Properties Editor）的纹理（Texture）选项卡中找到纹理类型（Texture Type）列表。将类型从图像/影片（Image or Movie）切换为其他任意一种纹理，即可创建程序纹理（我们稍后就会看到它在哪里了）。其中一种纹理叫云絮

（Clouds），它生成的是一张噪波图，可用来增加表面的颜色变化感。选好纹理类型后，图像（Image）面板的内容会被替换为与其对应的专用选项，用来控制它的属性。

目前可供使用的程序纹理有云絮（Clouds）、混合（Blend）、木材（Wood）、棋盘格（Checker）等。每种纹理都有自己的属性。记得留意哦！

10.2　在 Blender Render 引擎中为角色着色

我们这就来了解 Blender Render 的各种材质及对应的属性吧！基本都在属性编辑器（Properties Editor）的材质（Material）和纹理（Texture）选项卡里了。在材质选项卡中，可以更改如颜色、反射度、粗糙度等表面属性，在纹理选项卡中，可以加载纹理，并让 Blender 知道如何把它们应用给材质。

注意：如果你想使用 Blender Render 渲染引擎，现在就是做决定的时刻。你需要在界面顶部的主菜单栏上选用正确的渲染引擎。在顶部菜单栏的中间，有一个选单列出了所有可用的渲染引擎，确保你选用的是 Blender Render 就好。你可以随时更改这里。但一旦你开始在某个引擎中创建材质，当你切换到其他引擎时，你需要从头做起，而在这个过程中，你可能会丢失最初创建的材质效果。

10.2.1　Blender Render 材质

首先，你将学习如何设置该渲染引擎的材质，并探索属性编辑器的材质选项卡，如图 10.1 所示。要想让 Blender 的界面上显示图中的选项，你需要新建一个材质，或者从已有的材质列表中选用一个。

以下是图 10.1 中所有面板的功能，让你更好地理解它们的用法和基础选项。

- **当前选中项**：在材质选项卡顶部，你会看到一些包含了物体名称的符号，以及当前所显示的材质。同样，如果你单击左侧的那个图钉，它就会将这些选项"钉"住，即使你再去选中其他物体，这里依然会显示之前的内容。这样可以方便你比照两个材质的设置（别忘了，在 Blender 里你可以打开多个属性编辑器哦），或是想要在移动其他物体的同时看到那些选项。
- **材质列表**：在材质列表中，你会看到已指定给当前被选中物体的材质。没错，你可以将多个材质应用给同一个物体（稍后我们会讲到）。该列表包含了多个槽位，当你选中某个槽位时，你可以预览到该槽位上的材质，并且可以把它替换成其他材质。
- **当前材质**：在材质列表下方，你会看到当前材质的名称。你可以在那里重命名材质。右侧的数字表示使用该材质的物体的数目。单击那个数字即可创建该材质的副本，稍做修改后就是一个新的材质，并且仅应用给当前选中的那个物体。你也可以单击"+"按钮创建副本。如果你想把材质从物体上移除，可以从列表中选用另一个材质替换，或者单击"X"按钮弃用它。

在材质名称旁边，有一个图标用来启用或禁用节点。如果你想在节点编辑器（Node Editor）中使用此材质，那么就单击启用它。

在材质名的下方有 4 个按钮：它们分别代表 4 类材质。面（Surface）是常用的材质类型。线框（Wire）材质值显示网格的线框（边线）。体积（Volume）用于模拟云、烟、雾等有体积感的物体。光晕（Halo）则可以让物体的顶点发光，生成一种光晕效果。

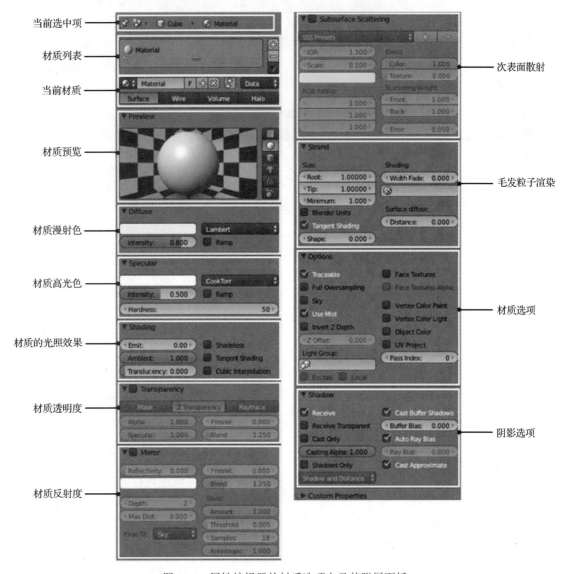

图 10.1 属性编辑器的材质选项卡及其附属面板

- **材质预览**（**Preview**）：预览面板显示材质在当前设置下的实时预览效果。在面板右侧，你可以选择材质预览物体的形状。
- **材质漫射色**（**Diffuse**）：你可以在漫射面板设定材质的基础色。如果你勾选了渐变（Ramp），可以定义渐变色。你可以在下拉菜单中选用着色器类型（默认为 Lambert），这将影响 Blender 的材质表面效果算法。
- **材质高光色**（**Specular**）：在该面板中，你可以设置材质的光泽色、强度及硬度。你也可以勾选这里的渐变（Ramp）选项设置渐变光泽。
- **材质着色**（**Shading**）：你可以在此面板中设置材质表面对光线的作用。自发光（Emit）可让物体看上去像是自身发光。无明暗（Shadeless）选项可让物体不受光线或阴影的影响（仅可看到材质的基础色），可用于想要在渲染时获取指定颜色的情况（如用作场景纹理的背景图或视频）。

- **材质透明度**（Transparency）：当启用透明面板时，材质将具有透明属性。遮罩（Mask）模式用于在材质的透明处显示背景图。Z 透明（Z Transparency）是非常基础的透明模式，渲染速度快，易于使用。光线追踪（Raytrace）的透明效果最真实，并且提供了 IOR（Index of Refraction，即折射率）选项，能够让材质折射光线，非常适用于模拟玻璃等材质。
- **镜像**（Mirror）：该面板用于设定材质的反射度。你可以增加材质的反射率，也可以改变反射光的颜色，还可以调节其他的选项以获得更理想的效果（如菲涅尔（Fresnel），能够让与视角夹角较大的表面的镜像效果递增）。如果你的场景中有很多反射材质，那么你可能需要增加深度（Depth）值，该值定义的是物体间的镜像反射次数听上去有点莫明其妙，但这非常适用于避免反射无限计算下去，那样会耗费大量的渲染时间。最大距离（Max Dist，全称是 Maximum Distance）控制的是能够被材质反射到的最大距离，超过该距离后，反射效果将会递减。光泽度（Gloss）选项可以柔化反射结果。采样（Samples）选项可降低噪点，采样值越高，材质的反射噪点越少，但也会耗费较长的渲染时间。
- **次表面散射**（Subsurface Scattering）：这个选项很有趣，你可以用来制作某些逼真的材质，如皮肤或轮胎等。实际上，它会计算透入物体表面以下的光。例如，想想我们的耳朵，如果你在后面用光照它，那么你会看到穿过耳朵后的光线变成了红色，这是由于皮肤下面的血管所致。
- **发股**（Strand）：此面板中的选项用来定义毛发粒子的材质。
- **材质选项**（Options）：在该面板中，包含了材质的高级选项，详细介绍请参考 Blender 官方文档了解。其中有一个叫作可追踪（Traceable）的选项很有趣，禁用它以后，材质不会形成投影，也不会被反射（也就是说，所有与追踪算法有关的特性都将失效）。
- **阴影选项**（Shadow）：该面板非常有用，我们将在第 14 章中用到。它能够让你设定阴影与某个材质的作用效果。如果你有一个透明材质，那么它们只会在其他的启用了接受透明阴影（Receive Transparent）材质属性的物体上形成阴影（可以在一定程度上节省渲染时间）。仅阴影（Shadow Only）选项可让物体完全透明，但在渲染的时候，你依然可以看到它在其他表面上形成的阴影。这非常适用于在照片等图像上合成 3D 物体的阴影。

如你所见，材质包含了很多控制项。而这些都只是冰山一角，因为将这些选项与纹理图结合起来使用将有更多的效果设定，也会做出更好的材质效果。

注意：如果某个材质未被任何物体使用，那么当你关闭 Blender 时，它将会被永远移除掉。如果你确实想要保留它，那么可以单击材质名称后面的 "F" 按钮（Fake User，即伪用户），这样就可以避免它被 Blender 清除了。

10.2.2 Blender Render 的纹理

现在我们来看一下纹理（Texture）选项卡中的主要内容，为后面的学习铺路，并且运用这些知识去为角色着色。图 10.2 是纹理选项卡及其附属面板。

以下列出了各个面板的作用。

- **当前选中项**：与材质选项卡类似，单击秃顶图标能够将当前物体材质的纹理固定显示在工作区中。其他编辑器中的图标也有类似的作用，在该面板的下方，你会看到 3 个小图标,用于选择想要编辑的纹理类型。第一个图标(世界环境)会使用一张纹理图,第二个图标可以让你为当前材质指定纹理,第三个图标则用于为画笔创建纹理。

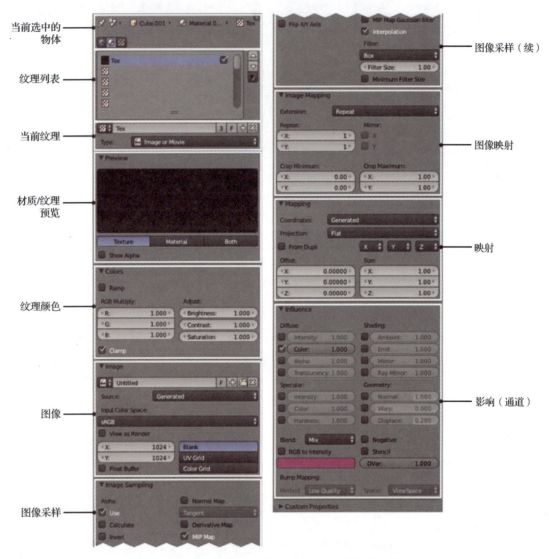

图 10.2 属性编辑器中的纹理选项卡及其附属面板

- **材质槽:** 该面板与层面板类似。你可以选用其中某个槽然后在上面创建或加载一张纹理。你可以在下一个槽中加载另一张纹理,让它透明,然后你会看到第一张图会出现在它的后面。与修改器类似,最上面的纹理会位于所有纹理的最底层。该面板不仅用于图层,它也可以包含各种影响材质属性的纹理。
- **当前纹理:** 显示当前纹理的名称,下拉菜单的用法和其他地方的用法一样。在名称的下方,有一个列表,用来选择你想在该槽中使用的纹理类型。在这里,我们选用的是图像/影片(Image or Movie),如果你想加载自己的图像作为材质的纹理图,那么应该选择此项。其余都是程序型纹理。纹理选项卡中的其他面板选项会根据不同类型的纹理而稍有区别。

- 预览（**Preview**）：在该面板中，你可以预览当前材质的效果，并可选择想要查看的是纹理、材质，或是同时查看两者。
- 颜色（**Colors**）：此面板中的选项可用来更改图像的颜色，亮度（Brightness）、对比度（Contrast）或饱和度（Saturation）这样的选项可更改图像的颜色效果。
- 图像（**Image**）：该面板仅用于图像/影片（Image or Movie）型纹理。它用于加载现有的图像，或是创建一张由 Blender 生成的图像，就像我们在第 8、9 章见到的（如 UV 测试栅格图）。
- 图像采样（**Image Sampling**）：这个面板很重要，用于控制图像的解释方式。例如，控制图像的 Alpha 样式。

提示：如果你想使用法线（Normal）贴图，应激活图像采样面板中的法线贴图（Normal Map）选项，并选择想要的法线贴图空间（通常为切向（Tangent））。

- 图像映射（**Image Mapping**）：在此面板中，你可以对已加载的图像进行偏移、调节大小，以及裁切等操作，或者让图像在其自身边界之外重复平铺。
- 映射（**Mapping**）：不要与上面的图像映射（Image Mapping）相混淆，此面板可以让你定义图像在物体上的"映射"方式。如果你已经展开过该模型的 UV，并且为它指定过材质，那么应当在坐标（Coordinates）下拉列表中选用 UVs。
- 影响（**Influence**）：还记得之前讲过的通道吗？这个面板就是可以让你选择哪些材质通道可以被当前贴图影响的地方，包括调节其影响量。可以看到，材质默认只影响颜色（Color）通道，其实也就是漫反射（Diffuse）通道。又比如，如果你加载了一张法线贴图，那么应当禁用颜色（Color）通道，而是在几何体（Geometry）区中勾选法线（Normal），这样才能正确应用法线贴图的数据。再比如，如果你有一张黑白图，你可以勾选光线镜射（Ray Mirror），这样可以用来定义材质的反光度。

如果想要混合两张图像的话：你可以把它们分别加载到不同的纹理槽内，并调节各自相应通道的影响量。另外，你还可以更改混合模式（默认是混合（Mix）），原理与 Photoshop 或 Gimp 等平面图像处理软件中的混合模式相仿。

你也可以使用遮罩。如果勾选了镂板（Stencil）选项，当前纹理将会被用作下一个纹理槽的遮罩。综合运用各种选项可以做出花样繁多的效果哦！

提示：你通常会需要加载一张带有 Alpha 通道的图像（如 .png 等格式的图像），并且你需要将该 Alpha 通道用作 Blender 中的透明通道。如果你不知道怎么使用的话，可能会不知所措，不过只需要按照下面两步来做即可搞定：

（1）启用材质的透明（Transparency）面板（使用 Z 透明（Z Transparency）或光线追踪（Raytrace）均可），并将透明面板中的 Alpha 值设为 0。

（2）加载带有 Alpha 通道的纹理图，勾选它的 Alpha 影响量，并把它的值设到最大。现在的材质就会使用图像的 Alpha 通道了。

10.2.3 在 Blender Render 引擎中为 Jim 着色

现在你已经了解了 Blender Render 引擎材质的运作方式，我们这就开始为 Jim 着色吧！

1. 前期设置

在开始为角色着色之前，你首先需要确保启用了某些关键的选项，否则就不能在添加材质的时候看到期望的效果了：

（1）在 3D 视图的属性侧边栏（N）中，找到着色（Shading）面板，并选用 GLSL 着色方式（这样可以让材质显示在 3D 视图中）。

（2）在 3D 视图的标题栏上，将显示模式设为纹理（Texture），让 Blender 显示纹理及材质的 3D 视图预览。

（3）如果场景中没有灯光物体，那么就添加一个（Shift + A）。通常建议添加日光（Sun）灯，它是平行光源，可以照亮整个场景，而点光（Point）则只会照亮有限的范围，你需要不时地调整它的位置才能看到场景的其他区域。如果不添加灯光，你会看到场景中一片漆黑（除非你将材质设为无明暗（Shadeless）），这样虽然可以有利于测试纹理图，但并不适合设置诸如高光或反射等材质属性的情况。

注意：即使你一切都设置妥当，但也要记住一点，在 3D 视图中，你不会看到材质的所有属性——包括的反射度、透明度、阴影、折射等。这些属性只有在最终渲染的时候才会显现出来，而且，即使你可以预览到如透明及阴影这样的效果（仅可在使用日光和聚光灯时见到），它们的效果也并不会得到充分表现。在 3D 视图中，你只会预览到材质的基础效果。这就是为什么在你设置某个复杂材质时应当经常执行测试渲染的原因，你也可以将 3D 视图的显示模式切换到渲染（Rendered）模式，虽然预览速度会相对迟缓一些，但却能呈现更加准确的结果。你可以按 [Shift + Z] 组合键在两种显示模式间切换。

2．添加基础材质

我们来遵照如下步骤添加一个非常基础的材质：
（1）选中 Jim 的面部。
（2）转到属性编辑器的材质选项卡，并新建一个材质。把它更名为 Jim_mat（意思是"Jim 的材质"）。
（3）转到纹理选项卡。新建一个纹理并将其类型从云絮（Clouds）切换到图像/影片（Image or Movie）。
（4）在纹理属性中，找到图像（Image）面板，并加载之前为 Jim 创作的纹理贴图。这时候，你应该会看到它被贴在了 Jim 的脸上，效果"不堪入目"。显然，轮到 UV 出场了！
（5）为使用 UV 将纹理正确地投射到模型上，请在下面找到映射（Mapping）面板，并在坐标（Coordinates）列表中选用 UV。现在你会看到 Jim 脸上的贴图投射效果正常了。
（6）选中所有将会用到包含了这张贴图材质的物体，如夹克、帽子、靴子、手套和裤子。最后选中面部物体，把它作为主控物体，按 [Ctrl + L] 组合键并在弹出的菜单中选择材质（Materials），这样就将面部的材质关联到了其他所有被选中的物体上。
（7）选中包含头发和眉毛的物体，为它们新建一个名为 Hair_mat 的材质。在漫射（Diffuse）面板中，选用在之前为 Jim 设计的原画中使用的那种蓝色。

提示：你可以将设计图加载到 UV/图像编辑器中。当你需要使用图像中某个颜色的时候，只需要使用拾色器（图标为吸管形），然后在 Blender 界面的任意区域单击（如在参考图上）即可拾取那里的颜色。

（8）对于 Jim 身上其他没有指定材质的部位（如手臂上的几处小细节），可以为它们添加材质并指定适当的颜色。我们以后再去完善那些材质。暂时先不去理会眼睛的颜色。

在图 10.3 中，你可以看到角色目前的效果。

图 10.3 Jim 在添加了一些基础的材质后的效果

3．为单个物体添加多个材质

Jim 眼睛的材质制作步骤会稍有不同。尽管它们也是位于同一物体上，但它们需要用不同的材质表现瞳孔、虹膜、角膜及眼球。图 10.4 是随后应用了那些材质后的效果，以及各个材质的应用位置。注意观察属性编辑器中的材质列表。

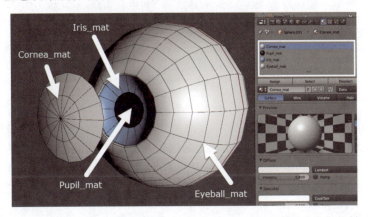

图 10.4 眼部的材质效果预览，角膜被单独剥离开，以便可以看到眼球内部的材质分配方式

请遵照下面的步骤添加上面的那些材质：

（1）选中眼球物体。为它新建一个名为 Eyeball_mat 的材质。

（2）在编辑模式下（Tab），在材质列表中新建一个材质槽，并在其中新建一个材质。把它命名为 Cornea_mat。选中角膜物体（可以将鼠标指针放在该物体上并按[L]键即可）。确保在纹理列表中选中了 Cornea_mat 材质，并且也选中了角膜物体，然后单击指定（Assign）按钮，这会将材质列表中选中的材质指定给该物体。保持角膜为选中状态，你可以按[H]键将其暂时隐藏，这样便于对它里面的那些面进行编辑（瞳孔和虹膜部分）。

（3）以图 10.4 为参照，重复上述步骤，分别新建名为 Iris_mat 和 Pupil_mat 的材质，并按照上面的方法将 Iris_mat 材质指定给虹膜部分，将 Pupil_mat 材质指定给角膜部分。Pupil_mat 的颜色应该被指定为黑色，而 Iris_mat 的颜色应当使用与头发一样的蓝色。现在你可以按[Alt + H]组合键再次显示角膜。

（4）遗憾的是，你不得不为另一只眼球执行同样的步骤，或者把它删掉，然后将当前这只眼球镜像复制过去。

现在，材质的效果是相当基础的，但我们稍后会学到如何改善它们的效果，并添加一些高级的属性。

提示： 你可以为一个网格快速添加多个材质，只需要先使用基础材质并加以适当命名即可。当把它们指定到相应的网格面上以后，你可以再去列表中选中它们，然后进行细致的调节。即使是在物体模式下，你也不需要切换到编辑模式去选面，只需要选中列表中的材质直接编辑即可。

4．改善材质效果

现在我们仔细调节材质的各项属性，让它的效果更好一些。首先去调节那些没有使用贴图的物体，如头发和眼睛。你将通过调节这些材质进一步了解材质的属性，以及想要达到的效果。步骤如下：

（1）选中任何一个包含毛发的物体（眉毛或头发自身）并跳转到材质属性面板，将高光（Specular）的强度值（Intensity）降至 0.3，让材质看上去没那么有光泽。将高光的颜色（Color）设成与漫射（Diffuse）相同的蓝色，并将高光硬度值（Hardness）设为接近 100 的值，让它的光泽感看上去强烈一些。

提示： 如果你将鼠标指针停放在菜单的某个参数上（包括颜色）并按[Ctrl + C]组合键，你可以把它复制到剪贴板上。将鼠标指针悬停在另一个参数上并按[Ctrl + V]组合键，即可将该参数粘贴过去。这样在处理某些操作的时候就方便多了，如将漫射色复制并粘贴给高光色等。

（2）接下来，我们要把眼睛的材质调节得更真实一点。通常，你可以为虹膜和瞳孔使用贴图，但在这里，我们简单一点，只需要调节材质的数值即可。选中眼球，查看眼球自身的 4 个材质。

（3）首先来调整角膜，因为需要先让它透明才能看到虹膜和瞳孔。在材质选项卡中，找到透明（Transparency）面板，并选用光线追踪（Raytrace），将 Alpha 值设为 0（让材质完全透明），将高光（Specular）值设为 1（让材质具有光泽感，即使材质是透明的），并将折射率（IOR）设为 1.5（这样可以让角膜内侧的光线发生折射，让瞳孔和角膜产生有趣的畸变效果。让它们看上去并不是位于一个孔洞内侧）。此时，你可能想要预览一张小图看看效果（使用 3D 视图的渲染（Rendered）显示模式），看看调节材质后的效果。

（4）为了让角膜的光泽度再犀利些，请再次转到高光（Specular）面板，并将高光方式改为卡通（Toon）。这样可以做出类似卡通效果的光泽感，看上去非常犀利。将强度（Intensity）值设为 0.3，大小（Size）设为 0.07（较小的值可以避免让光泽覆盖整个角膜）。将平滑（Smooth）值设为 0（这样可以让光斑边缘变得清晰）。

（5）现在我们来设置瞳孔材质。为了让瞳孔始终保持纯黑的颜色，先在材质列表中选中 Pupil_mat 材质。在着色（Shading）面板中，勾选无明暗（Shadelesss），让光影不会影响到瞳孔，让黑色部分始终保持纯黑（它的底色）。

（6）对于 Iris_mat 材质，可以使用相似的做法，但应当加点阴影和光斑。将高光强度值（Intensity）设为 0.2，让光斑更清晰些。将高光的硬度值（Hardness）设为 100，让高光更显犀利。在着色（Shading）面板中，将自发光（Emit）值设为 0.05。这个设置类似于无明暗（Shadeless）选项，只是你可以设置影响量。经过这样的设置，虹膜就不会受到太多来自阴影的影响了。但也不要将 Emit 的值设得过大。否则，在黑暗的环境中虹膜会像灯那样发光！

（7）眼球的材质就很简单了，只需给一个更高的硬度值即可。

5．使用纹理控制材质属性

我们回到那个有纹理的材质上面，因为现在你要使用纹理图来控制材质的属性。目前，材质的光泽感看上去像是塑料一样。你可以用纹理来改善它的效果。当某个表面完全使用单一材质的时候，只需添加一个材质，然后调节一下属性就好啦！但是，当你的物体或模型包含多个不同的材质，且材质属性也各不相同时，就需要用纹理控制材质属性了：纹理能够让你控制材质不同区域的属性值。此外，多数的材质在物体表面的不同部位上会有所变化，你可以使用贴图来实现。

我们使用 Jim 的漫反射纹理图作为基色，把它转成黑白图，作为高光贴图，并在上面添加几层细节，做成高光硬度纹理图。效果如图 10.5 所示。

图 10.5　漫反射纹理（左）、高光纹理（中）和高光硬度纹理（右）

按如下步骤为 Jim 的材质添加纹理：

（1）选中 Jim 的材质（也就是添加了基色纹理的那个材质）。转到纹理选项卡，从列表中选择一个新槽位，将其命名为 Specular（意为"高光"），将类型切换为图像/影片（Image or Movie）。

（2）在图像（Image）面板中，加载高光纹理图。

（3）在映射（Mapping）面板中将坐标类型设为 UV。这一步是奇迹发生的地方（你可以在 3D 视图中使用纹理（Textured）显示模式来实现材质的实时预览，并观察当前设置下的材质在最终渲染时大致会是什么样子的）。

（4）并确保将在下面找到影响（Influence）面板。将颜色（Color）前面的勾去掉，以免让 Jim 看上去只有黑白色——那样可太难看了。勾选高光色（Specular Color），并保持数值为 1。现在，如果你旋转摄像机视角，Jim 的效果看上去会改善很多。你会看到纹理图上较暗的地方并没有光泽。这样的效果会更加自然。

（5）在纹理列表中另选一个新的槽位，将其更名为 Hardness（意为"硬度"），并加载那张硬度纹理。这张图上的颜色越深越能体现效果，颜色越深，光泽感越柔和。不过，并非所有区域都该那样柔和，所以还是要保留纹理图上那些浅色的区域。依然将坐标类型设为 UV。在影响（Influence）面板中，禁用颜色（Color）、高光色（Specular Color）及硬度（Hardness）。由于当前纹理层会作用于高光层之上，因此高光色的设置会覆盖高光纹理的作用效果，但如果你降低高光色的影响量，那么下层高光通道的作用效果就会得到一定程度的显现。

（6）还有一种改善效果的方法，那就是选中漫反射（Diffuse）纹理槽（也就是设置基色纹理的那个），转到影响面板，勾选法线（Normal）通道。将它的值设得很低，如 0.1，让它虽然效果不明显但却可以让表面纹理看起来多了些细节。这会让表面看上去有一定的凹凸感。通常，你应当单独做一张法线贴图，但如果时间紧张，也可以使用基色纹理来充当，通常可以实现一定程度的细节。

6. 最后的调节

现在还需要进行细微的调节，如为衣服的材质丰富一些细节。步骤如下：

（1）对于衣服的细节，调节它们的高光值和硬度值，让它们的效果与角色其余部位的材质相协调。

（2）对通信耳机也做同样的操作。

（3）虽然牙齿和舌头是隐藏的，但你当然也要为它们添加材质！只需要为牙齿添加一个白色材质，并为舌头添加一个红色高光色的材质。

10.2.4 渲染测试图

在调节材质的过程中，或许你已经多次渲染过测试图，为的是观察材质调节后的效果。但现在我们要做的并不是基础的渲染，而是要添加一些细腻的光影效果，来看看 Jim 在最终渲染时的样子，如图 10.6 所示。

图 10.6　Blender Render 材质的最终渲染结果（Jim 看上去很棒吧）

（1）创建若干盏灯光，并将它们的类型设为日光（Sun）。旋转其中一盏灯作为主光源，并旋转另一盏灯，让它在角色上形成"轮廓光"，照亮角色的轮廓。你也可以调低第二盏灯的光强度，并更改它的颜色。

（2）启用日光的光线追踪（Raytrace）阴影。你也可以将采样（Samples）值增加到 8 左右，并同时提升柔和阴影尺寸（Soft Size）。

（3）在属性编辑器（Property Editor）的世界环境（World）选项卡中的世界环境（World）面板下，更改视平线色（Horizon Color）。

（4）此外，要想让效果更满意，还需要调节其他几个选项。例如，更改背景色。

（5）启用环境光遮蔽（Ambient Occlusion，简称 AO），并将类型设为相乘（Multiply），这样可以做出柔和的阴影效果，并把它们叠加到图像上，让它的光影效果更真实。如果你想要更清楚地看到 AO 的作用效果，可使用一个仅包含白色材质的场景，这样就可以看到它的奇妙效果了。结果可能会有些许的噪点，解决方法是在采集（Gather）面板中，将采样（Samples）值设为 10 或更高。但要注意的是，采样值越低，则渲染速度越快，但较高的采样值会带来更少的噪点，从而改善渲染效果。

（6）勾选天光照明（Environment Lighting）面板，添加来自场景四面八方的光线。使用一个较低的值，以免阴影区域漆黑一片，那样看着可就不怎么自然了。

（7）最后，在地面位置创建一个平面，为它添加一个材质，在材质属性选项卡的阴影（Shadow）面板中，启用仅阴影（Shadow Only），这样可以在最终的渲染图上仅显示在地面上的投影，同时又可以让摄像机透过地面直接看到后面的背景色。

10.3 为角色应用 Cycles 材质

现在你已经对 Blender Render 引擎驾轻就熟了，我们来看看 Cycles 的运作机理，它的特性和前者有较大的区别。材质和光照均基于真实世界的物理原理，而且材质属性的设置也与 Blender Render 引擎大不一样。另外，Cycles 材质的创建方式也与 Blender Render 材质几乎没有共通之处。

注意：确保在选择界面顶部的渲染引擎选单中选择 Cycles 作为渲染引擎，否则就看不到与 Cycles 相关的选项了。

10.3.1 使用 Cycles 材质

首先，你需要理解一点：Cycles 的材质是由着色器构成的。着色器分很多种，每种都对应着真实世界材质的不同特性，将各种特性以一定方式混合便做出了你自己的材质。在正式开始学习着色器及其混合方法前，先来看一下图 10.7，了解 Cycles 材质选项卡的内容。它与 Blender Render 的材质选项卡有很大不同！

乍一看，它的菜单貌似比 Blender Render 的菜单简洁，但不同之处在于：在 Blender Render 引擎中，所有的选项都是默认展开可见的；而在 Cycles 引擎中，材质选项卡起初很简洁，但你可以增加内容，在添加了更多的着色器后，材质会变得复杂。我们大致介绍一下该材质选项卡中的内容吧。

- **当前选中物体、材质列表，以及当前材质**：材质选项卡前 3 个面板和 Blender Render 引擎的完全一样，都会显示当前选中的物体、一个可供在单物体上应用多个材质的材质列表，以及一个菜单，你可以从中选用之前创建过的材质，可以改名，或是新建材质。（图中的菜单内容是单击按钮新建材质后的默认内容）。
- **材质预览（Preview）**：在此面板中，你可以预览材质，功能类似于 Blender Render 的预览功能，但你会发现这里的预览结果会一点点地更新，起初你会看到带有明显噪点的结果，这是由于 Cycles 属于渐进式渲染引擎的缘故。当采样值较低时，你会看到噪点会逐渐变淡，这是由于更多的采样被应用到了渲染结果上的缘故。

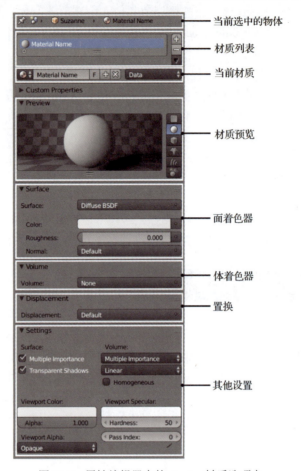

图 10.7　属性编辑器中的 Cycles 材质选项卡

- **面着色器（Surface）**：此面板是 Cycles 材质选项卡的主要面板。这里是选择着色器类型并设置其属性的地方。在下一节"使用基础着色器"中有详细的介绍。
- **体着色器（Volume）**：此面板功能是在 Blender2.70 版本后新增的，它能够实现具有体积效果的材质。体积渲染是一种模拟烟、雾、气等物体的技术，非常适用于营造场景氛围。这种材质可以让光线穿过内部并形成很棒的效果。尽管目前的渲染效率有待提升，但以后会逐步优化。
- **置换（Displacement）**：此面板能够让你使用灰度图（高度图）让网格表面产生形变，当你在 Cycles 引擎中使用置换材质时，你也可以加载法线贴图和凹凸贴图。不过，使用此特性会稍有不便，因为它还在开发阶段，需要高级技能才能正确调整出想要的结果。此外，你可以考虑使用置换修改器来为网格应用置换效果，但那样会很慢，因为你要将网格高度细分后才能得到理想结果。
- **其他设置（Settings）**：在此面板中，你可以找到更多选项，如设置材质在 3D 视口中的预览颜色、通道索引（Pass Index，用于在合成器中区分元素），并且可以让材质接受透明阴影。

10.3.2 使用基础着色器

Cycles 材质是由着色器构成的。那么如何向材质中添加着色器呢？当你新建一个材质时，你会在面（Surface）面板中看到一个漫射 BSDF（Diffuse BSDF）。单击着色器名称后，你可以选择其他着色器选项。我们来看几种最常用的着色器（建议也去尝试一下其他着色器的效果，去发现它们的作用）。

- 漫射 BSDF（Diffuse BSDF）：这是基础着色器——相当于为表面上色。
- 透明 BSDF（Transparent BSDF）：用来让面透明。
- 光泽 BSDF（Glossy BSDF）：用于制造光泽与反射效果，你可以通过粗糙度（roughness）控制光泽及反射的模糊度。
- 毛发 BSDF（Hair BSDF）：此着色器专用于毛发粒子着色。
- 折射 BSDF（Refraction BSDF）：此着色器用于做出物体表面的折射效果。
- 玻璃 BSDF（Glass BSDF）：此着色器用于添加入透明度、折射、反射，以及光泽等着色效果。
- 各向异性 BSDF（Anisotropic BSDF）：该着色器非常适用于模拟金属物体。它与光泽着色器的不同之处在于能够添加各向异性光泽感。
- 自发光（Emission）：该着色器可能算是最炫的着色器之一，它能够让任何网格发光！你可以控制它的光线强度和颜色（这在 Blender Render 引擎中是无法实现的）。

此外，Cycles 还有更多的着色器，但上述是平时最常用的几种着色器。每种着色器都包含若干选项，可供你调节其属性，如颜色、粗糙度、强度等。

10.3.3 混合与相加着色器

单一的着色器很难做出让人惊艳的效果。这就是为什么在着色器列表中会有两项特殊的不算真正着色器的着色器：混合着色器（Mix Shader）和相加着色器（Add Shader）。

混合着色器能够让你合并两种或多种着色器，并调节各自对结果的影响量。例如，你想让一个色调朴素的表面具有一定的光泽感：你可以使用混合着色器，在它的两个输入槽上，你可以连接一个漫射 BSDF 和一个光泽 BSDF。调整它们的属性和颜色，最终用混合着色器的 Fac（全称是 Factor，即系数）去定义混合比例。0 表示仅使用第一个着色器，1 表示仅使用第二个着色器，就像它们是两个图层一样；0 和 1 之间的数值将作为两种着色器效果的混合比例。相加着色器的不同之处在于，它并不是混合两个着色器的影响量，而是将两种效果色相加，通常会做出较为明亮的结果。

当然，你可以在混合着色器的节点树中再添加另外的混合着色器，以此做出更加复杂的着色器效果。不难看出，你想让 Cycles 的材质多复杂，它就可以有多复杂！

提示：相加着色器并没有混合着色器上的那种混合系数（Mix Factor）。然而，你可以通过使用调低或调高相加材质的亮度来控制混合强度。例如，你想把一个光泽着色器加到一个漫射着色器上，那么你可以通过调高或调低光泽着色器的色调来控制反射度。

10.3.4 加载纹理

要想在 Cycles 材质中添加纹理，以漫射 BSDF（Diffuse BSDF）着色器为例，转到它的属性面板，并单击颜色（Color）右后方的小圆圈按钮，从列表中选择图像纹理（Image Texture），

Blender 就会显示图像的加载及控制选项。此外会出现一个新的参数类型：矢量（Vector）。该参数类似于 Blender Render 引擎中的映射坐标（Mapping Coordinates）的概念。如果你的物体包含 UV，那么它默认使用那些 UV 坐标，但如果你想确保纹理图投射正确，可以从矢量列表中选用纹理坐标（Texture Coordinate）| UV。

> 提示：目前，你可以不必使用节点编辑器（Node Editor）来创建 Cycles 材质，只需要调节几个地方即可。你将为 Jim 创建的材质非常简单。在后面的第 14 章里，你将学习如何使用节点编辑器。然后，你将初步理解节点的运作机制，并了解如何用节点创建材质。节点是很重要的工具，因为你可以在节点编辑器中更灵活地控制 Cycles 材质。

10.3.5　在 Cycles 中为 Jim 着色

现在你已经基本了解了 Cycles 材质的运作方式，我们这就使用着色器改善 Jim 的效果。

1. 基础着色设定

在开始之前，你或许想要在场景中添加一个或两个灯光物体。另外，记得要经常切换到渲染预览（Rendered）模式观察实时的材质效果。记住，如果一直留在渲染预览模式中的话，会让材质的调节过程放缓，这取决于场景的复杂程度，以及你的电脑硬件配置。创建 Jim 的基础 Cycles 材质的步骤如下：

（1）选中 Jim 的面部，并新建一个名为 Jim_mat 的材质。在面（Surface）列表中选择一个混合着色器（Mix Shader），在它的第一个槽位上选择漫射 BSDF（Diffuse BSDF）着色器。单击色块后面的小点，将 Jim 的贴图加载为图像，并确保将矢量（Vector）类型设为纹理坐标（Texture Coordinate）| UV。图像的视窗预览效果看上去可能偏暗，但别担心，这是因为混合着色器的另一个材质槽目前还是空的，我们随后再去修改。

（2）现在，选择所有将用到该贴图的物体，最后选中刚刚添加了那个材质的物体，按[Ctrl + L]组合键，并从弹出菜单中选择材质（Materials），即可让所有选中的物体使用该物体的材质。

（3）为毛发元素添加一个名为 Hair_mat 的材质，并将在面（Surface）的类型列表中选用漫射 BSDF（Diffuse BSDF）着色器作为输入项，并选用一种蓝色。

（4）选中一个眼球，并按照相同的步骤将材质添加给 Blender Render 引擎中所指定的对应的网格面（详见之前的"为单个物体添加多个材质"一节）。具体操作如下，在列表中新建 4 个材质槽，并分别命名为 Eyeball_mat（眼球材质）、Cornea_mat（角膜材质）、Pupil_mat（瞳孔材质）以及 Iris_mat（虹膜材质），并相应地添加黑色及蓝色的漫射 BSDF 着色器。

（5）角膜和眼球的设置稍微复杂一些。对于眼球的材质，可添加一个混合着色器。并为第一个着色器槽位指定一个白色的漫射 BSDF，并为第二个槽位指定一个高光 BSDF（Glossy BSDF）。将高光着色器的粗糙度（roughness）值设为 0.5，为的是让光泽稍显模糊一些。

（6）对于角膜材质，我们添加一个玻璃 BSDF（Glass BSDF）着色器。为它设置一种淡蓝色，将 IOR（折射率）值增加到 1.38（和在 Blender Render 引擎中的折射率值相同），并将粗糙度值设的较低一些，如 0.03，这样可以让外部光源在眼内反射，营造出某种"眼神"般的光感（粗糙度为零时是看不到光线的）。

（7）角膜的颜色很暗，原因在于，尽管它几乎是透明的，但它依然会在眼内形成阴影。为了纠正这种不自然感，我们转到属性编辑器中的物体（Object）选项卡（图标为橙黄色的方块),并且在底部找到射线可见性(Ray Visibility)面板,取消阴影(Shadow)的勾选。这样可以让眼球不产生阴影,现在角膜看上去就是完全透光的了。

2. 高级着色设定

我们继续调节 Jim 的 Cycles 材质。我们要去调节包含了纹理图的材质,让它的效果更理想。还记得刚才添加过的那个只设定了一个节点槽的混合着色器吗?我们这就来继续编辑它。

(1)在上一节中,你为 Jim 添加了一个混合着色器,另一半接口是空闲的。现在就来添加另一个着色器。在第二个着色器节点槽选单上,选用一个光泽 BSDF(Glossy BSDF)着色器。这种材质会产生些许的反光效果。

(2)再加载几张纹理图,用来控制光泽 BSDF 着色器的属性。图 10.8 就是我们要加载的那几张贴图。用来控制混合着色器系数(Fac)值的贴图就是在 Blender Render 引擎中用于控制高光强度的那张图,也就是一张白色区域代表有光泽而黑色部分代表无光泽的灰度图。最后,在光泽 BSDF 着色器的粗糙度(Roughness)值上,你将使用另一张纹理。这张图的作用类似于 Blender Render 材质的硬度(Hardness)属性的控制,但这里控制的是粗糙度,也就是图中的白色部分代表粗糙度较高,而黑色部分代表更光滑。换句话说,这与 Blender Render 引擎中的硬度属性的控制效果刚好相反。如图 10.8 中的右图所示,上面有一些深色的线条,那里将会是光泽度较高的地方。

此时,贴图并没有产生效果。你需要在节点编辑器中调节材质节点的连接方式。不过,如果你从属性编辑器中加载这些类型的纹理,它们会自动使用图像自身的 Alpha 值,而你是想使用它们的颜色值去控制,此时只能使用节点编辑器才能灵活地控制。鉴于此,请按照如下步骤去调节材质的节点。

图 10.8 漫射色(左)、高光图(中)和粗糙度图(右)

(3)挑选界面上的某个窗口区域,把它切换为一个节点编辑器(Node Editor)。然后你应该可以直接看到当前材质的节点设置。如果没有,请先选中你想要调节材质的物体。然后打开节点编辑器,如果材质节点默认没有显示出来,请在节点编辑器标题栏上的 3 个图标中单击代表材质的那个球形图标。棋盘格式图标代表纹理节点,多图层式图标代表合成节点。切换到材质列表,在标题栏上的材质列表中选择 Jim_mat。

(4)然后,我们重新排列一下节点树形,因为此时它们当中有些是重叠在一起的(这也是在属性编辑器的材质选项卡中编辑 Cycles 材质的缺点)。鼠标左键单击节点并拖动它们。图 10.9 是改变了节点树排列样式后的大致效果。

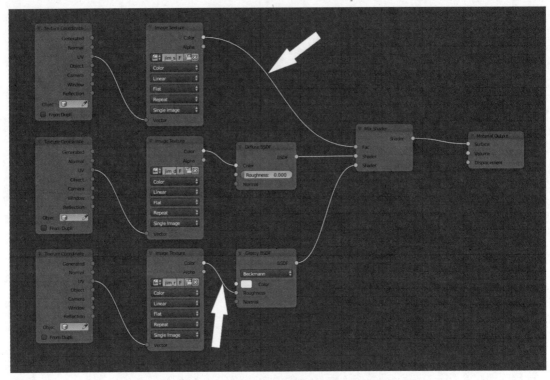

图 10.9　Jim 的材质节点树,确保将图中标出的节点连线正确重连
（节点间的连线经过了高亮处理,便于看清它们）

（5）当你大致摆出如图 10.9 所示的树形后,需要重新连接图中标出的那些连线,让它使用两个纹理图的颜色（Color）输出槽,而非图像本身的 Alpha 值（也就是 Alpha 输出槽）。我们在小圆点上单击并拖曳出一条连线,从一端连到另一端（也就是连接输入端与输出端）,重新在那些节点之间建立连线（当你从属性编辑器中添加着色器时还会有另一个副作用,那就是这种方法会为每个纹理都创建一个纹理坐标（Texture Coordinate）节点。其实你让所有 3 个纹理共用同一个纹理坐标节点,让它们都使用 UV 作为纹理映射的方法）。

（6）最后调节衣服的材质。在混合着色器的第二个槽位上连接一个光泽 BSDF（Glossy BSDF）着色器,将粗糙度设为 0.15,然后将混合着色器的 Fac 值设为 0.1。这样可以将纹理图上的其他细节体现在衣服上。

10.3.6　渲染测试

我们已经完成了 Jim 的着色设定,现在可以再做一次测试渲染看看当前材质的效果了。在 Blender Render 引擎中,你必须启用某些特性才能预览到相对较好的结果,而在 Cycles 中,得益于它的写实型算法,渲染结果默认已经高度接近最终结果了,尽管还需要我们添加一些额外的元素。

（1）创建一个灯光,设置方法与 Blender Render 场景中的设置相同,都是使用两个日光灯,一个作为主光源,另一个作为轮廓辅助光,强度稍低,色调偏暖。

不过,在 Cycles 中设置一个仅接受阴影的材质不太好办（你得先掌握一些合成技法才行,我们将在最后一章中学习）。鉴于此,我们在 Cycles 的测试渲染中暂且先不去渲染阴影了。

（2）添加一个天空作为背景。在属性编辑器中转到世界环境（World）选项卡,在下面的面（Surface）面板中，你会发现 Cycles 中的天空（Sky）选项特性与其他材质有相似的地方。它默认会使用一个名为背景（Background）的着色器。单击颜色（Color）并选用一种纹理，我们从中选用天空（Sky）纹理。然后设置参数，直到达到满意的效果。单击并拖曳球体可更改日光的方向。

目前调节后的效果大致如图 10.10 所示。

图 10.10　Jim 在 Cycles 引擎下的渲染效果

10.4　总结

可见，Cycles 引擎与 Blender Render 引擎的区别是很明显的，无论是在材质的创建流程还是在最终渲染效果上。现在你了解了如何使用这两种渲染引擎创建出基础的材质，这样就算是入门了。另外，你现在可以看到节点系统在创建 Cycles 材质时的重要性，关于这方面，我们将在第 14 章 "光照，合成与渲染"中进行深入的了解。现在的 Jim 已经很接近我们最初的设计效果了。

10.5　练习

1．用纹理来控制材质属性的优点是什么？
2．Blender Render 引擎和 Cycles 引擎的区别主要有哪些？
3．你能在 Blender Render 引擎中做出网格自发光效果吗？你能在 Cycles 引擎中做出网格自发光效果吗？
4．在 Blender Render 引擎中提高照明选项中的采样值有什么意义？在 Cycles 引擎中这样做的意义又是什么？

第五部分　让你的角色动起来

第 11 章 角 色 装 配

装配（Rigging）或许是角色创建过程中最具技术含量、最为复杂的环节。你有了一个角色，但它是静态的，它需要一副骨架来让网格产生形变，让角色动起来，栩栩如生。在本章里，我们将学习骨架的创建基础，"装配"它们（Rigging，即通过合理的设定让骨架发挥作用），并最终完成"蒙皮"（Skinning，即让骨架像驱动皮肤那样驱动网格形变）。你也将学习如何使用驱动器（Driver）控制角色的面部表情。一切准备就绪后，你就可以通过关联或追加的方式让其他的场景重复使用该角色了。

11.1 理解装配过程

我们先来讲一讲装配流程，让你更好地理解它的工作方式。

11.1.1 装配件元素

一副好的装配件（Rig）设定可以使动画师更加容易地控制角色。Blender 中的装配件称为骨架（Armature）。骨架就像是容器，其中包含了组成装配件的各段骨骼。以下列出了组成一副装配件的各种元素。

- **骨骼（Bones）**：装配件中的一切都是由骨骼组成的，而骨骼也具有多种功能，取决于你如何设定它们。
- **控制骨（Control bones）**：当你为角色摆姿势时，这种骨骼可以帮助你完成摆姿势的过程。例如，腿部是由多段骨骼组成的，但使用单个控制骨骼时，你可以同时移动它们。也就是说，控制骨骼是指可供随后做动画的骨骼。
- **形变骨（Deform bones）**：这些骨骼控制的是角色模型的形变。它们仅仅用来让网格产生形变，因此它们通常是隐藏的，并且会跟随控制骨移动。
- **辅助骨（Helper bones）**：这些骨骼非常重要，因为它们是装配件生效的关键。你可以把它比作装配件的引擎，因为它们发挥实质作用，但却是隐藏的。它们存在的唯一作用就是帮助装配件按你的设想运作。你通常不应去手动改变它们的位置。它们会由控制骨驱动。
- **约束器（Constraints）**：用来定义骨骼的功能。你可以指定某段骨骼跟随另一段骨骼的位置、复制它的转角，或是显示它的运动，或者你可以实现其他有趣的效果，如让某段骨骼朝向其他骨骼（眼睛的就是这么装配的）。你可以将约束器当成应用在骨骼上面的修改器，定义它们的行为。例如，反向运动学（Inverse Kinematics，简称 IK）就是我们随后要用到的其中一种约束器。
- **自定义骨形（Custom shapes）**：该特性可以让你将骨骼的呈现样式更改为自定义的物体。这样做的好处是让动画师更加直观地观察装配件的设定方式，以及隔断骨骼分别控制着角色的那个部分。

提示：在其他软件中，每种骨骼的呈现样式都不尽相同，或者是伪物体，或者是辅助物体（在 Blender 中称为空物体（Empty）），它们也都是一副装配件所用到的物体。这样一来，同时控制整副装配件就显得没那么方便了。然而，在 Blender 中，一副完整的角色装配件就是一个独立的物体（大大方便了在场景中摆放、缩放及复制它们），并且在该物体内部，仅包含一段或多段骨骼，你可以指定自定义骨形，让它们看起来更美观，更直观。

11.1.2 装配过程

下面列出了角色装配的一般流程。在后面的章节里，我们将详细探讨这些步骤。

（1）创建一个骨架（Armature）。

（2）进入骨架的编辑模式（Edit Mode），创建主骨骼结构。

（3）在姿态模式（Pose Mode）中，添加约束器来设定装配件，如有需要，可随后再次跳转到编辑模式添加辅助骨。

（4）当装配件能够正常运作时，可添加自定义骨形。

（5）最后，为骨架加"蒙皮"网格，让它能够驱动网格形变，并通过权重绘制定义各段骨骼对模型各顶点的影响。现在你就可以为角色做动画了！

11.2 使用骨架

在本节中，我们将学习如何创建并编辑骨架，学会角色装配件创建的关键步骤。我们也将学习如何访问骨架或骨骼的各种属性，并为它们添加约束器。

11.2.1 操纵骨骼

在物体模式下，你可以按[Shift + A]组合键，并在选单中依次单击骨架（Armature）>Single Bone（单段骨骼），创建一个骨架。如果你想要从这个骨架的默认骨骼上创建出整副骨架，那么就需要进入编辑模式（Tab），使用下面介绍的一些技法去编辑。图 11.1 是骨骼上的各种元素。

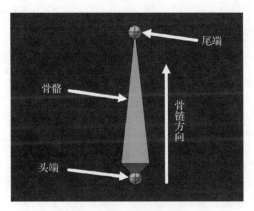

图 11.1 骨骼的组成元素

当多段骨骼连成一线时，就形成了骨骼链。骨骼的方向定义方式为：从头端指向尾端，这很重要，因为这样也定义了骨骼链的方向。连在另一段骨骼尾端的一根骨骼将会跟随上面那根骨骼运动（它也会成为上一根骨骼的子物体）。我们会在后面详细探讨。

以下列出了编辑模式下编辑骨骼的快捷键和操作方式：

- 用鼠标右键选择骨骼，随后可以像操作其他元素那样使用[G]、[R]、[S]键对骨骼进行移动、旋转和缩放操作。骨骼包括骨骼自身和头尾两个球形，那是骨骼的头端与尾端（在其他软件中也被叫作关节）。你可以操作整根骨骼，也可以仅操作头或尾，摆出想要的骨骼形状。
- 要想创建一条骨链，你可以选中一根骨骼的尾端，按[E]键挤出，或者在骨骼的期望末端处按[Ctrl + 鼠标左键]，就像挤出顶点的那种操作一样。当你从某根骨骼尾端挤出一根新骨骼后，新的骨骼将会成为原骨骼的子物体。如果你从头端挤出，那么 Blender 会创建一个新的骨骼，但不会创建父子级关系。
- 在工具侧边栏（T）中，你可以在骨架选项（Armature Options）面板中勾选 X 轴镜像（X-Axis Mirror），这样可以激活该轴向上的骨架镜像编辑。使用方法为，选中某根骨骼的尾端（该尾端应位于 X=0 的轴线上，也就是镜像平面），并按[Shift + E]组合键向侧面挤出（这样可以创建出第一组镜像挤出骨骼）。此后，你可以继续在骨骼链上执行挤出和变换操作，这些操作会被镜像应用到对侧轴的骨骼上。
- 你可以在选中骨骼后按[Shift + D]组合键创建它们的副本。
- 你可以在属性侧边栏（N）中为骨骼改名。需要注意的是，骨架的名称栏有两个，一个是骨架的名称，另一个是骨架中的骨骼名称。此外，如果你观察属性编辑器，你也会发现选项卡发生了变化，现在包含了物体（Object）选项卡、约束器（Constraints）选项卡、骨架（Armature）选项卡，以及骨骼（Bone）选项卡。如果想要修改骨骼名称，请在骨骼选项卡中修改。否则你修改的就是骨架本身的名称（也就是那个包含了所有骨骼的物体）。
- 在编辑模式下，你可以定义骨骼的层级。选择想要设为子级的骨骼（目的是要跟随父级），然后选择想要作为父级的那根骨骼，按[Ctrl + P]组合键，你会看到两个选项。相连（Connected）可让父级骨骼的尾与子级骨骼的头相连。而保持偏移量（Keep Offset）则可保持父级骨骼与子级骨骼的相对位置不变，并且不会让它们头尾相连。

要想移除父子关系，选中想要"释放"的骨骼，按[Alt + P]组合键，你会看到两个选项：清空父级（Clear Parent）可完全移除所选骨骼与其父级的关系；断开骨骼连接（Disconnect Bone）则会断开头与尾的连接，但父子关系依然存在。

- 如果你选择一段或多段骨骼，可以按[Ctrl + R]组合键绕自身轴旋转选中的骨骼，控制其朝向。[Ctrl + N]组合键可弹出一个列表，里面有若干自动朝向选项。主控骨骼（Active Bone）是其中的一个实用选项，能够让所有选中的骨骼都与主控骨骼的朝向对齐。此功能适用于处理如手指、手臂、腿部这样的骨链。
- 如果你选中两根骨骼的末端（头或尾）并按[F]键，会在中间填充创建出一段新骨骼，这与创建一条连接两个顶点的网格边类似。注意，只有新建骨骼的头端才会连接到其父级骨骼上。新建骨骼的尾端则保持未连接状态，你需要将它和下一段骨骼创建父子关系，形成骨骼链。
- 如果选择一段或多段骨骼，当你按[W]键时，可打开专用项（Specials）菜单。其中一个选项是细分（Subdivide），能够将一段骨骼分割成若干段较短的骨骼，并且可以在工具侧边栏（T）的操作项（Operator）面板中调节段数。
- 你可以选择两根相连的骨骼并按[Alt + M]组合键，即可把它们合并成一段骨骼。

- 如果你想翻转某段骨骼链的方向，可以按[Alt + F]组合键切换骨骼的方向，该操作会让骨骼头尾倒置，更改骨骼层级的顺序。
- 如果你想要移除骨架中的某些骨骼，可以选中后按[X]键移除。
- 同样，你可以按[H]和[Alt + H]，隐藏或恢复显示隐藏的骨骼。[Shift + H]组合键可将除选中的骨骼以外的骨骼全部隐藏。

注意：在编辑模式下，你可以在3D视图标题栏的骨架（Armature）菜单中找到所有这些选项，但这里列出的快捷键可实现快速访问。

11.2.2 物体模式、编辑模式与姿态模式

这些骨架编辑模式不同于其他物体的模式。我们来了解一下不同模式下可以执行的操作。

- **物体模式（Object Mode）**：整套装配件包含在骨架物体当中，因此你可以在物体模式下移动、旋转或缩放它，更改角色的大小。由于装配件位于骨架里面，因此缩放物体并不会影响到骨架内的元素即那些骨骼。
- **编辑模式（Edit Mode）**：在编辑模式下，你可以编辑里面的各段骨骼。你可以在这种模式下创建出角色的骨架并定义好骨骼之间的父子层级关系。骨骼在编辑模式下的位置将作为骨骼在物体及姿态模式下的静待姿态。
- **姿态模式（Pose Mode）**：当在编辑模式下完成了骨骼的位置与层级定义后，你就可以在姿态模式下添加骨骼约束器，并且最终驱动它们，为角色摆出姿态，从而为它做出动画。

在物体模式下，你无法编辑各段骨骼或控制元素，仅可以对整套装配件物体执行变换操作。在编辑模式下，你可以修改骨骼的位置、大小，以及朝向以适应角色的需要，并且可以定义骨骼的层级关系。最后，在姿态模式下，你可以为骨架添加约束器，让它按照你预想的效果摆出姿态。

当装配件设定完成后，你需要经常在编辑模式和姿态模式之间切换，为的是创建骨骼并在添加与修改了约束器后进行相应的调节。

提示：在这些模式间切换也可以使用快捷键，在物体模式下按[Tab]键可进入编辑模式，按[Ctrl + Tab]组合键可进入姿态模式。当你按[Tab]键退出编辑模式时，可以切换回之前的模式。在姿态模式下按[Ctrl + Tab]组合键可回到物体模式。

11.2.3 添加约束器

约束器用来驱动装配件。你可以让它们控制其他骨骼对当前骨骼的作用。例如，如果你移动某根骨骼，可以让骨架的其他地方做出反应。在本章里，你将大量用到约束器，但现在我们还是先来讲一讲它们的工作机制，以及如何把它们添加给骨骼。

首先，你需要知道的是，绝大多数的约束器都有一个"目标（Target）"参数，也就是说当把某个约束器应用给某个骨骼时，它也会以另一根骨骼为目标，并与自身骨骼之间建立某种约束。例如，如果你为眼睛使用一个标准跟随（Track To）约束器，那么你可以将该约束器应用给眼睛，并选择某个骨骼作为你想要眼睛跟随的目标。

注意：你可以为场景中的任何物体添加约束器，但物体约束器与骨骼约束器有所不同。如果你在物体模式下添加某个约束器，那么它将影响整个骨架物体。如果你是在姿态模式下添加约束器，那么属性编辑器中会多出一个选项卡，即骨骼约束器（Bone Constraints）。物体

约束器（Object Constraints）选项卡的图标是一个锁链，而骨骼约束器选项卡的图标则是一个骨骼配锁链的图案。

在姿态模式下，添加约束器的方式主要有两种：

- 选中你想要添加约束器的骨骼，在属性编辑器中转到骨骼约束器选项卡，单击添加骨骼约束器（Add Bone Constraint）按钮，并选择想要添加的约束器类型。你会看到约束器随即被添加到了堆栈面板中，这与修改器的添加方式类似。在约束器面板中，你会看到目标（Target）选择栏。输入骨架名称后会出现一个新栏，用来指定想要用作约束目标的骨骼的名称。
- 此外，还有一种更快捷的约束器添加方法，那就是先选中目标骨骼，然后按[Shift]键将想要添加约束器的骨骼也选中。然后按[Shift + Ctrl + C]组合键打开一个约束器菜单（或者在 3D 视图标题栏上进入骨架（Armature）菜单找到约束器（Constraints）目录）。此时，当你选用某个约束器后，它就会自动将被首先选中的那个物体作为修改器的目标，这样就不需要再进入约束器面板去手动指定了。

提示：当你需要在物体名称文本框中输入内容时，在你输入名称的时候，会看到下面列出了所有名称中包含了已打出字母的物体，这大大提高了输入物体名称的准确性！此外，你可以选择某个物体或骨骼，将鼠标指针放在物体的名称栏上，按[Ctrl + C]组合键复制该名称的文本，然后选中带有约束器的物体，将鼠标指针停留在相应的文本框上，按[Ctrl + V]组合键，即可将之前复制的文本粘贴进去。

吸管工具

近期的 Blender 版本加入了吸管工具。在图像编辑软件中，吸管是一种常用的工具，用于单击并拾取像素的颜色。在 Blender 中，吸管功能的作用还包括在各种菜单中快速拾取物体。例如，当你添加一个需要设置辅助物体的修改器或约束器时，你无须先知道该物体的名字再输入，或是从列表中选择。你可以先单击文本框右侧的吸管，此时鼠标指针会变成吸管图标，然后在 3D 视口中的物体上单击一下。Blender 会为你拾取物体并把它填入文本框中。

尽管吸管工具可用于骨骼约束器，但它的作用方式有些复杂。你可以使用它拾取骨架的名称（物体），但习惯工具无法直接拾取特定的骨骼，依然需要从列表中选取或是手动输入骨骼名称。

11.3 装配角色

现在你知道如何操纵骨骼了，我们这就来为 jim 创建角色装配件吧！

11.3.1 基础骨架

先从创建基础骨架入手。在这里，你只需创建出一侧的骨架即可，然后当你为各段骨骼添加完所有的约束器后，你可以镜像创建出对立侧的骨骼。否则，你需要对两侧的骨骼分别进行手动的约束设置。图 11.2 显示了基础骨架的样子。需要留意的是骨骼的命名，因为在后续章节中会用到它们。

以下是几条指导信息，会对你创建基础的骨架有所帮助：

- 在属性编辑器的骨架（Armature）选项卡中，找到显示（Display）面板，并勾选透视模式（X-Ray）选项。这会让骨骼显示在模型的上层（不会让模型挡住视线），即使它们位于网格内部。这样便于你在保持网格可见的同时看到骨骼的位置。

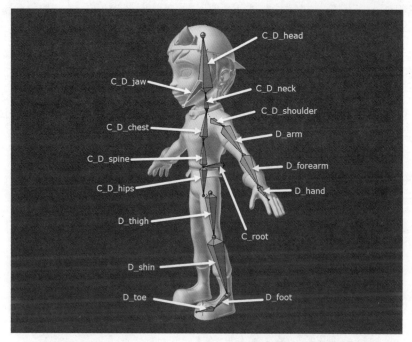

图 11.2 基础骨架，先创建出左侧的骨骼，这些部分随后可以镜像复制到右侧

- 现在先不要考虑去创建手指——只是基础骨架即可。随后，我们会逐步添加那些细节的。
- 在创建装配件的过程中，命名是很有必要的，这样可以让你在随后添加约束器的时候方便找到对应的骨骼。查找 D_hand 这样的名称要比 Bone.023 这样的名称好找多了。另外，你会发现，所有的骨骼名称都以 D_开头，这是一种组织装配件内部骨骼名称的好习惯。

提示：你可以使用前缀来区分骨骼的类型，即前缀 "D_" 可以用来代表主结构上那些用来控制网格形变（Deform）的骨骼，前缀 "C_" 可用来代表控制骨（Controller），而前缀 "H_" 则可用来表示辅助骨（Helper）。此外，某些骨骼兼具控制骨与辅助骨的双重功能，如脊柱部分的骨骼，这些骨骼就同时使用了 C_D_前缀。这样的命名方式便于你在骨骼列表中搜索，因为它们有自己的命名规则。

- 注意观察骨骼的层级，C_D_hips 和 C_D_spine 必须作为控制骨 C_root 的子级。如果没有正确建立它们之间的父子关系，当你移动装配件的某个部分时，其他部位可能就不会跟着一起动。如果骨骼的父子级关系不当，当你移动装配件的时候，其他部分可能不会随之运动。
- 例如，为了创建手臂，你可以先挤出从胸部到肩部的连接骨，再继续挤出手臂骨骼。当手臂骨骼就位后，你可以删掉胸部与肩膀之间的连接骨（或者不删）。此技法也可用于腿部骨骼的创建。

提示：当你在姿态模式下测试骨骼结构时，可以很方便地将骨骼重置为初始姿态（也就是在编辑模式下定义的姿态）。在 3D 视图标题栏上的骨架（Armature）菜单中，找到清空变换（Clear Transform）选项，这样同样可以将姿态重置。此外，你也可以按[Alt + G]组合键重置移动，按[Alt + R]组合键重置旋转，按[Alt + S]组合键重置缩放。

- 为了组织一下场景。在物体模式下，选中骨架并更名为 Jim_rig。按[M]键，并从弹出的层列表中（由 20 个小方块组成）选择一个与当前模型不同的层，这样便可以需要专注处理装配件的时候在 3D 视图标题栏上在显示或隐藏模型间快速切换了。

11.3.2 装配眼部

在本节中，我们要移动眼部。我们要使用标准跟随（Track To）约束器控制 Jim 的眼睛朝哪边看。图 11.3 为眼部装配件的大致样子。同样，目前你只需制作一侧即可。

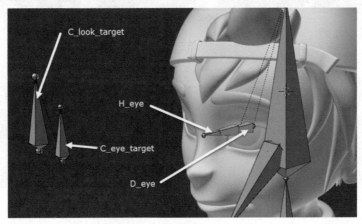

图 11.3 眼部的装配件一览

你需要创建出用来移动眼睛模型的骨骼，这需要点技巧，因为眼睛使用了晶格修改器来处理变形。正常的眼球模型通常是一个标准的球体，你只需将骨骼的头端放在眼球中央即可。但在这里，你需要用到两根骨骼。以下是创建眼部装配件的步骤：

（1）首先选中眼球网格，然后在编辑模式下选择中间的圆圈并按[Shift + S]组合键，将 3D 游标对齐到该环路的中央。退出编辑模式，你会看到 3D 游标根本没有对齐到中央。别担心，这是因为眼球会在晶格修改器作用在它上面之前对齐到 3D 游标的位置。这一步的关键在于这只眼睛包含了两个版本，原始的眼睛（你必须装配的那个版本），以及你实际看到的那只（被晶格修改器变形后的版本）。

（2）现在，进入骨架物体的编辑模式，并在 3D 游标所在的位置创建一根骨骼。再创建出该骨骼的一个副本，并将新的骨骼移动到变形后眼球旋转中心点的大致位置。稍后我们会用它让眼睑在旋转眼球的时候稍做变形，做出更加生动自然的效果。这就是为什么第一根骨骼被用作辅助骨，而只用来旋转眼球，而第二根骨骼则用作形变骨，因为它将让眼睑产生形变。将这两个骨骼绑定为骨骼 C_D_head 的子物体，以便在你移动头部时，它们也会跟着动。

（3）复制其中一根骨骼，并把它向前移动到头部前面去。你需要创建两根新的骨骼，一根放在两个眼球的中央，位于头部前侧，用于控制目光的朝向，另一根将位于左眼的前侧。C_eye_target 将作为 C_look_target 的子级，以便当你移动后者时，前者也会跟着移动。这可以让 Jim 的目光朝向你所希望的任何方向，但与此同时，你依然保持对各个眼球的独立控制。

提示：为了确保骨骼位于中央（$X=0$），你可以在属性侧边栏的变换（Transform）面板中手动输入零值。

(4)现在添加约束器。首先,选择 C_eye_target 物体,并在按住[Shift]键的同时选中 H_eye。按[Ctrl + Shift + C]组合键,从中选择标准跟随(Track To)约束器。首先被选中的骨骼将自动作为 H_eye 约束器上的目标物体(target)。现在,当你移动 C_look_target 时,C_eye_target 也会随之一起运动,并且 H_eye 会朝向指定给它的目标物体。

(5)同样对 D_eye 执行上述几个步骤。

11.3.3 装配腿部

我们来看腿部的装配,这里会相对复杂一些。图 11.4 是下面各个步骤的分解示意图。在创建腿部装配件时将用到反向运动学(Inverse Kinematics,或称 IK)约束器。

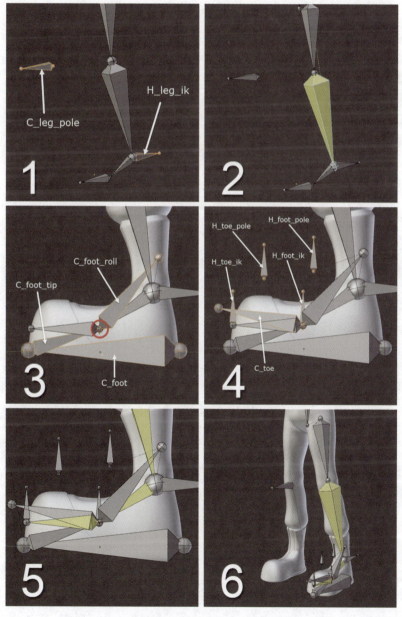

图 11.4 使用反向运动学约束器装配腿部

反向运动学（IK）

在开始下面的步骤之前，应该先了解一下什么是反向运动学（IK）。一般来讲，在创建像腿这样的骨骼结构时，你会发现，当你试图摆出姿势时，需要旋转各段骨骼，而它们也会跟随其父级一起旋转。对于腿部而言，你需要旋转大腿，然后是踝关节，然后是脚部。这种调节方式称为正向运动学（Forward Kinematics，或称FK）。不过，对于腿部或某些需要与其他物体表面接触的部位（如脚部）。在这种情况下，反向运动学（IK）会是非常便捷的方法。

IK 的作用方式与 FK 相反，并且要想为腿摆姿势时，你只需移动脚掌，而膝关节会相应地做出反馈运动。这非常实用，因为当你移动角色躯干的时候，腿部也会自动折曲移动，并且让脚掌始终贴在地面上。现在你可以使用 IK 来装配 Jim 的腿部了！

（1）从膝关节处挤出一根骨骼（命名为 C_leg_pole），并且从踝关节挤出另一根骨骼（命名为 H_leg_ik）。选中新创建的这两根骨骼，按[Alt + P]组合键清空它们原来的父级，让它们断开与腿部其他部位的连接。将 C_leg_pole 向前移动一点，把它放到腿的前侧（应位于膝关节的正前方）。

（2）在姿态模式（Pose Mode）下，选中 H_leg_ik，我们将把它用作 IK 链的目标物体。按住[Shift]键键并将 D_ankle 一并选中。现在用[Shift + Ctrl + C]组合键添加一个反向运动学（Inverse Kinematics）约束器，或者你可以按[Shift + I]组合键，这样可以直接应用一个 IK 修改器。现在转到属性编辑器中的约束器（Constraints）选项卡，在 IK 约束器面板中找到若干调节项。

首先是链长（Chain Length）。IK 默认会直达层级根部（本例中为骨骼 C_root）。将链长值设为 2，这样会让 IK 约束器只作用两级骨骼，本例中为踝骨和大腿骨。此时，如果你移动骨骼 C_root 或 H_leg_ik，即可看到 IK 约束器的作用效果。

然后，我们为 IK 约束器指定一个极向。IK 能够让腿部的骨骼在某个平面上发生折曲，而极向物体就是用来定义那个平面的，目的是定义腿的朝向。在 IK 约束器的极向目标（Pole Target）栏中，输入装配件的名称（也就是 Jim_rig）并在随后出现的骨骼（bone）栏中输入极向骨的名称（本例中为 C_leg_pole）。现在移动 C_leg_pole 物体，即可看到效果。

注意：考虑到骨骼的朝向，有时候，当你将某个极向物体应用给 IK 链时，会看到 IK 产生了旋转。你可以调节 IK 约束器面板中的极向角（Pole Angle）值来补偿。如果骨骼的朝向正确，通常只需旋转 90°、–90° 或 180° 即可纠正转角。

（3）将 3D 游标对齐到脚骨，新建一个骨骼链。第一根骨骼始于脚后跟（C_foot）（这里是以 3D 模型上的对应位置为参照的，这些骨骼将用来定义脚的旋转轴心点），第二根从趾尖处挤出（C_foot_tip，也就是骨骼 C_foot 的尾端），第三根从趾关节处挤出（C_foot_roll，也就是骨骼 C_foot_tip 的尾端）。图中用红色圆圈圈出的地方是多根骨骼的对齐点（也就是趾关节处），这样能够在随后旋转它们的时候避免产生错位。我们将用这三根骨骼控制脚部的运动，以便在角色行走时从脚跟到脚趾皆可自由旋转。骨骼 H_leg_ik 一定要是 C_foot_roll 的子级，这样 IK 目标才会跟随骨链上的最后那根骨骼。

（4）我们要为脚部设定 IK，这样就能够在对已设定好 IK 约束的腿部进行控制时一并控制它了，否则它只会绕着自身的轴点旋转。在趾关节处新建一根骨骼，命名为 C_toe，我们要用它来在脚没落在地面上的时候控制脚部。现在，从趾关节处，以及 D_toe（位置见图11.2）

的尾端各挤出一根骨骼,并断开它们与骨骼链的连接,我们将把它们作为脚部 IK 约束的参照目标骨骼。复制这两根新建的目标骨骼,把它们上移,作为脚部 IK 的极向骨。

别忘了为这些新挤出的骨骼设置正确的父子关系:D_foot(位置见图 11.2)的 IK 目标骨与极向骨都是 C_foot_roll 的子级,D_toe 的 IK 目标骨和极向骨都是 C_toe 的子级,而 C_toe 又是 C_foot_tip 的子级。听上去有点复杂,但一旦你正确地做了出来,就会领会这些层级关系了。

(5)最后,再次切换到姿态模式(Pose Mode),为 D_foot 和 D_toe 添加 IK 约束器。使用上一步中建好的那些目标骨与极向骨分别配置各自的约束器,将链长(Chain Length)值设为1。此设置仅对添加了约束器并受极向骨控制转角的骨骼有效,但 IK 效果并不会沿着骨骼层级传递。

(6)在姿态模式下,移动并旋转那些控制骨(也就是名称以 C_开头的骨骼),你会看到形变骨(名称以 D_开头的骨骼)是如何自然地跟着控制骨运动的。当你旋转骨骼 C_foot_tip 时,整个脚部都会绕着脚尖转动;当你旋转 C_foot_roll 时,脚后跟会抬起来,但脚尖会保持原位不动,这非常适用于制作角色行走动画。你可以用 C_foot 移动整只脚,而有需要的时候可以用 C_toe 单独控制脚尖转动(通常用于脚掌尚未落地的时候)。Jim 的腿部骨架装配完成啦!

11.3.4 装配上身与头部

我们现在装配上身与头部的骨架。这里采用相当简单的做法,但依然会让你领会约束器的强大之处。此阶段的操作以图 11.2 中的骨骼为参照,步骤如下:

(1)选中骨骼 C_D_spine,按住[Shift]键,并将骨骼 C_D_chest 一并选中。为它添加一个复制旋转(Copy Rotation)约束器(此时骨骼会乱成一片,别担心,我们还需要正确配置一下约束器的参数)。将空间(Space)一栏的两个选项均设为自身空间(Local Space),以便能够让目标骨在自身空间上的变换对当前骨骼自身空间上的变换产生约束作用。现在,如果你转动 C_D_spine,那么 C_D_chest 骨骼也将跟着旋转,毕竟我们通常会将脊柱作为整体去旋转,因此该约束器能够让你免去逐一旋转各段脊椎骨的麻烦,除非你想做出特定的脊骨姿态。在复制旋转(Copy Rotation)约束器参数面板中,勾选偏移(Offset),以便能够手动控制胸骨的旋转,转角值会被自动加给约束器。同样,在约束器的影响(Influence)值的滑块上,你可以定义胸骨所要复制的目标骨的转角值的比例。

(2)选中 C_D_head,在属性面板的骨骼选项卡中找到关系(Relations)面板。去掉继承旋转(Inherit Rotation)的勾选,让头骨不跟随其父级(颈骨)旋转。现在,当你旋转身体时,头部依然会保持朝向不变,这样显得更自然些。

(3)有时候,你可能会想要让头部跟随颈部转动,那么我们可以为头骨添加一个子级(Child Of)约束器,并将目标物体设为颈骨。你可能需要单击一下设置反向(Set Reverse)按钮让它的结果正确。现在你就可以通过控制影响量(Influence)的数值来对颈骨旋转的继承量了。关于如何为此类数值做动画,我们将在第 12 章"制作角色动画"中学习。

11.3.5 装配手臂

尽管我们这里手臂骨架装配非常简单,但手臂也可以很复杂。通常,它们的动画效果会采用 IK 约束实现,但由于它们不会经常与其他物体的表面接触,建议使用正向运动学(FK)

方法控制。为此，我们可以创建一种 IK/FK 混合机制，基本上就是由 3 条骨骼链组成的一个装配件：IK 手臂、FK 手臂，以及形变手臂，通过复制旋转（Copy Rotation）约束器实现 IK 与 FK 作用结果的混合。鉴于目前我们讲的只是装配的入门知识，我们只学会建立 IK 就好。但如果你对装配感兴趣，不妨了解一下 IK/FK 混合法。在图 11.5 中，你可以看到装配完成后的手臂装配件。

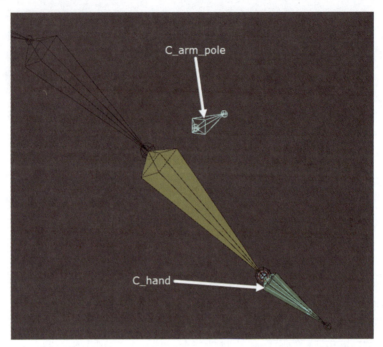

图 11.5 线框显示模式下的 IK 装配件，这样便于看清手骨中的 IK 目标骨

创建手臂装配件的步骤如下：

（1）在编辑模式下，从肘部挤出一根新的骨骼，按[Alt + P]组合键清除它与手臂骨骼的父子关系，并把它移动到后面，命名为 C_arm_pole。该骨骼将用作 IK 约束器的极向骨。

（2）创建 D_hand_bone 的副本，并按[Alt + P]组合键清除它与父级的关系，缩小一点，命名为 C_hand。现在，利用 3D 游标对齐操作（Shift + S）将新建骨骼的头端对齐到腕关节。该骨骼将作为 IK 手臂骨骼的 IK 目标骨，并且也会用来控制手部的转动。之所以要把它缩小一些，是为了避免与 D_hand 完全重叠，因为两根骨骼的位置完全重合。将 C_hand 放大些或缩小些可便于在线框显示模式（Z）中进行分辨。为手骨（C_hand）添加一个 IK 约束器，将新建的骨骼用作它的目标骨，并用 C_arm_pole 作为 IK 极向骨。

（3）选中 D_hand 骨骼，在属性编辑器的骨骼（Bone）选项卡的关系（Relations）面板中禁用继承旋转（Inherit Rotation）（就像我们之前为头部骨骼所做的那样）。然后为 D_hand 骨骼添加一个复制旋转（Copy Rotation）约束器，将 C_hand 作为其目标骨。现在，当你移动 C_hand 时，控制的是手臂的 IK；当你旋转它时，手骨也会跟着转动。

11.3.6 装配手部

现在我们来创建 Jim 的手部和手指的装配件，如图 11.6 所示。

对应的操作步骤如下：

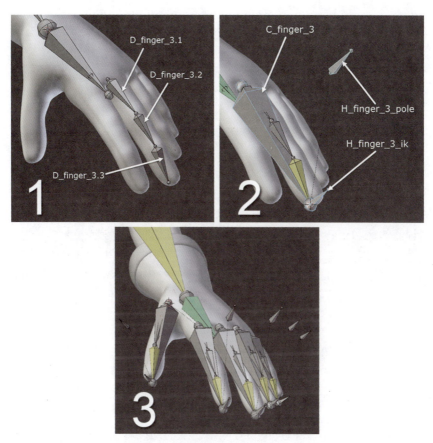

图 11.6 创建手部装配件的步骤

（1）创建出单根手指上的骨骼（共 3 段），并取一个直观的名字。在图 11.6 中，我把它命名为 D_finger_3.1，便于描述手指的位置，以及关节的序号。手指的关键在于骨骼朝向。你可以选择其中一根骨骼，让它的朝向正确（Ctrl + R），然后选择该手指上的其余骨骼，最后再次选中刚才这根骨骼，将其作为主控骨骼。按 [Ctrl + N] 组合键，选择主控骨骼（Active Bone）选项，让所有选中的骨骼的朝向都与主控骨骼对齐。当骨骼的朝向处理完成后，选中手指骨链的第一根骨骼，并把它设为手骨的子级。

（2）创建另一根骨骼，头端与尾端分别对齐到手指骨骼链的始末端，用来控制整根骨骼。在其尾端挤出另一根骨骼，用作 IK 目标骨。创建这根骨骼的副本，并将其上移，作为手指 IK 的极向骨。在编辑模式下，将 C_finger_3 设为手骨的子级，并将 IK 目标骨与极向骨设为 C_finger_3 的子级。为 D_finger_3.3 添加一个 IK 约束器。记得将 IK 链长（Chain Length）设为 3，让它最多只控制 3 根手指骨。现在你可以测试一下手指装配件的效果，只需对骨骼 C_finger_3 操作即可实现控制。转动这根骨骼时，手指也会跟着转，缩放它时，可实现骨骼的屈伸。现在你已经设定好了一根手指。

（3）在编辑模式下创建几个副本，作为其余的那几根手指，并摆到对应的位置上。至于大拇指，应该删掉第一节骨骼，只使用两节即可。另外，你需要重新对齐 C_finger_1，让它的长度对齐到那两节骨骼上。

提示：对齐手指的过程可能稍显烦琐，因为极向骨有时不会对齐到单一轴向上。对于这种情况，你可以进入姿态模式将极向骨摆放到合适的位置。然后选中你刚调节过的那些骨骼，在 3D 视图标题栏上找到姿态（Pose）菜单，找到应用（Apply），并从子菜单中选择将当前姿态应用为静待姿态（Apply Pose as Rest Pose）。此外，你也可以用快捷键[Ctrl + A]进入相同的菜单进行选择。这样操作以后，骨骼在姿态模式下的位置会被应用到编辑模式下。

11.3.7 镜像复制装配件

现在你已经装配好了角色的一侧，你可以用镜像复制的方法做出另一侧。

在此之前，你要知道的是，当完成骨架的装配后，你可以将某一侧的姿态镜像复制到另一侧。Blender 能够根据骨骼的命名规则识别出它们位于哪一侧。每根骨骼都有一个后缀，能够让 Blender 知道它位于左侧还是右侧，例如：

- 右侧骨骼的命名：C_hand.R（后缀".R"代表该骨骼位于右侧）
- 左侧骨骼的命名：C_hand.L（后缀".L"代表该骨骼位于左侧）
- 中线骨骼的命名：C_D_spine（不加任何后缀，则可以让 Blender 知道它位于中线上）

这种命名规则能够让 Blender 在装配件的两侧一一对应的骨骼间实现姿态的传递，当绘制蒙皮权重时，Blender 也可以镜像处理另一侧与之对应的骨骼权重。

1．自动命名骨骼

Blender 提供了自动添加骨骼后缀名称的工具。在编辑模式或姿态模式下按[A]键选中所有骨骼，在 3D 视图标题栏的骨架（Armature）或姿态（Pose）菜单中（取决于当前是哪种模式），选择左/右自动命名（AutoName Left/Right）。该操作将检测骨骼位于 X 轴的正向还是负向，并添加相应的后缀名——这就是为什么我们之前要让角色在 X 轴上居中了。

执行了自动命名操作后，去检查一下骨架中线上的那些骨骼名称。有时候，如果那里的骨骼没有严格位于 $X=0$ 位置，那么 Blender 也会为它们添加后缀。因此要检查一下，如果有不该添加的后缀名，则把它改正过来。

2．镜像复制骨骼

现在所有的骨骼都有了合适的名称，如果你是在装配件的左侧操作，那么所有骨骼（除了躯干中间的那些骨骼）的名字后面都有一个.L。镜像复制这些骨骼的步骤如下：

（1）在编辑模式下，选中所有除中线骨骼以外的骨骼（可以按[B]键进行框选）。

（2）按[Shift + D]组合键创建它们的一套副本，单击鼠标右键撤销移动操作。

（3）将 3D 游标置于场景中央（Shift + C）并将轴点操作模式切换为 3D 游标（按键盘区的"."键）。

（4）按[Ctrl + M]组合键对选中的骨骼执行镜像翻转操作，此时按[X]键即可沿 X 轴执行镜像翻转，按回车键确认。

（5）现在我们就完成那些骨骼的镜像复制操作，但它们的名称却是像 C_hand.L.001 这样，这是由于 Blender 自动会命名它们，以免让两个物体共用相同的名称。保持右侧的骨骼为选中状态，转到骨架（Armature）或姿态（Pose）菜单选择翻转名称（Flip Names）。这样可以让那些骨骼副本的名称得到正确的转换，并且去掉"001"这样的后缀。例如，C_hand_L.001 会变成 C_hand_R。

3．调节骨骼

镜像复制骨骼能够大大节省添加修改器，以及其他重复性操作。不过，镜像复制也有点副作用。在镜像复制完成后，你可能需要进行一些调节。

当镜像复制骨骼时，某些骨骼的旋转状态会由于沿 X 轴翻转而产生奇怪的效果，这就需要我们手动修复一下，可能会花点时间，但与完全手动创建对侧的骨骼相比，还是比较省事的。

以下是对镜像后的骨骼进行修复操作的几点建议：

- 在属性编辑器的骨架（Armature）选项卡中找到显示（Display）面板，你可以勾选轴向（Axes）选项，以便在 3D 视图中看到骨骼的朝向。这有助于对比左右两侧骨骼的轴向，观察是否有朝向不当的情况。在编辑模式下按[Ctrl + R]组合键可以调节旋转。
- 某些 IK 约束器可能也会有点问题，需要在 IK 约束器面板更改一下极向角的数值。也可以直接在姿态模式下调节极向骨的转角。然后将调节后的姿态应用为静待姿态（Ctrl + A），从而将调节的结果传递到编辑模式下。
- 要想确定骨架是否正确装配，我们可以测试它是否支持镜像姿态传递。如果某一侧的骨骼配置不正确，那么当镜像传递某个姿态时，与之对应的另一侧骨骼就会产生不一样的旋转结果，两侧的姿态也就不是对称的了。这样就可以发现哪里出问题了。图 11.7 显示了姿态模式下的复制/粘贴选项。

先在姿态模式下为角色摆出个姿态，然后单击复制姿态图标，接着单击镜像粘贴图标。如果骨骼配置有误，那么可以回到编辑模式下并用[Ctrl + R]组合键调节其转角。

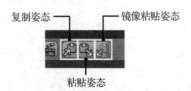

图 11.7　在姿态模式下的复制粘贴选项

11.3.8　整理装配件

你的角色装配件已经可以使用了，但你还可以对它进行进一步的组织以提升易用性。有两种组织骨骼的方法。

1. 骨骼组

骨骼组（Bone Group）可以让你使用颜色来组织骨骼，并支持群组的快速选择。你可以将各类骨骼设置为不同的颜色。例如，图中可以看到我预先添加了形变骨骼组（Deform）、控制骨骼组（Control）和辅助骨骼组（Helpers）。在图 11.8 中，你可以看到骨骼组（Bone Groups）面板，位于属性编辑器的骨架（Armature）选项卡下。

在骨骼组面板中，你可以向列表中添加新组。当单击指定（Assign）按钮时，当前选中的骨骼将被归到当前激活的骨骼组中，你也可以调节面板中的色块，创建自己的配色方案。

将骨架中的所有骨骼按照功能类型归到相应的组中。需要注意的是，某些物体兼具多个功能，如脊骨和胸骨，它们可以用来控制网格形变，但也具有控制骨的功能。将这些物体归到控制骨骼组中，这样可以通过它们的颜色来判断对侧的骨骼是否有问题。不过，单根骨骼并不能被归到多个组中。图 11.9 是角色骨架目前的效果。

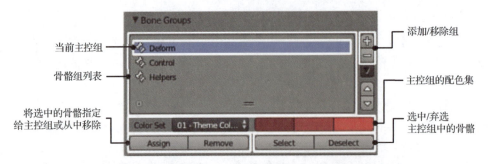

图11.8 骨骼组面板（位于属性编辑器的骨架选项卡下）

图11.9 对 Jim 骨架中的骨骼进行归组整理后的效果

2．骨骼层

Jim 的骨架看上去已经非常好了，但还有很多骨骼是不需要移动的（如辅助骨），并且它们会妨碍你编辑其他的元素。此时，你可以使用骨骼层将它们隐藏。

骨骼层与场景层类似，但它们仅可用于骨架系统。在骨架选项卡中的骨架（Skeleton）面板中，你可以看到四组小方格。层（Layers）字样下方的两组方格是指骨骼层自身。而另外两组方格，也就是位于受保护层（Protected Layers）字样下方的那两组方格则用于将特定的层标记为受保护状态，以免该装配件的其他用户在关联该角色时不慎编辑了它们（我会在本章后面对关联（Link）的概念进行介绍）。

在编辑模式与姿态模式下，你可以选中一根或多根骨骼，并按[M]键将其放到指定的骨骼层中去。同样，这与利用场景层整理物体的方式如出一辙。其中每个小方格代表一个层。由于每根骨骼都可以同时存在于多个层中，因此也可以按[Shift + 鼠标左键]将骨骼添加到多个层中。

当你为骨骼指定了层以后，你可以在骨架选项卡中单击代表层的方格来显示或隐藏它们。单击的同时按住[Shift]键可以显示或隐藏多个层。

按照实际需要将骨骼指定到多个层中。对于 Jim 的骨架来说，你可以将形变骨都放到某个层中去，并把所有的辅助骨也单独归到另一个层，控制骨也归到第三个层里去。对于那些同时兼具形变骨与控制骨双重功能的骨骼来说，自然也就应该归到多个层中去了。

现在你可以按需要显示或隐藏骨骼层。例如，当你制作蒙皮时，你可以只显示控制骨所在的层，将其余的层隐藏。当骨架装配完成后，你可以将形变骨与辅助骨所在的层隐藏起来，只对可见层里的控制骨执行操作。换句话说，显示或隐藏层便于进行骨架装配，只让自己希望看到的元素显示出来。

在本章后面的内容里，你将创建面部的装配件。你也可以把它放到另一个层中去，这样就可以先做出完整的角色姿态，然后再让面部装配件显示出来并编辑面部表情。如果自始至终都让面部骨骼显示出来，很可能会妨碍视觉上的简洁性，或是可能在编辑身体姿态的时候不慎移动面部的骨骼。

11.4 蒙皮

蒙皮（Skinning）是指让 Blender 知道骨骼应当如何控制网格形变的过程。你需要用到权重：每根骨骼都会对各个顶点产生一个影响度（权重），以便能够定义顶点跟随骨骼运动的程度。我们通过一个简单的例子来了解权重的作用原理。

11.4.1 理解顶点权重

在本节中，你将通过一个简单的例子了解权重是如何作用于网格的。在图 11.10 的左图中，你可以看到有一个简单的模型，一个圆柱体，内部有两根骨骼。在图 11.10 中，你可以看到顶部的骨骼权重分布：红色表示骨骼会对那里的顶点产生 100%的影响，而深蓝色则代表骨骼对那里完全没有影响。所有中间的颜色（橙色、黄色、绿色等）代表从 0～100 个百分比间不同程度的影响量。在图 11.10 右图中，你可以看到当旋转那根骨骼时对模型的作用效果：红色区域会完全跟随骨骼运动，而中间色区域（绿色或黄色区域）会按比例分摊各根骨骼的影响量。骨骼影响量为零的地方（蓝色区域）则完全不会跟着骨骼一起运动。

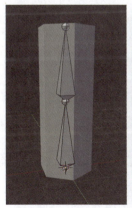

图 11.10　骨骼权重对网格形变效果的影响

11.4.2 设置用于蒙皮的模型

在正式开始处理蒙皮前，建议对模型进行一点设置。

1. 模型

以下步骤有助于为你在场景中的导览提供便利，并让流程变得更加简单。

- 如果模型上有镜像（Mirror）和 Shrinkwrap（缩裹）修改器，那么此时应当应用它们的修改结果。否则会在后面进行权重绘制的时候出现问题。
- 当你应用镜像修改器时，某些物体部件需要进行分离，如手臂、手套或靴子上的细节，如某个单独的物体。在编辑模式下，选中任意一个面，并按[P]键将当前选中的元素分离成另一个的物体。
- 为了确保在变形网格时不慎缩放了它们，可按[Ctrl + A]组合键应用一下各个网格物体的位置（Location）、旋转（Rotation）及缩放（Scale）（不包括眼球那里的晶格物体），当你将角色上的各个部件关联到骨架的时候，可以避免产生意外的问题，此类问题我们稍后就会看到（物体会四处乱跳，或是在被设为子对象时产生尺寸变化）。应用这些变换后，有些物体可能会显得有些不一样。如果看上去颜色变深了，可以切换到编辑模式，选中所有元素，按[Ctrl + N]组合键重新计算法线即可。另外一个可能出现的问题可能会影响到使用了某些修改器的物体，如实体化（Solidify）修改器，因为该修改器的厚度大小直接取决于物体自身的缩放。因此，当你应用缩放后，物体的厚度可能会受到影响。
- 眉毛应当作为面部模型的一部分，因此在创建面部表情时，它们会方便调节。你可以用衰减编辑（Proportional Editing）工具同时移动面部的顶点。当把它们合并到面部网格上时（Ctrl + J），你将最终得到一个网格物体，并且眉毛的材质也会保持原来的。
- 如果你还没为所有的物体取合适的名字，那么现在就做吧，重新用名称整理一下物体。在此后的所有阶段中，我们都将会因此受益。

2. 选择形变骨

骨架中有很多骨骼，你需要让 Blender 知道哪些是用来控制网格形变的。默认情况下，所有的骨骼都可以用来控制网格形变，因此我们就来看看如何指定某些骨骼专门用于网格形变。

在属性编辑器的骨骼选项卡中，找到形变（Deform）面板，启用该面板后，你可以设置封套（Envelope，即骨骼周边的影响区），以及其他一些与骨骼形变相关的功能。现在，如果你不想让某个特定的骨骼影响网格形变，那么只需禁用该骨骼的这个选项即可。当然，对多根骨骼逐一执行这样的操作，的确是很低效的，我们来看看能不能有快捷的办法。

（1）在编辑模式和姿态模式下，选中所有的骨骼，并且让所有骨骼层可见（以便能够看到所有的骨骼），按[Shift + W]组合键可显示骨骼设定（Bone Settings）选项。此外，你可以在骨架（Armature）或姿态（Pose）菜单（取决于当前使用的模式）中找到骨骼设定（Bone Settings）子菜单。

（2）在骨骼设定菜单中，单击形变（Deform）。现在，所有骨骼的形变影响都被禁用了。或者选中部分骨骼，并确保已经禁用了形变（Deform）选项。

（3）现在，转到骨架层，只点选那些希望显示的层。全选所有那些骨骼，再次按 Shift + W，再次点选形变（Deform）。现在，那些骨骼的形变面板就被启用了，而所有其他的骨骼（控制骨和辅助骨）均不会影响到网格形变。

只要 3 步，即可搞定！想必你已经进一步了解如何利用层与组来快速地选择及更改特定类型的骨骼设置了。

骨骼设置

按[Alt + W]组合键和按[Shift + W]组合键同样都能显示骨骼设置选项。二者有什么不同呢？在 Blender 中，[Alt]键通常用来移除某种效果。[Shift + W]组合键用于切换模式。例如，如果你的形变（Deform）选项已启用，那么该选项就可以把它禁用，再次应用该选项则会再次启用。而按[Alt + W]组合键时仅会对选项进行禁用，而不是切换。因此，如果你想确保禁用某个选项话，就用[Alt + W]组合键吧。

11.4.3 添加骨架修改器

骨架（Armature）修改器的目的是让网格知道它要如何被骨架中的骨骼控制。和约束器一样，骨架修改器也有两种添加方式：

- 选中网格，转到属性编辑器中的修改器（Modifiers）选项卡并添加一个骨架修改器。然后，在骨架（Armature）栏中，输入你想要用来控制网格形变的骨架物体。这里我们应当选择或输入 Jim_rig。
- 另一种添加骨架修改器的方法是，先选中网格，然后按住[Shift]键的同时选择一根骨骼或骨架，然后按[Ctrl + P]组合键建立父子级。此时，Blender 会显示若干选项，其中有几项是关于骨架的选项。这里我们选用自动权重（Automatic Weights），这通常是最傻瓜化的选项（除非你为骨骼设定了封套影响，这并不在本书探讨范围内）。这些选项会添加一个骨架（Armature）修改器并将选中的骨架作为形变骨。不同的选项会带来不同的效果。例如，自动权重（Automatic Weights）会检测与骨骼最接近的顶点，并根据距离自动指定权重（你可以通过设置相应的骨骼封套来控制自动权重的相应方式，在此就不深入探讨了）。

注意：如果你之前为模型添加过表面细分（Subdivide Surface）修改器，当你添加一个骨架（Armature）修改器时，按照修改器从上到下的执行顺序，表面细分修改器会先被执行，再执行骨架修改器，这会让操作执行性能降低，而且会更难以控制顶点的权重。因此，建议将骨架修改器上移到表面细分修改器之上（表面细分修改器应当被列在修改器堆栈的最底部）。

11.4.4 权重绘制

可以说，权重绘制是为模型指定骨骼权重最快捷的方式。要想进入权重绘制（Weight Paint）模式，只需在 3D 视图标题栏上的交互模式选单中选择权重绘制（Weight Paint）。现在你会看到模型上出现了蓝色、黄色、绿色和红色等颜色。这些颜色代表当前选中骨骼的权重分配。你也可以按[Ctrl + Tab]组合键切换到该模式。

权重绘制模式与纹理绘制（Texture Painting）模式很相似：在左手边的工具栏中，你会看到绘制权重时用到工具及选项，如图 11.11 所示。

当你使用自动权重（Auto Weights）为网格添加骨架修改器的同时，也会在网格上创建多个顶点组，其中每个顶点组分别对应着与之同名的骨骼。每个顶点组存储的权重能够影响骨架中每根骨骼。

提示： 在开始为模型绘制骨骼权重之前，建议在骨架选项卡的显示（Display）面板中将骨架的显示样式更改为 Stick（棍形），这样可以降低骨骼对网格的阻挡程度，此外，确保只让变形骨层可见。

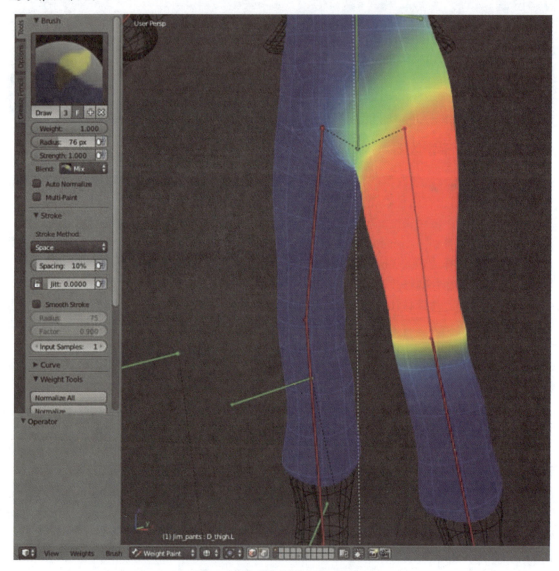

图 11.11　权重绘制模式的工具界面

以下是权重绘制模式的几点操作指南：

- 在左手边的工具栏中，你可以找到很多权重绘制模式专用的笔刷控制选项。在工具栏顶部，可以看到几种不同的笔刷类型，分别是加（Add）、减（Substract）、手绘（Draw）和模糊（Blur）。每种笔刷的权重绘制效果各不相同。绘制权重的方法是按住鼠标左键并在顶点上拖曳鼠标。
- 单击鼠标左键并在网格顶点上拖动鼠标绘制权重。

- 你也可以设置笔刷的尺寸（Size）、力度（Strength）及权重（Weight）值。这与纹理绘制模式下的选项基本相同。此外也可以在 3D 视图中用[F]键和[Shift + F]组合键分别控制笔刷的尺寸和力度。
- 左键用来绘制权重，而右键则可以选择其他的网格，这样就能在网格间跳转并绘制权重了。如果网格在被选中前的上一个模式不是权重绘制（Weight Paint）模式，则当选中它时会切换到物体模式。按[Ctrl + Tab]组合键即可切换到权重绘制模式。

另一种选择想要绘制权重的骨骼的方法是，转到属性编辑器的网格（Mesh）选项卡，在顶点组（Vertex Groups）面板中，从列表中选择目标顶点组（这里也体现了对骨骼进行适当命名后的好处）。

提示：不过，从顶点组列表中选择顶点组并不是最快捷的操作方式。你还可以在姿态模式下选中骨架。然后再选中网格。如果骨架中的形变骨当前可见，那么你就可以在绘制权重时用鼠标右键选择骨骼啦！当你选择一根骨骼时，你会立即看到它对顶点的影响度，而与骨骼对应的顶点组也被同时选中，这样是不是比从列表中选择要快得多呢？

- 在绘制过程中，按 G、R 或 S 可移动、旋转或缩放该骨骼，以便能够在绘制权重时随时移动角色，从而测试权重是否合适（有时候，你可能会想要将某些骨骼重置回初始位置，只需按[A]键全选它们，或者手动选择其中的某些骨骼，然后按[Alt + G]组合键、[Alt + R]组合键、[Alt + S]组合键，即可重置它们的位置、旋转及缩放值）。

你还可以创建一段骨骼动画测试权重是否适当，方法是在时间线（Timeline）上的动画区间内拖动鼠标。我们将在下一章里讲到。

- 在工具侧边栏的选项（Options）选项卡中，有几项实用的功能。其中一项就是 X 向镜像（X-Mirror）如果你的网格完全沿 X 轴对称，那么 X 向镜像功能可以自动将你对某一侧绘制的权重复制到对侧。当然，这只有当你为骨骼名称添加.L 和.R 后缀时才能起作用。
- 模糊（Blur）笔刷的用法很简单。先进行基础的权重会址，然后，如果你想让边缘处的权重分配变得柔和些，只需用模糊笔刷在那些边界处绘画即可。要注意的是，该笔刷模糊的是笔刷范围内的顶点，所以此时你可能需要将笔刷尺寸调大些。

提示：在线框模式下（Z），通常可以清楚地看到权重的绘制效果。你可以观察几乎所有的东西，除了那些在进入权重绘制模式前就已经选中的物体。你会看到该物体使用无明暗着色呈现权重。

1. 权重值

对于权重绘制来说，即使有时是很快速而轻松的事，但也需要掌握一定的技巧。对于模型的复杂部件或是想要绘制特定权重的区域，通过输入数值的方式设定权重会比较好些。好在 Blender 为我们提供了这样的功能。

在属性编辑器的网格选项卡（图标为一个顶点被加重显示的小三角形）中，找到顶点组（Vertex Groups）面板，其中有输入数值的选项。操作方法如下：

（1）在编辑模式下，选中想要精确指定权重值的顶点。

（2）转到顶点组面板，找到与想要添加权重的骨骼同名的顶点组，单击鼠标左键选中它。如果你单击列表底部的小按钮（每个列表底部都会有一个这样的按钮），你就可以通过输入名称的方式快速查找顶点组，也就是说，只需在里面输入顶点组的名称，并按回车键，即可显示与你输入的名称完全匹配的顶点组(这又是一个采取适当的命名规则的好处)。

(3)在顶点组面板下方,有几个选项,它们与骨骼顶点组(Bone Groups)面板中的那些选项很相似。设定好权重值后单击指定(Assign),即可将该权重值指定给选中的骨骼/顶点组的控制顶点。

还有另一种调节顶点权重的方法。在编辑模式下,选择一个或多个顶点,如果它们已经被指定过权重值,那么 3D 视图右侧的属性侧边栏中会显示一个顶点组(Vertex Weights)面板。其中,你可以对各个顶点的权重值进行调节,包括在顶点之间复制粘贴权重值等。

2. 镜像权重

以 Jim 的手套或靴子为例,虽然它们两侧的网格完全相同,但却被不同的骨骼所影响。对于这些物体来说,我们有更快捷的方法为它们添加权重,只需要某一侧被指定权重即可。如果是手动为两侧指定权重,这样的效率并不高(尤其是对于复杂的模型而言,如双手),而且最后两侧的权重形变效果也未必完全一样。不过,我们有更简单的方式来镜像权重,无论是在添加权重之前还是之后。

3. 在添加权重前镜像

我们通常建议在添加权重前执行镜像。如果你的模型网格是镜像结构,那么应确保在开始绘制权重前勾选 X 向镜像(X-Mirror),因为在绘制权重之后,会多花费时间和精力去修正有可能在另一侧产生的权重问题。在定义权重后,再次将网格拆分,让它们作为相互独立的物体,并且拥有独立的权重。

4. 在添加权重后镜像

如果你已经在某一侧绘制好了权重,那么是可以镜像复制这些权重的。我们以手套为例,看看应该怎么做:

(1)删掉尚未绘制权重的那只手套。

(2)选中绘制过权重的那只手套,按[Shift + D]组合键创建一个副本。单击鼠标右键撤销进一步的变换操作。按[Shift + C]组合键将 3D 游标设置到场景的中心。按[Ctrl + M]组合键进行镜像翻转,此时按[X]键可指定沿 X 轴向进行翻转。最后,按回车键确认。

(3)转到顶点组(Vertex Groups)面板。找到与目标那一侧的骨骼名称对应的顶点组,并删掉它们,然后将与原来那一侧的骨骼名称对应的顶点组的名称都替换为与目标一侧骨骼名称对应的顶点组名称……这段话听起来有点绕脑筋,我们还是举个简单的例子吧。例如,我们只使用一根骨骼,并且假设我们已经绘制过的权重是左手的手套。

①在顶点组列表中,找到与右侧对应的顶点组名称(也就是现在需要用到的那些),它们的名称均以.R 结尾(在列表下方的名称过滤框中输入.R 可快速过滤出所有那些顶点组)。在这里,我们将要镜像复制的是骨骼 D_hand.L 的权重,因此我们将 D_hand.R 删掉。

②现在找到 D_hand.L,在它的名称上双击,把它重命名为 D_hand.R。这会让该顶点组中的当前权重受右侧骨骼的影响,而不再是左侧了。

③对所有需要镜像复制权重的骨骼执行同样的操作。

5. 不需要指定权重的物体

那些不需要发生形态变化的物体也就无须指定权重了。你只需要把它们绑定为某根骨骼的子级。例如，头发、帽子、牙齿、舌头（舌头是可以有形变的，但这里为了简单起见，我们就让它保持不动吧），而双眼也只需简单地绑定给对应的骨骼就好（它们应该作为与之对应的 H_eye 辅助骨的子级，而不是 D_eye 形变骨），因为它们不会受到骨骼的影响而产生形态变化。

要想把它们绑定为某根骨骼的父级，先确保骨架的当前交互模式为姿态模式。然后先选择物体，按住[Shift]键将目标骨骼一并选中。现在按[Ctrl + P]组合键建立父子级关系，这次我们不用自动权重（Automatic Weights）那一项（也就是之前我们在添加骨架修改器时所用的那一项），而是在列表中选用骨骼（Bone）。

6. 为 Jim 摆姿态

当你按照操作完成了对所有需要控制形变的物体的权重设置后，你就可以为 Jim 摆姿态啦！以下是几点关于为角色设置权重之前及之后需要注意的事：

- 颌骨应当用来控制嘴巴的张合，而下嘴唇、下牙和舌头应当跟着一起动。
- 某些部位（如手臂）上的穿戴物件会随着骨骼的带动产生形变，但你也可以把那些物件绑定到手臂骨骼上。在设计之初，这些物件的位置是不会发生改变的，且只受一根骨骼的影响，这就是为什么只把它们以父子级方式绑定给骨骼就已经足够了。
- 让手臂和腿扭转会有些复杂。当你扭转手部时，这个运动会影响前臂的运动，并且在简单的骨架中，模拟这种运动是不可能的。Blender 中专门用来解决这个问题的方法就是使用骨骼段。在属性编辑器的骨骼（Bone）选项卡中，找到形变（Deform）面板，其中有一个选项区叫作曲形骨骼（Curved Segments）。你可以定义分段的数量，这样可以让骨骼更"灵活"，并且会在父级骨与子级骨之间形成一条曲线形。当将渐入（Ease）值设为 0 时，则不会有曲率产生。如果你想看到骨骼分段后的效果，需要在骨架（Armature）选项卡中将显示模式更改为样条骨（B-Bones）。尽管这种解决方案并不会实现完美的形变，但它可以模拟前臂的那种扭转效果。不然，你就不得不去创建更复杂的骨架，并且会多花时间去绘制权重。
- 样条骨会将一段骨骼分成若干段。因此，即使它看似只有一根骨骼，但它在内部会分成若干段，创造骨链一样的形变，这个功能非常有用！

11.5 创建面部装配件

现在就只剩下面部的装配件了，Jim 的表情动画全靠这里了。为此，你需要用到形态键（Shape Keys）。形态键能够存储同一物体的不同形态。例如，想象 Jim 的一个笑脸表情，然后你通过调节一个范围在 0～100 之间的数值滑块将常态时的顶点位置逐渐移动到笑脸表情中的位置上。当你掌握了如何使用形态键控制模型后，你将新建几根骨骼，并学习如何使用它们来控制形态键。然后你就可以仅用几根骨骼来控制 Jim 的表情变化了。

11.5.1 编辑形态键

我们要预先对形态键进行编辑。对于面部的不同区域，我们要单独建立形态键。你可以创建的形态键的例子有：微笑、皱眉、眨眼、张嘴，以及上下移动眉毛。

对于每种动作（那些同时影响两侧网格的动作除外），需要创建两个形态键，分别控制面部的两侧。例如，你想要让左右眼皮同时眨。对于 Jim 这个案例来说，操作其实并不难，因为你不需要制作复杂的面部表情。他只需要几种基本的表情即可，如微笑、眨眼等，这样可以尽可能简化形态键。不过，如果你想创建非常逼真的面部骨架，那就需要创建很多形态键。图 11.12 中是形态键面板，位于属性编辑器的网格选项卡下。

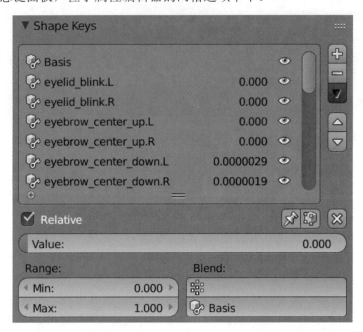

图 11.12　形态键面板（位于属性编辑器的网格选项卡下，你可以添加、移除及调节列表中的形态键）

1．创建形态键

形态键的使用流程如下：先单击面板中的"+"按钮，创建一个名为 Basis 的键，它是其余所有形态键的基础形态，也就是模型的原始形态。然后再次单击"+"按钮，添加一个新的形态键。双击它的名字可以重命名。例如，我们想要创建微笑表情的形态键，那么可以把它命名为 mouth_smile.L（代表左边嘴角的微笑状态）。现在，选中这个形态键，如果你进入编辑模式，可以手动调整左侧嘴角附近的顶点（这时使用衰减编辑（Proportional Editing）工具会非常方便）做出那一侧的微笑。

当你退出编辑模式时，你会看到模型又回到了初始形态，刚刚做好的微笑表情也不见了。这是因为微笑形态键的当前影响量是 0%。在形态键的名称后面有一个数值（如图 11.12 所示），你可以在上面左右拖曳来增加或降低形态键的影响值。你也可以拖动列表下方的值（Value）滑块达到同样的效果。

在列表底部，你可以控制当前形态键的值（范围通常为 0～1）。举例来说，如果你将数值区间（Range）的最大值（Max）设为 2，那么该形态键所控制的顶点移动范围将会是顶点移动幅度的 2 倍。

我们的想法是，对于面部的各个部分使用不同的形态键，并且可以相互混合，创建出各种面部表情。例如，高兴的表情，会有微笑，或许嘴唇微张，眼睛也会稍微眯一些，面颊和眉毛上扬。因此，将那些不同的形态键相互混合可以做出高兴的表情。图 11.13 是通过混合几种基础形态键做出的 Jim 的多种表情。

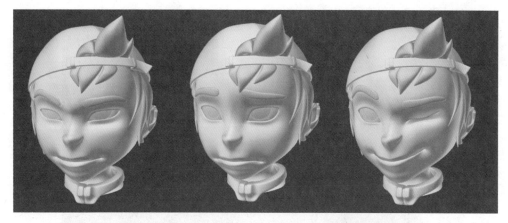

图11.13 Jim 的形态键（各个部位同时运动即可做出完整的面部表情）

2．镜像创建形态键

之前我们看到了，你需要对左右两侧的形态键做分别处理。例如，你需要一个眨右眼，以及一个眨左眼的形态键。不过，如果你的角色面部结构是对称的，分别创建两侧的形态会是个麻烦活，而且两侧的最终效果也会有差异。镜像创建形态键的方法如下：

（1）先创建出一个单侧的形态键，如左眼的眨眼形态键。

（2）退出编辑模式并将眨左眼的形态键影响量设为 100%（也就是 1）。

（3）单击"+"和"-"按钮下方的箭头，里面有添加或移除形态键的选项。我们选择混合后的新形态（New Shape From Mix），这将根据网格顶点在现有形态键影响下的位置创建新的形态键。我们把它更名为代表右侧的名称。

（4）再次单击该按钮，选择镜像形态（Mirror Shape），将顶点位置传递到网格的另一侧。

11.5.2 创建面部装配件

创建面部骨架的方法很多。例如，你可以使用控制骨在 3D 视图中直接操纵表情，这样就无须在形态键面板中逐一调节影响量了。在本节中，你将创建几段骨骼作为控制骨，用来操纵 3D 视口中的表情。通过这种方法，你无须去形态面板中逐一调节形态键了。

根据你想要控制的面部表情，需要对应的控制类型。这里，我们在面部的前方创建几根骨骼，每根骨骼均用来控制若干个形态键。以嘴部形态控制骨为例，你将把它设计成利用自身的缩放控制嘴巴的张合。眉毛控制骨的位置将决定眉毛的扬起程度。骨架的设置方式应尽量直观（我们稍后会为骨骼添加自定义骨形，让它们更加直观），应当能够让我们轻易分辨出每根骨骼的控制目标是哪里。想象一下，当你向上移动某根骨骼时，它的控制目标也会随着向上运动，如果不是这样的话那就谈不上是直观。如图 11.14 中，你可以看到用来控制 Jim 基础表情的骨骼。模型越复杂，且形态键越多（如让他行走），就相应地需要更多的控制骨。

将这些控制形态键的骨骼绑定为头骨的子级，确保将它们归到 Control 骨骼组中。另外，你可以把它们放到一个新层中，让它们与其余的骨骼区分开，这样可以在处理角色的时候快速隐藏与显示这些面部控制骨。你也可以使用另一种前缀去命名，如 CF_cheek.L（Control Facial 的缩写，意为"面部控制"）。

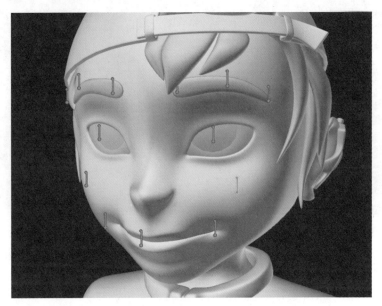

图 11.14　这些骨骼将用来控制 Jim 的面部表情

11.5.3　使用驱动器控制面部形态键

现在我们需要让 Blender 知道哪些骨骼及其对应的属性将如何控制形态键的值。为此，我们将用到驱动器（driver）。驱动器的使用方法有一定的技术含量，也属于相对高级的技能，所以我们先来讲一讲基础知识，但我建议你去探索一下如何利用驱动器来控制更复杂的骨架。

在界面上切出一个新的编辑区，并将该区域的编辑器类型切换为曲线编辑器（Graph Editor）。在曲线编辑器的标题栏上，你会看到有一个选单，可以在函数曲线（F-Curves）和驱动器（Drivers）之前切换（关于函数曲线，我们将在下一章学习，它用于制作动画）。

1．创建驱动器

此时，驱动器的界面是完全空白的，因为目前场景中尚未添加过任何驱动器。创建方法也很简单：在界面上找到想要控制的参数，如 Jim 面部某个形态键的值（Value）参数滑块，然后在上面单击鼠标右键，在弹出的菜单中选择添加驱动器（Add Drivers）。此后，你将无法在界面上手动更改该参数（而是直接由驱动器控制），并且参数的颜色会变成紫色，代表它受驱动器控制。

2．设置驱动器

我们来设置驱动器，让角色在你缩放某根骨骼时眨眼。然后，我们需要对其余的形态和控制骨采用相同的方法进行设置：

（1）在曲线编辑器的左侧，你会看到当前受驱动器所控制的所有属性的列表。展开它们后可以看到更细化的属性，如图 11.15 所示。

（2）单击属性，然后将鼠标指针放在曲线编辑器内，按[N]键显示属性（Properties）侧边栏。现在你会看到可供设置的各种参数了。

（3）在属性侧边栏中找到驱动器（Drivers）面板。第一个选项是驱动器的类型（Type）。这里我们设为平均值（Averaged Value），因为现在我们还用不到脚本（Scripting）类型。这样可以生成变量的平均值（这里你用了一个变量，Blender 将直接使用此数值，但你也可以添加更多的变量值，做出更复杂的效果）。

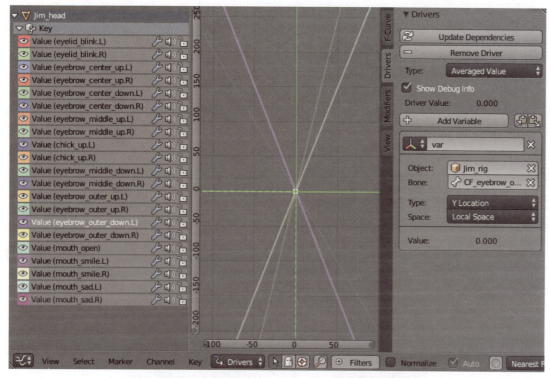

图 11.15　显示驱动设置选项界面的曲线编辑器

（4）在添加变量（Add Variable）面板中，默认已经有了一个名为 var 的变量（目前无须改名，但你也可以去改名，以免在使用多个脚本时相互混淆）。

（5）在物体（Object）名称框中，输入骨架的名称，随后会出现另一个名称框，用来输入你想要用来驱动该属性（形态键的值）的骨骼名称。

（6）选择骨骼将要驱动的变换类型。以眨眼形态为例，我们想要控制它的 Z 向缩放值（实际上轴向并不重要，因为我们会在 3 个轴向上同时缩放骨骼）。将空间（Space）设为自身空间（Local Space），让变换以骨骼的自身位置为依据，因为它们会跟随头部一起运动，所以使用世界空间（World Space）就不会很理想了。

（7）在驱动器（Drivers）面板顶部，有两个按钮，分别是更新依赖关系（Update Dependencies）和移除驱动器（Remove Drivers）。为了确保所做的更改得到更新，需要单击更新依赖关系按钮。现在回到 3D 视图中测试，确认驱动器是否生效。

（8）驱动器起作用了，但现在的眼睛是闭着的状态，并且会在你缩小骨骼时张开。为了让动画控制方式变得直观，应该让现在的眼睛是睁开的，并且当缩小骨骼时闭上眼睛。要想完成这一目标，在驱动器面板中，你会看到修改器（Modifiers）面板（是的，驱动器也可以挂载修改器）。图 11.15 中的那些斜线代表各个驱动器的影响，通过调节那些线条的斜度，你能更改驱动器的效果。例如，你可以调节效果变化的快慢。

添加一个生成器（Generator）修改器。通过调节该修改器的参数值，我们可以控制那条用来定义驱动器影响量线条的斜度，从而影响骨骼对形态的影响量。简单来讲，公式中的第二个数值（即"y="后面的那个）调节的是线条的起始点；而第三个值控制的是那条线的斜度，也就是效果的速度快慢（如果你需要将骨骼移动很大的距离来调节形态键的值，那么增加这个值可以抵消前者）。如果你想要反转驱动器的驱动效果，你可以在生成器（Generator）修改器中使用一个负值。要记得在更改数值后单击更新依赖性（Update Dependencies）按钮，并在 3D 视图中观察效果是否满意。

（9）对各个控制骨及各个形态重复同样的过程。

提示：当你已经设置了一些驱动器时，你可能会发现你需要为其他物体、骨骼、形态键等创建相似的驱动。在某个驱动器的属性上面单击鼠标右键，从弹出菜单中选择复制驱动器（Copy Driver）。转到你想要添加新的驱动器的属性上，在上面单击鼠标右键，并在弹出的菜单中选择粘贴驱动器（Paste Driver）。现在你只需要转到新的驱动器上为新的属性调节参数即可。

11.6 创建自定义骨形

我们已经完成了骨架的创建，但它看上去还不是很直观。要想让模型更加好用，你可以为骨骼添加自定义骨形，如图 11.16 所示。你可以将任何模型或曲线用作自定义骨形物体。

图 11.16 为 Jim 的骨架使用自定义骨形

在姿态模式下选中一根骨骼时，在属性编辑器的骨骼（Bone）选项卡中找到显示（Display）面板，有一个专门用来设置自定义骨形的输入框。只需输入你想用来代替该骨骼外形的物体即可。这个功能只是为了让骨骼看着直观些，并不会影响到骨骼的功能。当设置完成后会出现另一个选项用来启用线框效果,这将只显示自定义骨形的边线。

创建自定义骨形的一般步骤如下:

(1)先创建一个平面或圆圈(举例来说),并对其命名(前面加上 S_前缀有助于分辨出它们是自定义骨形物体)。

(2)选中骨骼并为它指定一个自定义骨形。

(3)回到物体上,进入编辑模式并调节它的形状、大小和旋转方向,直到满意为止。

(4)对每个控制骨执行上述过程。

11.7 装配件的收尾工作

你还可以对装配件执行很多其他的操作,但出于学习的目的,目前的装配件效果已经是非常好了。如果想要让它更易用,你可以锁定不想影响到的骨骼的变换属性。这样做有两个作用:一是防止对变换属性执行误操作(例如,缩放一根本不该被缩放的骨骼,或是旋转一根本来只允许移动的骨骼),而是有助于你分辨各根骨骼的功能。

要想锁定变换,先选中一根骨骼。例如,我们以脚部旋转为例,它本该只在某个单一轴向上旋转,因为如果不是这样就不符合实际了,而且它也不该被移动或缩放。在 3D 视图的属性侧边栏中,观察变换(Transform)面板,在各轴向的数值后面有一个锁头图标。单击它后,你就无法让骨骼在该轴向上执行对应的变换操作了(锁定后的轴向将不再显示在操纵件上,便于你认清自己当前能够执行的操作)。

此外还有一个能够改善装配件的可选方式。那就是,有时候你会想要换用更易于理解的旋转类型,那么可以在属性侧边栏的变换(Transform)面板中,将旋转类型从 Quaternion 切换为 XYZ Euler(这种旋转类型在使用动画曲线的时候会更易于理解)。

现在你可以在图 11.17 中看到 Jim 的骨架正在冲着你打招呼哦!

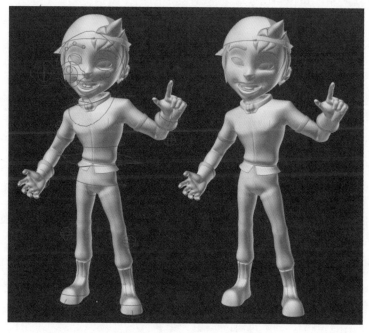

图 11.17　Jim 的最终骨架能够让你为他摆出很酷的姿势

11.8 在不同的场景重复使用角色

在本章的最后这节内容中，我将介绍关联（Link）和追加（Append）功能，以及其他一些在其他场景或文件中重复使用角色的有趣方法。

11.8.1 库关联

库关联是你将一个场景的物体关联到另一个场景中的过程。为什么要这样做呢？假设你正在制作一部影片，有多名动画师在同时处理着不同的镜头。同一个角色需要出现在不同的场景中，也可能会和其他角色互动。你需要让模型能够便于加载到其他场景中去。

关联和追加是能够让你将物体从一个.blend 文件带进另一个文件中的两种方法。

1. 关联

将一个场景中的物体关联到其他场景中的方法很简单。进入文件（File）菜单，点选关联（Link）。然后你可以从弹出的文件选单中找到硬盘上的另一个.blend 文件，并访问其内容。有各种内容可供选择，如物体、网格、灯光、材质、节点树、群组、场景等。当你选择了一个或多个元素后，单击关联（Link）按钮。这样，这些元素就被带入当前的场景中了。

关联可以将物体或其他包含在.blend 文件中的内容带入当前的.blend 文件，然而它只是创建了与源素材的关联。你不能在当前文件中对那些内容进行编辑，只能回到源素材所在的文件去编辑。当你保存编辑结果并再次加载时，改动会被更新到每一个与源素材文件关联的场景中。

假设你有一个角色，你正在制作某些包含该角色的镜头。你制作了一些动画，突然决定要更改角色的头发颜色，如果每个文件都去更改一次的话，那么工作量真的是太大了，而且容易出错（这只是改个颜色而已，如果是更复杂的改动，麻烦可想而知）。

但如果你使用关联机制的话，那么这个过程将会易如反掌。只需更改源素材文件中的角色的毛发颜色，当你保存文件后，所有与之关联的文件中的角色都会自动更新改动结果。

2. 追加

追加的功能与关联类似，不同的是，它并不会保留与源素材的关联，而是会在当前场景中创建一个新的副本。你可以随意编辑这个副本，按自己的需要去修改它。

关联功能和追加功能各有优点和局限。根据不同的项目和特定案例的需要，从中选择最适合的那种方法。

11.8.2 群组

无论是使用关联功能还是追加功能，你都应当使用群组（Group）而不是若干的独立物体。这样做的好处是：

- 当你使用群组时，组中的所有物体都会被关联或追加。如果你使用物体的话，那么你不得不去逐一选择它们，对于那些包含了大量物体的复杂模型而言，这样会很麻烦。而如果使用群组的话，那么只需把这个群组导入就行了！
- 如果你使用的是物体，并向角色添加一个新元素（场景、地上的石头或是衣柜等），那么你不得不去搜寻源角色所在的场景，并对这个物体进行关联。而如果使用群组，那么你只需将该物体添加到角色所在的群组中并保存文件即可。此时，组中的所有内容都会同步更新。

将角色放入群组的步骤如下：

（1）选中所有相关的物体，包括骨架及角色的各个部件（记得要确保先让角色所在的场景层可见）。

（2）按[Ctrl + G]组合键，为选中的物体新建一个群组。

转到工具侧边栏底部的操作项面板（或按[F6]键），在文本框中为这个组命名。

就这么简单！下次当你想要关联或追加某个群组时，当你访问某个.blend文件内容时，直接进入内容列表中的Groups文件夹，即可看到角色所在的那个组。

注意：快速判断某个物体是否已被归组的方法是先选中它并观察其轮廓线的颜色，如果该物体属于某个组，那么轮廓线会显示为绿色。

如果想要向组中添加物体或从组中移除物体怎么办？可进入属性编辑器的物体选项卡，会看到组（Group）面板，列出了该物体所在的所有群组。单击其中的X按钮即可将其从该组中移除，或者单击添加到组（Add to Group）按钮将其添加到已有的组中。另外，要想从组中移除物体，也可以先选中它，然后按[Ctrl + Alt + G]组合键，然后选择想要从哪个组中移除即可。

11.8.3 使用代理为关联的角色创建动画

当你将一个角色关联到另一个场景中时，会发生有趣的事情：你不能修改被关联的物体，除非去编辑源素材文件。然而骨架系统则是个例外，确切地说，你可以将角色关联到场景中，同时又可以为角色的装配件摆姿态，以及创建动画。

之所以能够对关联到场景中的骨架进行编辑，这要得益于代理。代理（Proxy）是装配件的副本，能够让你仅编辑这个副本的姿态。不过，某些操作依然被限制执行，如无法进入编辑模式并编辑骨骼的层级等。

要想创建一个骨架代理，先选中已关联到场景中的物体，按[Ctrl + Alt + P]组合键，并从弹出的列表中选择骨架物体，即可创建出该骨架的副本。然后你就可以编辑这个装配件副本的姿态了，其余的物体会被带动起来。

11.8.4 受保护层

选中骨架物体，进入属性编辑器的骨架（Armature）选项卡，你可以看到受保护层（Protected Layers）选项。在这里，你可以将其中某些层设为保护状态，以免在角色被关联到其他文件中的时候被不慎改动。此选项并不会锁定骨骼，依然可以编辑它们，但再次加载文件时，它们又会回到原始状态（此选项主要配合骨架代理使用）。

你可以将辅助骨和变形骨等添加到单独的层中，以免其他动画师（或者你自己）意外编辑到他们。此功能相当于装配件的保护层。

11.8.5 使用副本可见性

当你使用代理和关联群组的时候，还有一个值得注意的特性，那就是副本可见性（Dupli Visibility），用来控制群组副本在各个场景层的可见性（例如，在一个关联当中）。

你可以在属性编辑器的物体（Object）选项卡中的群组（Groups）面板中找到该选项。在群组名称的下方，你会看到副本可见性区，那里有两组方块（层）。

所有的层是默认可见的，因此每次当你关联该组中的物体时，它们都是可见的。但你也可以将某些层的可见性关闭。此特性非常适用于装配件。

当你创建代理的同时，会创建出装配件的副本，因此你会看到两个装配件重叠在一起，这可能会造成视觉上的混淆。在副本可见性的层开关中，将包含角色装配件的层设为不可见。这样一来，当你关联该角色时，原始装配件会被隐藏，但会在你创建代理时显现。

11.9 总结

我们已经看到了，骨架装配是角色创作过程中技术含量最高也是最复杂的一个环节。你需要花费一定的时间在上面，如果最终的效果不尽人意的话会是很悲催的事。创建骨架也是有捷径的，如 Rigify 插件，它能够根据你的角色设定自动生成非常理想的双足生物的骨架。但你至少应当手动创建几个骨架来体会这个流程。有时候，你需要用骨架做一些非常简单的事。这时候，掌握如何手动装配骨架将会非常有帮助。另外，你也学习了如何为角色创建群组，并把它关联到其他场景中进行有效再利用。现在的 Jim 马上要活灵活现了！

11.10 练习

1. 为什么说装配件对角色而言至关重要？
2. 什么是骨架？
3. 什么是顶点权重？
4. 正向运动学（FK）和反向运动学（IK）的区别是什么？
5. 约束器的作用是什么？
6. 为什么驱动器很有用处？

第 12 章　制作角色动画

动画可以让你的角色变得活灵活现。动画是指让角色沿时间线动态变化的过程。要想让动画效果逼真，你需要学习一些运动的思想，如动作和反应，并且你需要理解权重对角色运动的影响原理。动画是一门包罗万象的学科，有大量的资源、书籍和教程供你提高技能。在本章中，你将学习如何使用 Blender 动画系统的基本使用方法、了解相关的工具、关键帧的用法，以及各种动画编辑器是如何帮助你完成动画制作的。

12.1　插入关键帧

关键帧是对某个值在某个时刻特定状态的记录。如果你想让一个物体从 A 点移动到 B 点，那么这两个位置都将被记录为关键帧，Blender 会自动在物体关键帧间的运动区间计算插值。我们来了解一下在 Blender 中添加关键帧的几种方法。

1．手动添加关键帧

添加关键帧最基本的方法就是手动添加。在时间线（Timeline）上选择某一帧作为你想要存储特定位置值的帧，然后选中一个或多个物体并按[I]键。此时会弹出一个菜单，让你选择该物体的各种变换属性及通道，供你将指定的通道记录到关键帧里。例如，你可以设置某个关键帧用来记录物体的位置（Loc）、旋转（Rot）或缩放（Scale），但为了简便起见，你可以直接选用 LocRotScale，这样可以同时为记录 3 种变换类型的关键帧，通常这也是你想要的。

2．自动添加关键帧

在时间线（Timeline）编辑器上（位于默认界面的底部，该编辑器用来定义动画的间隔，也用来播放动画、跳转帧的位置等）。标题栏上有个小按钮（上面有个红点图标），类似于老式录音带放音机上面的录音按钮。按下后即可开启自动添加关键帧（Auto Keyframing）模式。

此后，每当你改动了某个或某些属性时，都会把它自动记录到关键帧里。尽管这在制作动画时会非常有用，但你还是要慎用这个功能，因为如果你忘了关掉它，就会将不想要记录的关键帧记录下来。

3．使用插帧集

使用插帧集（Keying Set）应该是添加关键帧最为便捷的方法。你可以在自动录制按钮右边的列表（上面有个钥匙图标）里选用指定的插帧集。当你选区某个插帧集时，你无须每次手动去按[I]键然后选择想要记录关键帧的通道，Blender 会自动记录所选用的插帧集中指定的通道。

如果你选择了 LocRotScale 插帧集，那么当你按[I]键时就会自动为这 3 个通道添加关键帧，并且无须每次再进行手动确认。另外，还有一个名为 Whole Character 的插帧集预设，它可以让你保存[I]键菜单里的所有项目，你甚至无须每次都选中所有的骨骼——这真是太方便了！

4．为菜单属性创建动画

你甚至可以为菜单中的属性数值创建动画。如果你想为任何属性创建动画（在 Blender 中，你可以为几乎所有的属性创建动画）。例如，修改器的细分级数、材质的颜色，或是物体约束器的影响量，操作也很简单，只需将鼠标指针放到属性值区域上并按[I]键，Blender 就会在当前帧上为该属性存储一个关键帧，而该属性在其他帧上的颜色也会变成绿色，代表它已经包含了动画数据。

12.2 使用动画编辑器

Blender 提供了多种动画编辑器，包括在时间线上移动当前帧号、编辑动画曲线以让 Blender 在两个关键帧间做插值运算，以及像编辑视频那样将多个动画混合在一起！图 12.1 为各种编辑器的界面。

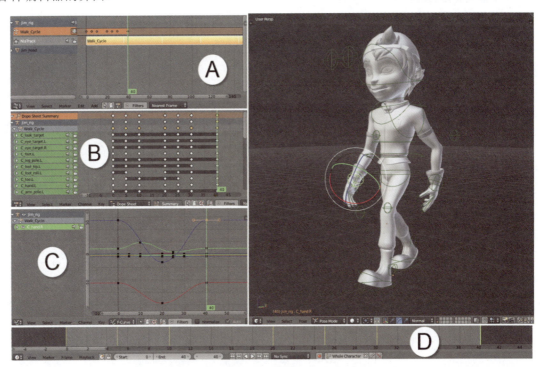

图 12.1　NLA 编辑器（A）、动画摄影表（B）、曲线编辑器（C）、时间线（D）

12.2.1　时间线

时间线（Timeline）是最基础的动画编辑器。它主要就是显示时间，并将所选物体的关键帧用黄色竖线表示出来。你可以更改当前帧号，并且按鼠标左键在动画上跳转，并且沿着时间线移动绿色的帧指示线。

在时间线中，你还可以设置动画的起始帧与结束帧：按[S]键可将当前帧设置为起始帧，按[E]键可将当前帧设置为结束帧。同样，你可以在时间线标题栏上的起始（Start）和结束（End）数值框内手动输入帧号。

标题栏上还有动画播放、跳转到动画的起始帧和结束帧的控制按钮。以下是可供在 3D 视图等编辑器中使用的几个快捷键，用来控制时间：
- 按[Alt + A]组合键可播放动画。再次按[Alt + A]组合键可暂停播放。按[Esc]键终止播放动画，并跳转到开始播放动画时的那一帧。
- 要想快速定义想要播放的帧区间，可按[P]键，然后单击并拖曳出一个矩形框覆盖相应的区间即可。
- 按键盘上的[←]或[→]键可向前、向后逐帧跳转。按键盘上的[↑]或[↓]键可向前、向后在关键帧间跳转。按[Shift + ↑]组合键或[Shift + ↓]组合键可以 10 帧为间隔跳转。

12.2.2 动画摄影表（Dope Sheet）

此编辑器显示物体的关键帧（在左手边会看到一个包含了场景物体的列表），并且时间线上会有黄色的菱形图标。此编辑器主要用来移动关键帧出现的时间，从而达到调节动画时序的目的。

你可以套用某些基础的操作，如按[G]键移动或[S]键缩放多个对象等，还可以按[Shift + 鼠标右键]选中多个关键帧。按[B]键可使用框选，用于选中多个关键帧。按[Shift + D]组合键可复制关键帧。

激活动画摄影表标题栏上的汇总（Summary）选项会在编辑器顶部额外显示一行，显示了表中每个物体的所有关键帧。

动画摄影表编辑器也提供了多种模式。该编辑器的标题栏上有一个模式选单，默认模式就是动画摄影表（Dope Sheet），但还有其他几种选项，如动作编辑器（Action Editor），或者你可以访问遮罩（Mask）的关键帧数据（遮罩主要用于影片剪辑编辑器（Movie Clip Editor）和合成器（Compositor））、形态键、蜡笔的关键帧等。一个物体能够包含多个动画（动作），你可以在动作编辑器（Action Editor）中选用当前想要播放的动画。当然，你也可以将它们重命名，等你有了多个不同的动作时，就可以在 NLA 编辑器（我们稍后再介绍它）中混合它们了。如果你正在制作视频游戏，那么想必你会发现一个角色可以有多个动画，如行走、奔跑、静待、拾取物品等。你可以在同一个场景中切换使用不同的动作，可以创建新动作，也可以编辑已有的动作等，这些都会用到动画编辑器。

可以说，动画摄影表是一个能够显示场景中所有动画的通用编辑器。而动画编辑器则更侧重于编辑特定物体的某个特定动作——尤其适合骨架动画，你可以为角色存储多个动画。

提示：如果你之前使用过其他同类软件，会有过直接在时间线上操纵关键帧的体验。在 Blender 里，你可以将动画摄影表编辑器当成其他软件中的时间线工具。激活汇总（Summary）选项即可在编辑器的顶部看到所有的关键帧了。这就是 Blender 界面全能特色的体现！

12.2.3 曲线编辑器（Graph Editor）

曲线编辑器可能算是 Blender 里最让你望而生畏的东西了。实际上，它也并非那么复杂难懂，但人们若不是对动画曲线先有基本的了解的话，通常在第一眼看到它时多少会心生怯意。

在曲线编辑器中，你可以编辑动画曲线，在 Blender 里又叫函数曲线（F-Curve）。动画曲线的概念其实非常简单。

当你创建了两个关键帧时，Blender 会自动在二者之间计算插值。而曲线定义的就是插值的方式，如果默认的插值方式不是你想要的，也可以进行手动调节。

每个轴向上的变换或属性都由一条函数曲线表示。例如，你想要让某个物体从一个点飞到另一个点。我们来看看图 12.2 中不同曲线设置下的结果。

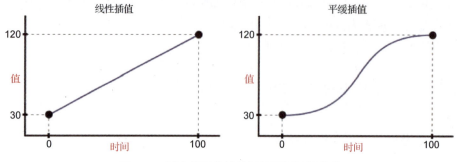

图 12.2　两个相同关键帧间的不同插值类型

图 12.2 中的左右图中分别有两个关键帧。关键帧的横向位置决定了它出现的时间，而纵向位置代表它的值。在这里，第一个关键帧位于第 0 帧，值是 30。第二个关键帧位于第 100 帧，值为 120。

其中，左图为线性的插值方式，代表 Blender 会在 0～120 之间匀速地从 30 到 120 增加数值。

右图为平缓的插值方式。Blender 先是会缓慢地增加数值，然后会加速，在最后快要到达第二个关键帧时又会将值的增加速度放缓。

从图 12.2 中可以看出，两种动画曲线所呈现出的是两种不同的运动方式。

在曲线编辑器中，你同样可以用 G、R、S 控制曲线的移动、旋转或缩放关键帧曲线。你也可以用[Shift + D]组合键复制曲线数据。

要想更改关键帧的插值方式，要先选中关键帧，然后按[T]键（在动画摄影表编辑器中也可以这样操作，但不如在曲线编辑器里这样直观）。随后会弹出一个菜单，你可以从中选择不同的插值方式，这将同时改变曲线的控制柄类型。在曲线编辑器中，选中一个或多个关键帧后按[V]键，可以单独更改关键帧的控制柄类型，这也会影响到插值的计算结果。

你可以右键点选曲线上的点控制柄并拖动它们，这样可以更改插值的曲率，并且控制曲线值的加速变化程度，或者让动画变得更平缓。另一种调节控制柄的方式是选中一个关键帧后旋转或缩放它，这样可以改变控制柄的朝向和大小。

提示：在用户设置面板（User Preference，可按[Shift + Alt + U]组合键调出）中，你可以设置关键帧的默认插值手柄类型。

12.2.4　NLA（非线性动画）编辑器

NLA 编辑器与视频编辑器类似。你可以加载"片段"，并把它们混合到一起，可以分层摆放，可以改变它们的长度等。不过，与视频编辑器不同的是，你控制的对象是动画！

你可以加载之前在动作编辑器（上文提到过，这是动画摄影表的一种模式）中保存的动作，并混合它们，以此做出更复杂的动画。随后，你可以使用该编辑器制作行走循环动画等。也就是说，你只需将走出的两步动作作为一个循环单元（每只脚各一步），然后就可以在 NLA 编辑器中重复使用该动作了。

想象一下，你还有另一个动作——Jim 的奔跑动作，按[Shift + A]组合键可将另一个动作片段添加到 NLA 编辑器中，并把它混合到行走循环动画里，这样一来，Jim 的动作就从行走平滑地过渡到奔跑了。

你还可以采用图层式的调节方式制作动作。例如，你有一个 Jim 来回转头的动作，你可以把这个动作添加到行走动画的上层，这样 Jim 就可以一边走路，一边左右张望了。

12.2.5 通用的控制方式与小技巧

上述所有那些编辑器都有通用的控制方式。你不仅可以像在其他编辑器里那样移动（G）或复制（Shift + D）元素，也可以使用 Blender 里其他一些通用特性（例如，按［G］键并拖动鼠标实现移动操作，或者按［Shift + D］组合键实现复制操作等）。导览方面的操作也有相似之处：

- 你可以按住并拖动鼠标中键平移时间视图（横向）或平移数值视图（纵向）。
- 鼠标滚轮可缩放视图。
- 按［Home］键可自动缩放显示完整的动画时间区间。
- 另一种缩放视图的方式是按［Ctrl + 鼠标中键］并左右或上下拖动鼠标。在某些编辑器中，这样操作只能让视图横向缩放，但在曲线编辑器中，横向、纵向皆可缩放。
- 用［Alt + 鼠标滚轮］可前后滚动当前帧，适用于快速滚动动画（以较小的步进）。

此外，还有一些能够让你的动画编辑事半功倍的选项：

- 在多数动画编辑器的标题栏上都有一个按钮，上面是一个鼠标指针图标。启用该选项后，你只能查看当前选中物体的关键帧数据，这样可以在视觉上简化曲线视图，以免编辑器被几十条（乃至数百条）曲线或关键帧所充斥。此功能便于你将想要显示在当前编辑器的内容显示出来。
- 在曲线编辑器标题栏上的视图（View）菜单中，你可以启用仅显示选中的曲线关键帧（Only Selected Curves Keyframes）。该选项可以让编辑器只显示你所选中的关键帧的控制柄，以防不慎移动与之重叠其他点的控制柄。
- 另外，在曲线编辑器中，你可以在标题栏上找到规格化（Normalize）选项。当你同时处理多条数值范围差别很大的曲线时，查看起来会很不方便，因为你需要不断地缩放视图以查看各个曲线上的关键帧。当勾选规格化后，所有的曲线数值都将被映射到 0～1 的区间，方便调节。这只会改变视图效果，并不会影响到曲线的真实数值。

帧速率

我建议你对想要播放动画的帧速率（fps）进行设置。Blender 的默认帧速率是 24fps，适用于很多格式标准，但此数值取决于你的国家对帧速率标准的规定（在美国，电视广播的帧速率通常为 29.97fps；而在欧洲，通常为 25fps）。但你可能处于创作的目的而想要设置其他的帧速率值，如使用 10fps 可以让你模拟定格动画的感觉。不论选用哪种帧速率，都应该在制作动画之前定好。否则，如果你在后期改变了帧速率，那么动画的播放速度就会发生变化，可能会导致你不得不去重新调整动画的节奏。你可以在属性编辑器的渲染（Render）选项卡下的规格（Dimensions）面板下更改帧速率。对于本书中的项目，建议将帧速率设为 25fps，因为第 14 章"布光、合成与渲染"中用到的合成视频素材就是 25 帧每秒的速率。

12.3 制作行走循环动画

在本节中，我们将循序渐进地学习如何创建一个基本的行走动画。我们这就让 Jim 动起来！

提示：当你编辑动画时，建议使用性能较好的计算机，这样有助于在播放 3D 视口动画时更加流畅。在属性编辑器的场景（Scene）选项卡下，Blender 提供了一个有趣的选项——简化（Simplify）。启用它后，你可以设置场景中各个物体细分修改器上的细分级上限，包括视口预览的细分和最终渲染的细分。本案例中，最终渲染的时候可将细分级设为 2~3 级，然而对于视口预览而言可能会降低性能，会在播放动画时降低帧速率，并让动画的播放速度变慢，无法准确预览动画应有的速度。因此，在制作动画时，你可以在简化面板中将视口预览细分级设为 1 或 0，将最终渲染细分级维持 2 或 3 不变。你当然可以逐一为各个物体的表面细分（Subdivision Surface）修改器中设置这些参数。然而，通过简化面板，你可以同时修改场景中所有物体的表面细分修改器。当场景中包含大量物体时，这样操作会非常方便，因为逐一调节参数实在是太耗时间了。

对于最终的渲染而言，这个功能倒是可有可无，但这会显著耗用计算机的运算性能。使用简化功能后，你可以在编辑动画的时候将细分级降至 1 或 0。只要记得在最终渲染前把它关掉就好。

你也可以为 3D 视图及渲染分别指定细分级。尽管这有助于优化性能，有时候为每个物体逐一设定细分级会是很乏味的事，而且在 3D 视图中，你通常希望预览到细分后的模型。简化功能则可以统一控制所有物体细分修改器的细分级。

12.3.1 创建一个动作

行走动画将会是一个循环动画，也就是说，你只需要做出动画的第一步即可（这个动作将会在原地进行，因此不需要向前移动，我们稍后再去处理后者），然后重复播放这段动画。由于我们打算使用 NLA 编辑器制作循环效果，因此你要先制作出可供届时加载的动作。

每个物体可以有多个动作，因此要确保在创建动作之前在现在的姿态模式下将骨架选中。如果你是在物体模式下，那么选中骨架后将只能创建骨架容器本身的动作，而不是对每根骨骼单独做动画。

打开动画摄影表（Dope Sheet）编辑器，并切换到动作编辑器（Action Editor）模式。在标题栏上，如果你尚未制作过任何动画，那里会有一个新建（New）按钮，单击它后，会创建出一个名为 Action 的新动作。我们把它更名为 Walk_Cycle。现在，你为骨架中的骨骼所设定的每个关键帧都将存储在 Walk_Cycle 动作中。

注意：如果你创建了多个动作，那么要记得一点，其他未被编辑的数据可能会在关闭 Blender 时被清空掉。每个物体只能同时挂载一个动作。因此，如果你想确保将其余那些动作数据块保留下来，请单击名称后面的 F 按钮（F 代表伪用户（Fake User））。这样可以防止它们在关闭 Blender 的时候被清空。

12.3.2 创建行走循环姿态

为了让 Jim 走起来，你必须定义他走路时的基础姿态。行走的方法有很多，我们只使用基本的走法就好。其中包含两个触地姿态，分别是每只脚与地面接触时的姿态。此外，还有两个姿态，发生在一只脚在地面上而另一只脚尚未落地之时。以上 4 个身体位置定义了一个基本的行走运动。

你需要制作一个可以循环的动作，也就是说，动画的结束姿态要与起始姿态完全相同。图 12.3 中是若干个额外的主姿态，能够让运动显得更细腻。注意，在这些动作最后，有一个与第一个姿态一模一样的姿态（姿态 7）。这是为了让动画实现"周而复始"的效果。

图 12.3 显示了几点值得一提的地方，我们来列举一下：

- 姿态 1、3、4 和 6（黄色键点）是主姿态，2 和 5（蓝色键点）是用来细化动作的附加姿态，而 7 则与 1 完全相同。
- 只有姿态 1、2 和 3 是必须要做出来的姿态！姿态 4、5 和 6 分别是 1、2 和 3 的镜像姿态而已，而 7 完全是 1 的副本。这样就能更轻松地制作出循环动画了。
- 姿态 1、4 和 7 将会是触地姿态，也就是前脚接触地面时的姿态。姿态 3 和 6 是两个触地姿态键的中间态。这些姿态用来设置 Jim 单脚着地时的运动。

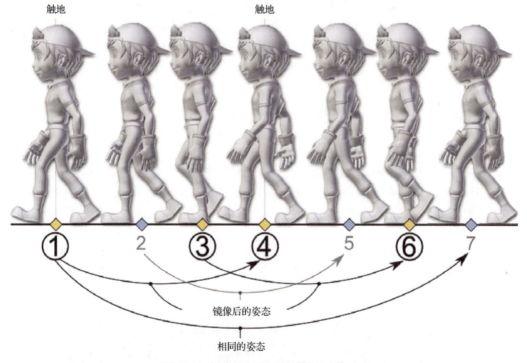

图 12.3　创建行走动画所需的基本姿态

在正式制作动画前，我们先来讲讲时序，也就是对动画速度和进度的定义，如图 12.4 所示。

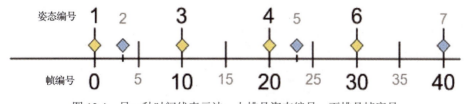

图 12.4　另一种时间线表示法，上排是姿态编号，下排是帧序号

图 12.4 中显示了那些动画姿态所在的帧序号。尽管这里的时序是指定的,但你可以随后使用动画编辑器将动画姿态放到不同的帧上(特别是在动画序列表中)。你甚至可以使用不同的时间,让 Jim 的行走速度变快或变慢。一般来讲,主姿态之间会间隔 10 帧。

现在让我们学习一下怎样创建动画,流程很简单:

(1)将你的动画设定为始于第 0 帧、结束于第 40 帧。

(2)在第 0 帧时制作第一个触地姿态。为骨架中的所有骨骼都设置一个关键帧(可在插帧集列表中选用 Whole Character,然后选中任意骨骼并按[I]键即可)。

(3)选中所有骨骼(A)并单击标题栏上的复制按钮,或按[Ctrl + C]组合键。跳转到第 20 帧,单击粘贴按钮粘贴镜像姿态(或按[Shift + Ctrl + V]组合键),然后设置一个关键帧。跳转到第 40 帧,并正常粘贴原姿态(Ctrl + V),然后再设置一个关键帧。现在,所有的触地姿态均已就位!之所以要先创建这 3 处关键帧,是因为如果你跳转到第 10 帧,你会得到几乎可以直接使用的中间姿态了。

(4)将角色的姿态调整得更理想一些,并确保他的脚姿态正确,即一只在地面上,另一只尚未着地。插入一个关键帧,复制这个姿态,然后镜像粘贴到第 30 帧,再设置一个关键帧。

(5)在触地姿态(姿态 1 和 4)发生几帧后,让前脚完全着地,并抬起后脚的脚跟。这些简单的姿态(也叫"受控制帧")能够让行走循环动画显得更自然。

(6)调节姿态并复制给动画的其他动作。同样,如果你想让动画过渡得更流畅,可以在曲线编辑器中调节动画曲线。如果某条曲线看上去显得有些生硬且不怎么平缓,那就在调节的时候播放动画,从而实时观察调节的结果是否理想。

12.3.3 重复动画

Jim 现在是在原地行走,而且只迈了一步。在你让 Jim 大踏步行走之前,需要先将这个动画重复几次,从而让他多迈出几步。有几种方法可以做到。例如,你可以在动画摄影表中将所有的姿态复制到当前这一个迈步动画的后面去。不过,在这里,我们打算使用 NLA 编辑器来做。步骤如下:

(1)打开 NLA 编辑器,它的界面应如图 12.5 所示。上面显示了你当前动作的名称(位动作执行骨架名称的下方),旁边会看到一个雪花图标(译者注:新版本中为双下箭头图标)。你也会看到动作关键帧显示在名称右边的轨道上。

图 12.5 NLA 编辑器的初始界面

(3)下面的步骤可以用两种方法实现。

第一种方法是将鼠标指针放在动作编辑器左手边的动作名称列表上并按[X]键(确保先单击名称旁的 F 按钮),这样就可以让 Jim 不去执行那个动作了,而是把动画控制的工作交给 NLA 编辑器。然后,你可以转到 NLA 编辑器,按[Shift + A]组合键,从列表中选择名为 Walk_Cycle 的动作,即可将其作为动作片段添加到编辑器中。

另一种方法更简单更快速,单击"↓↓"图标,即可将动作转成一个片段,并自动执行在第一种方法中介绍过的动作。现在你可以移动那些片段以改变动画发生的时间。你甚至可以按[S]键缩放它，从而调节动作的快慢，也可以创建出该片段的多个副本，以此拼接出一个更多的迈步动作，如图12.6所示。

图12.6 添加了Walk_Cycle动作片段的NLA编辑器，随时可编辑

（3）当然，你可以将Walk_Cycle片段复制出多个副本让行走动画多迈出几步，但我们还可以采用另一种更好的方法来做。在NLA编辑器中按[N]键打开属性侧边栏。这里你可以调节两个地方。首先，在动作剪辑（Action Clip）面板中，你可以"切"出动画片段的起始帧与结束帧。并将结束帧设为39而非40，这样就不会出现重复的一帧，从而在重复播放时看上去更自然。然后，还是在这个面板中，你可以更改片段的缩放比，以及重复的次数。将重复值设为5或6，让动画中的走步次数增加一些。然后你可以调节片段的缩放比（Scale），调节动画的快慢，直到让你满意。

如你所见，与使用插入或复制很多关键帧的方法相比，使用NLA编辑器控制动作能够轻松地实现同样的结果。这里只是介绍入门用法，但你可以在该编辑器中进行很多种操作，如将不同的动作叠加起来，或者创建两个动作间的过渡等。

12.3.4 沿路径行走

Jim现在已经迈出了很多步，但他依然留在原地！下面我们来学习如何使用约束器让它沿着一条路径行走：

（1）按[Shift + A]组合键，选择曲线（Curve）> 路径（Path）新建一条路径曲线。

（2）在编辑模式下编辑路径曲线上的控制点，定义Jim的行走路线。在我们的案例中，它应该是一条直线。你可以只保留该曲线上的两个控制点即可，并将起点设到场景原点处，也就是Jim所在的位置，并将终点对齐到Y轴上。

（3）在物体模式下，选中Jim的骨架并添加一个约束器。转到属性编辑器中的约束器（Constraints）选项卡，并添加一个跟随路径（Follow Path）控制器。

（4）在跟随路径约束器的目标（Target）选单中，选取刚刚创建的那条路径。此时，如果你在播放动画时没有看到跟随路径的约束效果，请单击动画路径（Animate Path）按钮。如果你想要跟随的是一条曲线路径，那么建议勾选跟随曲线（Follow Curve）选项，让角色随着路径变换朝向。

（5）选中路径曲线，转到属性编辑器的曲线（Curve）选项卡，在路径动画（Path Animation）面板中调节帧数量（Frames），也就是Jim从路径开始走到末端要经过多少帧。另外，调节曲线的长度和行走动画循环的速度，直到让Jim的脚看上去像是相对于地面静止一样，避免产生滑移感（你可以在3D视图的属性侧边栏中找到显示（Display）面板，增加地面栅格的细分级，以显示更多的栅格线，这样便于观察Jim的行走效果，如图12.7所示）。你也可以将3D游标放到每一步的脚跟处，作为静止参考点，便于观察双脚是否出现滑移并予以修正。

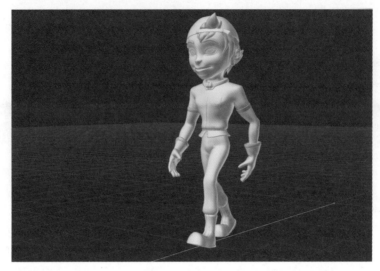

图 12.7　Jim 正在地面上沿着规定的路线行走（现在他真的栩栩如生了）

12.4　总结

动画是一个相当复杂的过程，做出逼真的角色更是需要大量的知识、经验与雕琢。希望本章能够让你了解一个基本的流程，让你有兴趣深入探索。

现在我们做出了一个带有行走动画的完整角色。回想当初翻开本书时对 Blender 还是一头雾水，面对现在的成果，你是否感到很有成就感呢？在接下来的第 13 章 "Blender 中的摄像机追踪"里，我们将继续学习精彩的内容。

12.5　练习

1. 什么是关键帧？
2. Blender 中有哪些动画编辑器？
3. 动画曲线的作用是什么？
4. 在 Blender 中，什么时候会用到动作？使用动作的优势是什么？
5. 为了让物体沿曲线运动，应当使用哪种约束器？

第六部分　作品的最后阶段

第 13 章 Blender 中的摄像机追踪

当你想要将 3D 物体融入到一段真实拍摄的视频中时,需要让 3D 世界中的摄像机与拍摄视频的那台摄像机的运动轨迹完全相同,从而让 3D 物体完美地融入到视频里的场景中去。摄像机追踪(Camera Tracking)就是能够让你追踪真实视频中的特征点,让 Blender 获取透视信息,进而在 3D 世界中生成一台模拟真实摄像机的 3D 摄像机轨迹。即便是现在,你也需要使用昂贵的专用软件来实现这种需求,而现在 Blender 却提供了非常高效的摄像机追踪方案,作为你的另一种选择。最大的好处在于,你无须导入/导出场景,或是使用其他任何软件来做,因为你所需要的一切 Blender 里都有!在本章里,我们将学习 Blender 的摄像机追踪基础。

13.1 理解摄像机追踪

在正式开始追踪前,务必要先了解一下它的工作原理。

(1)首先,你加载一个视频,并使用 Blender 的追踪工具对视频中的特征点进行追踪。建议选取那些可见性高、相对静止且对比度高的地方作为特征点。追踪算法将使用视频中的这些特征点建立视频中的物体相对于画面的运动方式。尽管这一过程是逐帧进行的,但有时也会很高效。Blender 还提供了一些自动化工具来代你完成大部分的工作,你只需要手动调节那些算法无法自动处理的区域或片段即可。

(2)接下来,当你的视频里有了足够多的追踪点时,需要输入摄像机的设置参数,让 Blender 知道拍摄真实视频所用到的那台摄像机的类型及镜头信息。如果你不知道这些信息,那么 Blender 可以对那些参数进行估算,最终得出相当接近的数值。

(3)然后,你需要确定摄像机的位置。在这个阶段,Blender 会通过它们在不同画面中的运动情况来分析视频中的追踪点,它能够重建出摄像机的透视视角,并确定 3D 摄像机在各帧上应该出现的位置。然后你就得到了一台与真实摄像机运动轨迹一模一样的 3D 摄像机。

(4)最后,只需调节并对齐 3D 摄像机的朝向,并且将 3D 物体匹配到真实素材中去。

13.2 拍摄素材前的注意事项

有时候,你的视频素材可能会有一定的追踪难度,这取决于视频的拍摄方式。如果拍摄的时候并没有考虑到后期需要追踪摄像机的话,那么就免不了在追踪阶段花费多一些的精力,因为它可能没能包含足够多的用于追踪的特征点,也可能拍摄得很模糊,或是画面的变化速度很快。值得一提的是,如在影片里,也免不了会有很多这样的镜头需要追踪,但那可是有相当专业的人。使用昂贵的软件,并且投入了大量的精力(有时候甚至需要使用一些"障眼法")才能让 3D 摄像机与真实镜头完美匹配。如果你想要自己拍摄素材,为了避免增加后期追踪的难度,你需要了解一些追踪算法的原理。

摄像机追踪使用一种称为视角转换(Perspective Shift)或视差(Parallax)算法侦测镜头的视角。想象自己在一列火车上,并且朝窗外看:离你近的物体看上去运动得非常快,而离你较远的物体，比如云彩，则近乎是静止的。这就是视角转换：距离摄像机较近的物体的视角转换速度比距离较远的物体更快。

了解了这一点，你就能领会到：让拍摄视频的摄像机持续运动，也就是视角动态转换，这实际上有助于 Blender 判定靶点的位置。如果拍摄动态的镜头并不是你的目的，也不要担心！你可以在正式拍摄开始前先拍摄一段视角转换的视频参照画面，然后你可以使用那段镜头让 Blender 算出正确的视角，其余的镜头也将体现在那个视角中。这样能够让你在不需要视角转换的实际拍摄中也可以追踪到摄像机的信息。当你最终编辑视频的时候，你可以将开头的那段参照画面剪掉即可。

关于如何拍摄有利于追踪的镜头，以下再说几点建议：

- 由于需要利用视角转换原理，因此最好在前景和背景上添加一些供追踪使用的特征点。这可以为 Blender 提供更好的分析参照。
- 确保影片中包含了足够数量的符合要求的特征点（对比度高且包含 90°拐角的地方最适合追踪）。一个特征点在整段视频中出现的时间越久，摄像机运动追踪的结果就越稳定。如果你觉得特征点不够多，那就在场景中摆放一些包含符合要求特征点的物体。一块石头或一张纸都可以。总之只要添加一些有助于追踪却又不会转移观众焦点的物件即可。另一种方法是添加物理靶点（通常是一些包含了高对比度或拐角形状的小型设计元素，你可以在拍摄影片时把它们放到场景中去）。不过，这并不是很好做，因为你需要在后期阶段手动把它们从场景镜头里抹除，因此建议只在必要的地方摆放小巧且不引人注意的物体。
- 尽量避免推拉镜头，因为如果在拍摄时更改镜头设置的话会对追踪的准确度造成影响，也会更棘手。推拉镜头可以在后期通过缩放图像来模拟（会损失一点图像质量）。
- 尽量避免过快地移动镜头，这会为画面带来模糊感。如果你的镜头不够清晰，那么追踪的过程就需要进行更多的手动操作，而且会影响到追踪结果的精准度，因为你看不清追踪特征点。尽量保持镜头平稳。在摄像阶段多费点心思，会为后期带来很大帮助！
- 拍摄一个品质好的视频会为追踪带来极大的便利。如果视频存在压缩瑕疵或者分辨率较低，那么较小的特征点（即使是大些的）在帧与帧之间的变化幅度较大，这让 Blender 的自动追踪工具更难于执行追踪，而且你不得不进行大量的手动操作。
- 要想追踪摄像机的运动，你只能选取静态的特征点。不要在运动物体上选取特征点，因为它们会严重影响 Blender 的视角分析。在构思如何拍摄场景时要考虑到这一点，确保你有足够数量的静态特征点可供追踪。你追踪的特征点数量越多，结果就越稳定，3D 摄像机的运动也就越接近真实的镜头运动。
- 如果有可能，建议将拍摄镜头时所使用的摄像机的焦距等参数设置记录下来。这些信息将有助于 Blender 解算 3D 摄像机的运动。

13.3 影片剪辑编辑器（Movie Clip Editor）

摄像机追踪的过程是在影片剪辑编辑器中进行的。在任意编辑器的标题栏第一个按钮上将当前编辑器类型切换为影片剪辑编辑器即可看到它。我们来看一看这个编辑器里都有哪些选项和工具吧，如图 13.1 所示。

目前你或许对影片剪辑编辑器毫不了解，但别担心，下面就来简单讲解一下影片剪辑编辑器。

- 工具栏区（图中 A）：包含了创建新的标记点，以及追踪与解算摄像机运动的选项。按[T]键可以显示或隐藏该侧边栏。
- 影片剪辑区（图中 B）：位于编辑器的中间，这里会显示真实镜头的内容，也是用来使用标记点追踪特征点的地方。底部集成了专供追踪使用的时间线横条，便于全屏操作。
- 属性栏区（图中 C）：该区域包含了当前选中的标记点的设置项，此外也有显示参数及摄像机参数。按[N]键可以显示或隐藏该侧边栏。

在本章里，我们将详细讲解它们。

图 13.1　影片剪辑编辑器是执行摄像机追踪的地方

13.4　追踪摄像机

在本节中，我们将学习如何加载视频镜头、追踪画面中运动的点、以及生成模拟真实摄像机运动轨迹的 3D 摄像机运动轨迹。为此，我们只需要看到剪辑编辑器就够了，所以可以按[Shift + 空格键]或[Ctrl + ↑键]将编辑器的窗口全屏显示。

13.4.1　加载镜头

当然，如果没有镜头也就无所谓追踪了，那么我们就来加载镜头吧！加载镜头的方式有几种。一般来讲，其加载方式与 UV/图像编辑器中加载图像的方式类似：

- 按[Alt + O]组合键选择镜头文件。
- 从系统文件夹中单击镜头文件并把它拖放到影片剪辑器区域中。
- 在标题栏的剪辑（Clip）菜单中，点选打开剪辑（Open Clip）。
- 在标题栏上，单击镜头名称旁的那个文件图标按钮。

加载镜头后，你可以将鼠标指针放在编辑器底部的横条上来回拖动，这样可以查看不同时间点的镜头内容。当你追踪时，你只需要在该编辑器内就能完成时间点的跳转，而不需要时间线等编辑器（当然也可以那样做）。

鼠标左键单击并拖曳时间条上那个带有数字的绿色指针能够改变当前帧的位置并显示帧号。此外，时间条由两条横线组成，一条是蓝色的，另一条是黄色的。蓝线用于显示镜头的缓存情况。当你播放镜头时（Alt + A），视频帧内容将被缓存，这将大大加快再次播放时的流畅度（建议在开始追踪时先完整播放整段视频，这样可以加快处理过程）。视频帧被缓存后，该帧对应的蓝线上的位置就会加亮显示，这样你就能知道哪些地方建立了缓存，哪些地方尚未被缓存。

提示：Blender 默认使用 1GB 的内存来缓存镜头帧。如果你追踪的视频比较大，或者是高清视频，那么 1GB 可能不足以缓存所有的帧。此时可在用户设置面板（Ctrl + Alt + U）的系统（System）选项卡底部找到序列/剪辑编辑器（Sequencer/Clip Editor）选项，并设定一个较大的内存使用量。对于多数视频来说，将数值设为 8000（8GB）一般足够用了，当然也要视视频的长度、分辨率、格式而定。另外，机器需要配置不小于设定数值的内存容量才行。

黄线用于显示标记点的位置。当追踪器正在工作时（移动并跟随某个特征点），它会显示为一种柔和的黄色。在手动添加了关键帧的地方，会显示一条亮黄色的竖线，表示那里的关键帧是手动添加的，而其余部分是自动追踪的。

视频的分辨率与帧速率

当你加载一个视频时，要留意你在属性编辑器中设置过的分辨率规格和帧速率数值。在渲染选项卡（图标为摄像机）中，在规格（Dimensions）面板中选用合适的尺寸和帧速率。本书提供的视频下载素材（位于 Resources 文件夹中）的分辨率为 1920×1080，帧速率为 25fps。

13.4.2 剖析标记点

标记点（Marker，也称追踪器）是用于追踪特征点的主要工具。我们先来了解一下什么是标记点，以及其组件的功能，如图 13.2 所示。

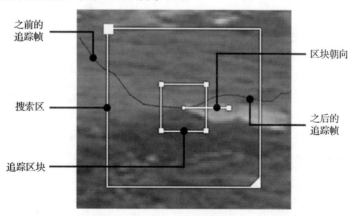

图 13.2　标记点及其组成元素

● **追踪区块**：这是标记点的主要部分。区块是某帧画面上的一个某个区域，Blender 会自动追踪（或由你手动寻找）下一帧上代表相同位置的区块。通常，你需要将镜头中的某些易于追踪的特征点作为区块的中心——一个对比度高的区域，或是一个形状特别且在画面上独一无二的特征。同样，你可以用 G、R、S 来移动、旋转和缩放它（可以结合[Shift]键启用精确调节）。另外，在属性侧边栏中的追踪（Track）面板中看到所选标记点的区块，这样就能更加清楚地观察所选的标记点在下一帧中将要分析的区块了。

- **搜索区**：该区域定义了 Blender 在下一帧画面上搜索区块的范围（该区域默认是隐藏的，你需要在标记显示（Marker Display）面板中启用它）。画面运动的速度越快，搜索区就需要被设定得越大，因为如果下一帧上对应的区块超出了搜索区的范围，那么 Blender 就无法找到它。不过，搜索区的尺寸越大，自动追踪的速度就会越慢。单击搜索区的左上角可以移动它的位置，单击右下角可以缩放大小。
- **区块朝向**：有时候，为了便于追踪，你可以旋转区块（甚至可以拖曳四角来让它变形）。然后你可以追踪区块的旋转或透视变化，有时候这会很有用。不过，在本案例中，我们只需要追踪标记点的位置就够了。单击并拖曳标记点上那根短虚线末端的点，即可旋转并缩放区块（你也可以在选中标记点后使用快捷键[R]和[S]）。
- **已追踪帧**：执行追踪时，标记点会显示一条红线和一条蓝线，上面有若干个点。标记点始终位于当前帧上；蓝线表示追踪点在当前帧之后各帧的位置轨迹（如果完成追踪的话），红线表示追踪点在当前帧之前各帧的位置轨迹。这些轨迹线有助于对比各个标记点的运动情况，判定是否其中的某个完全偏离了轨迹。

13.4.3 追踪镜头中的特征点

现在我们已经了解了基础知识，我们这就来看看标记点的设置。

你可以在两个地方修改标记点的追踪设置，分别位于属性侧边栏和工具侧边栏。属性侧边栏中的设置项调节的是当前选中标记点的追踪设置，而工具侧边栏中的参数则是用于设置新建标记点时所使用的默认参数。

追踪设置包括各种选项和数值项，如可以设置追踪的颜色通道、区块及搜索区的大小，以及是否只追踪标记点的位置变化（我们将会用到该选项），还有旋转变化、缩放变化，以及特征点的透视变化等。

追踪设置选项包括待追踪的颜色通道、区块和搜索区大小，以及标记点是否追踪位置（后面的案例中会用到此选项）、旋转、缩放，以及透视等特征。

其中一个选项是匹配（Match）类型，这个选项非常重要！你可以将它设置为关键帧（Keyframe）或上一帧（Previous Frame）。设为关键帧时，Blender 会在各帧搜索与上一个手动设置了关键帧的标记点所在画面区域特征相似的点。而设为上一帧时，Blender 将搜索与上一个已追踪特征点特征相似的点。由于某个追踪特征点能够对整个视频产生些许的影响（考虑到透视变化），因此，如果追踪点的逐帧变化量较小，那么建议用第二种类型。否则，如果某个时间点上的特征点与之前设置了关键帧时的特征差异较大，追踪点就会停止工作。

现在我们就来开始追踪吧！追踪特征点的操作步骤如下：

（1）首先创建一个标记点。在工具侧边栏中的标记（Marker）选项卡中，单击添加（Add）按钮，然后将鼠标指针移动到镜头画面上想要投放特征点的地方，单击鼠标左键即可完成投放。

提示：有一种更快的方法是在想要投放标记点的地方按[Ctrl + 鼠标左键]，这样就可以直接在那里投放一个标记点了。

（2）调节标记点，将区块准确地放到你想要追踪的特征点上（也许是个拐角点，也许是个亮点等），按[S]键缩放调节区块的大小，让它完全充分覆盖特征点。在追踪（Track）面板中观察放大后的区块，确保它的位置和颜色通道等信息正确。

（3）在工具侧边栏的追踪面板中，单击[◀]键或[▶]键分别执行前向追踪和后向追踪。也可以分别使用快捷键[Ctrl + T]和[Shift + Ctrl + T]。

（4）逐帧追踪的快捷键是[Alt + →]和[Alt + ←]。按[L]键可将当前选中的标记点居中显示，在属性侧边栏的标记显示（Marker Display）面板中，勾选你想要显示在屏幕上的元素（例如标记点的搜索区等）。

提示：有时候，特征点并没有出现在画面内（例如，你在追踪某个背景建筑上的窗户，可能会在某些帧内被前景的一块广告牌挡住），此时你可以停止追踪，直接跳过那些帧，并从能够再次看到特征点的帧开始继续追踪。标记点仅会计算那些有追踪关键帧的特征点（手动指定的或自动计算的），因此如果你直接忽略那些无法追踪的帧，它会自动在那些帧上禁用追踪。你也可以手动强制让标记点在特定的帧上禁用或启用，方法是单击追踪（Track）面板中的眼睛图标。该面板位于属性侧边栏的区块预览上方。

（5）每次只追踪一个标记点，确保追踪结果正确。不过，如果愿意，你也可以选中多个标记点同时执行追踪。但要记住，你每次只能专注监督一个点的追踪情况，因此要确保追踪面板中的曲线是相对平稳的。因此我还是建议每次追踪一个，尤其是对于难以追踪且会带来问题的特征点。

（6）当某个标记点在整段视频长度上指定的特征点完成了正确的追踪，建议将其锁定，以免受到误操作的影响。在属性侧边栏的追踪（Track）面板中有两个图标，一个是眼睛图标，另一个是锁头图标。眼睛图标用于启用或禁用追踪点，而锁头图标则可以禁止编辑它，直到再次单击它解锁。你也可以按[Ctrl + L]组合键将选中的追踪点锁定，按[Alt + L]组合键可将其解锁。

提示：当你按[Ctrl + T]组合键或[Shift + Ctrl + T]组合键对一个标记点执行自动追踪时，追踪速度会非常快（取决于计算机的性能、区块的复杂度及搜索区的大小等因素），乃至无法用肉眼去跟踪进度。有时候这样有好处，因为它会快速完成追踪，并在追踪失败时停止。不过，在某些情况下，即使追踪并没有失败，结果也未必是正确的，因为它会慢慢滑离特征点，从而导致追踪不够精准。

为了提升追踪质量，你可以转到属性侧边栏的追踪设置（Tracking Settings）面板，并在速度（Speed）类型选单中选用实时（Realtime）或更慢的速度。这样一来，即使 Blender 有能力快速地完成追踪，但它依然会按照你手动设置的速度执行，每经过指定的帧数就会停顿一下，这样一来，即使遇到了错误，你也会有反应的时间。通常将这里的帧数值设为 20~30 为宜。

在追踪的时候，你也可以按 L 键开启锁定到选中项（Lock to Selection）功能（该选项位于属性侧边栏的显示（Display）面板中）。当启用此选项后，摄像机会被居中到标记点上，活动的反而是背景素材，这样便于观察标记点的追踪效果是否平稳，避免内容在视口内频繁地平移。

（7）对其他特征点重复上述步骤，越多越好（让每帧画面至少包含 8~10 个特征点）。按[M]键可以关掉视频（再按一次可恢复显示）然后播放，这样就可以在黑色背景上看到所有标记点了。

（8）确保没有特别异常的标记点产生。如果有一个或几个标记点的追踪失准，也不要着急，你可以在摄像机解算失败以后随时回去调节。

13.4.4 摄像机设置

当你"搞定"摄像机运动之前，你需要让 Blender 知道摄像机的焦距等参数，让 Blender 更加方便地计算出摄像机的视角。在属性侧边栏中，你可以找到摄像机（Camera）和焦距（Lens）面板，你可以在里面输入拍摄视频时所使用的焦距，以及摄像机传感器的相关参数。

如果你不知道这些信息，没问题，Blender 有一个名为优化（Refine）的工具，能够在这种情况下估算出这些信息，我们将在下一节"解算摄像机运动"中用到它。

13.4.5 解算摄像机运动

在工具侧边栏中，切换到解算（Solve）选项卡，你可以使用这里的选项解算出最终用于 3D 场景的摄像机运动轨迹。例如，其中有一个名为三脚架（Tripod）的选项，如果你拍摄视频时使用了三脚架进行定点拍摄，那么镜头的视角就不会包含太多的视角变化信息。因此，启用此项后，Blender 将只计算摄像机的旋转信息。

关键帧的选择同样很重要。Blender 需要选择在镜头中选取两帧，作为完整视频视角信息的计算依据。这两帧之间的画面应当包含足够的视角变化，同时也要包含足够数量的标记。如此一来，Blender 就能够对标记点在这两帧期间的视角转换进行比照，并辅以摄像机的参数信息。同样是在解算选项卡中，勾选关键帧（Keyframe）后，Blender 将自动为你选取供解算的帧区间，或者你可以自行设置关键帧 A（Keyframe A）和关键帧 B（Keyframe B）的数值。

优化（Refine）选项适用于当你不知道摄像机参数的情况，如焦距，或是畸变值（即 K1、K2 和 K3 参数）。因此，如果你勾选了其中某一项后，Blender 会为你求出它们的值。

一旦你做出了适当的选择，可以单击解算摄像机运动（Solve Camera Motion）按钮，并观察标题栏。解算误差（solve error）的数值会显示在标题栏所有按钮的右侧，如图 13.3 所示。Blender 会根据标记点侦测出 3D 摄像机与真实摄像机视角信息之间的差异。如果追踪解算误差值为 0，就表示完美解算，但这是不可能的，因为误差再小也是难免的。通常，解算误差值小于 3 的话属于可接受的范围，但摄像机有时候可能会有滑移感（当把 3D 物体合成到真实镜头里的时候会看到这种效果），如果误差值小于 1，通常意味着追踪效果很好，如果小于 0.4 或 0.3，则意味着追踪结果非常理想。

图 13.3 解算的误差值，显示在影片剪辑编辑器的标题栏右侧

13.4.6 为摄像机应用运动追踪结果

如果你转到 3D 场景中，此时可能还不会看到什么，因为我们还差最后一步。请按下面的步骤操作：

（1）选中摄像机物体，在属性编辑器的约束器（Constraints）选项卡中添加一个摄像机解算（Camera Solver）约束器。

（2）启用当前剪辑（Active Clip）或在其下方的影片剪辑（Movie Clip）选单中选择对应的剪辑。现在你会在场景中看到摄像机，以及若干小点（十字星状）。其中每个点均代表影片剪辑编辑器中的一个标记点。

（3）在时间线上来回拖动，现在你就会看到摄像机的运动效果了，如图 13.4 所示。

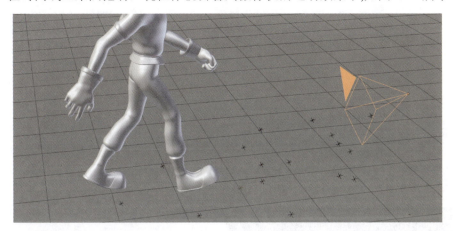

图 13.4　尽管我们生成了摄像机运动信息，但依然需要对齐摄像机，让 3D 景覆盖到真实场景的位置

13.4.7　调节摄像机运动

现在你只需要对齐摄像机就行了。影片剪辑编辑器同样提供了一些专用的工具，但你也可以手动去调节。我们使用影片剪辑编辑器的工具对齐摄像机运动：

（1）在镜头中场景的地面上选择 3 个标记点，转到解算（Solve）选项卡的参照坐标系（Orientation）面板，单击基面（Floor）按钮。Blender 将把摄像机及所有的标记点对齐，依据是将那 3 个标记点置于地面上，3 点构成的面是完全水平的；

（2）为了定义场景的缩放比例，在 3D 场景中选取两个标记点（如果你知道现实场景中这两点间的实际距离最好，或者你可以至少估计一下）。现在，在参照坐标系（Orientation）面板中，在距离（Distance）数值框内，输入现实场景中这两个标记点间的距离。单击设置缩放（Set Scale）按钮，即可让摄像机及所有的标记点缩放至反应真实度量标准的比例。

（3）在影片剪辑器的工具侧边栏的解算（Solve）选项卡中，找到场景设置（Scene Setup）面板并单击设置为背景图（Set as Background）按钮。当前使用的镜头视频会被立即用作摄像机视角的背景图。按[Ctrl + 数字键盘区的 0]即可将当前视角切换到场景的主控摄像机视角。

（4）手动对齐摄像机，直到你的 3D 物体与背景图镜头的对齐方式达到期望的结果未知。通常，建议将 3D 游标置于场景的原点处（或者你想让 3D 物体出现在地面的位置点，如角色），然后以那个点为基准对摄像机进行旋转、移动及缩放操作，直到对齐到理想位置，如图 13.5 所示。

提示：你可以单击位于设置为背景图（Set as Background）按钮下方的设置追踪场景（Setup Tracking Scene）按钮。该功能可以在合成器中创建一套节点预设，包括渲染层等需要为角色在地面上创建阴影的预设。尽管 Blender 提供了这样傻瓜化的工具，但我们依然要在第 14 章 "布光、合成与渲染"中学习亲手设置这一切，以便能理解这个过程，从而随心所欲地进行调节。

图 13.5 经过对齐后的摄像机视角，Jim 正站在真实镜头中的地面上

13.5 测试摄像机追踪

在 3D 视图中按 [Alt + A] 组合键观察摄像机追踪的结果是否理想。摄像机的对齐效果可能需要微调一下，或者或许你发现摄像机的运动明显失准。在这种情况下，你需要返回影片剪辑编辑器，并找到摄像机运动追踪失败的那些帧。或许某个标记点的运动方式出格，或者它从某处急剧跳转到另一处。或许那些帧上的标记点数量不够，你需要添加更多的标记点来增加追踪的稳定性。

无论是哪种情况，过程都和重新编辑或添加新的标记点一样简单（或是直接删掉那些与行为相对出格的标记点，或是它所追踪的动态特征点对 Blender 的判断产生了影响）。再次执行解算，并重新对齐场景中的摄像机。反复尝试，直到你最终得到满意的结果为止，坚持到底！

13.6 总结

摄像机追踪可以是又快又简单的，也可以是又难又悲催的。每段镜头素材都有独特的挑战点，而本章为你介绍了这一过程的工作方式，至少让你能够为自己的项目执行基本的摄像机追踪操作。另外，当你拍摄一段视频或发展出适合影片剪辑编辑器好用的工作流时，请记住一点：你的经验关乎追踪结果的优劣，最终你会领会到影响视频追踪难度的关键所在。

同样，这也只不过是影片剪辑编辑器用法的冰山一角。你可以考虑镜头畸变因素，使用追踪实现镜头稳像，甚至可以追踪视频中的物体，并将它们的运动信息传递到 3D 场景中的物体上去（有人甚至用追踪工具来捕捉面部表情）。希望本章能够让你掌握基础的追踪常识，并且提起你学习更多相关知识的兴趣。无论如何，你已经非常接近项目的最终成果了！

13.7 练习

1. 拍摄一段视频并对摄像机的运动进行追踪。
2. 追踪一个使用三脚架拍摄短片的摄像机，理解解算后的运动样式。

第 14 章　布光、合成与渲染

欢迎来到项目的最后阶段！在本章中，我们将把 3D 场景匹配到真实镜头中去，学习如何设置场景以便能够使用节点合成，并进行最终渲染。初次接触节点合成的概念时可能不好理解，但一旦你亲手对几个场景进行了节点的合成，那么你会乐此不疲。之所以说合成是至关重要的环节，是因为在这个过程中，你要把场景从平淡无奇的普通渲染效果加工成效果惊艳的渲染成图。你可以尽情发挥创造力，如重新调节颜色、添加效果、混合多种元素等。

14.1　为场景布光

无论是使用 Blender Render 引擎或是 Cycles 引擎，首先要为场景添加灯光，这样才能在合成阶段看到明暗光影。当你正在制作一段 3D 动画视频时，你可以决定场景的光效效果，但当你尝试将 3D 物体合成到真实镜头中时，你需要让 3D 场景的光照与视频中的光照相匹配。

14.1.1　分析真实镜头

在添加灯光之前，应当认真分析一下想要让 3D 场景匹配的那个真实镜头，观察其中的光影，判断光源的方向及强度，并观察阴影是模糊的还是清晰的。此外，光的色彩也是很重要的信息。

在本章使用的镜头素材中，是一个多云天气，云层是一个巨大的漫反射体，几乎不会让物体形成明显的阴影。云层会让光线从中穿透，但是其中的水微粒会让光线在云层内部向四面八方弹射，光线的方向也变得随机。云层会成为一个巨大的漫射光源。当你在多云天气外出时，你几乎不会看到物体的投影——只有当两个物体距离很近时，才会在中间呈现出些许的柔和阴影，如图 14.1 所示。

图 14.1　如果镜头素材中出现了阴影，它们可以让你知道光源的入射角、朝向与强度。然而在本素材中，天上的云让光线弹向四面八方，也就几乎不会留下阴影了

14.1.2 创建匹配镜头的灯光

了解了现实世界中的光影，我们就可以开始创建 3D 场景中的光源了。同样，即使两种渲染引擎的灯光设置不太一样，但最终的照明效果却是相似的，我们这就来照亮场景。

- **地面**：你需要在地面上创建一个平面以接收来自物体的阴影。目前，我们只需要创建一个平面物体并调节它的尺寸，让它位于角色的立足点，并且足够覆盖到 Jim 的完成投影即可。
- **日光**：如果实际的镜头素材中出现了阴影，那么你就需要一个日光这样的直接光源来模拟原始场景中主光源的入射方向。按 [Shift + A] 组合键，从选单中选用日光（Sun）光源。根据对原场景中光源方向的判断来调整光的朝向。

  接下来，调节阴影的柔和度，让它与镜头中的阴影相匹配。在 Cycles 中，选中灯光物体，在属性编辑器的灯光（Lamp）选项卡中调节尺寸（Size）值即可。如果是在 Blender Render 引擎中，可启用光线追踪阴影（Ray Shadow），并提升采样（Samples）值，调节柔影尺寸（Soft Size）设置，同样位于灯光选项卡中。

  由于我们在这里使用的镜头素材中并没有阴影细节，因此可以使用环境光遮蔽（Ambient Occlusion，简称 AO）设置来模拟出这种柔和的阴影。

  提示：你可以将主界面拆分一下，一边用来显示实时预览效果，另一边用来显示影片编辑器中的镜头。这样有助于边参照边调节。

- **环境光**：这种光源用于为场景中没有被其他光源照射到的暗部打光，毕竟现实中并不存在完全的黑暗，黑暗的地方总能或多或少地被光线照到，即使在阴影区域，因为光线会反弹。在这个例子中，你将使用这种光作为主光源，你希望光线从四面八方照射，因为场景是多云的天气。

  如果是在 Cycles 引擎中，转到属性编辑器中的世界环境（World）选项卡，并调节强度（Strength）值（如果没看到，需单击使用节点（Use Nodes）按钮）。注意，环境光一定要调得细致一些，如果目前无法完全符合真实镜头中的颜色也没关系，毕竟我们最终需要在节点合成器中做进一步的调节。

  如果是在 Blender Render 引擎中，同样是在世界环境选项卡中，启用天光照明（Environment Lighting）并设定一个较小的能量（Energy）值（大概 0.35 左右即可），主要是为了防止阴影区产生全黑色。如果你想使用其他的颜色，可以将天光照明色类型从白色（White）改为天空色（Sky Color），并在世界环境（World）面板中设置天际色（Horizon Color）的颜色。

注意：目前，场景的光照调节主要靠主观猜测，你需要用肉眼判断光的强度、颜色、方向，并不断地测试渲染结果，直到这些参数与真实镜头相匹配。但如果首次未能调出理想的结果也别担心。随后，当我们使用节点合成器时，你将更清楚地看到 3D 场景的光照是否匹配真实镜头的光照，如果不匹配，你可以随时调节，并再次渲染，直到效果理想为止。请记住，好效果并不是一蹴而就的。某些情况下，你需要反复尝试才能得到理想的效果。

14.2 使用节点编辑器（Node Editor）

现在，在正式开始合成之前，我们先来大致了解一下节点编辑器的使用方法，你将学习节点的概念及其工作方式。然后，我们就可以正式开始基础的合成操作了。

14.2.1 合成方法

通常，直接渲染的结果往往并不是你想要的。所以你需要在节点合成器中进行进一步处理。有时候，你需要渲染不同场景层中的不同元素，然后在合成阶段把它们合成到一起。或许你只想将某个 3D 物体放到一张照片或真实镜头中去，那么你可能需要将渲染后的 3D 物体融入到那些影像中去，并调节它们的色调，使之与影像素材相匹配。你可以在图像处理软件里做到，如 Photoshop 或 GIMP，但你同样可以在 Blender 里做到哦。

一般来讲，合成有两种方法：

- 一种是在渲染前合成。先渲染一张测试图，在节点中进行合成编辑，然后基于合成器中的效果启动最终渲染（甚至对于动画也可如此）。此时，你使用场景渲染结果作为输入数据。
- 另一种方法是对各元素进行原始渲染，然后将那些图像序列或视频载入合成器并调节它们。想象你有一段视频，只需把它加载到合成器中，然后调整颜色，并渲染输出即可。而且无须再回到 3D 视图，也不用为了某个微小的调节将场景重新渲染一遍。

14.2.2 理解节点的概念

当你有了一张简单的渲染图（通常指一张原始渲染图，也就是未经任何合成工具处理的图），场景作为输入端，而输出端则与输入端相同。当你启用了节点编辑后，输入端与输出端之间建立了连通关系，但你可以在中间添加其他节点和应用各种效果，在输入端的素材到达输出端之前对它进行改动。具体的修改行为可以是简单的颜色校正，或是添加视觉特效这样的复杂效果，或是将多张渲染图合成为一张图。

图 14.2 显示了一个基础的节点树是如何随着节点的添加而演变的。

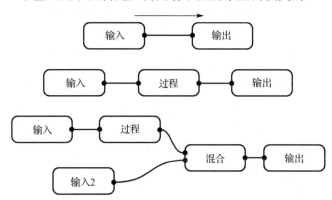

图 14.2 3 种不同的节点树设置，同样可以代表同一个节点树的不同演变阶段：第一个节点树是最基本的样式（顶图），也就是当你启用节点编辑时的样子；第二个节点树中，在输入端到达输出端之前，对它添加了一个修改环节（中图）；而第三个节点树则是将另一个输入端混合到了结果中（下图）

节点树的执行顺序为从左到右。来自另一个节点的数据经由输入端连入当前的节点，根据用户对当前节点属性的设置执行处理。随后，数据传入输出节点，这时可以以视觉方式呈现出来，或是传入另一个节点。

你随时可以在其他节点间插入更多的节点。我们以图 14.2 中的节点树为例：每个输入节点可以是来自场景不同渲染层的渲染结果。第一个输入节点在与另一个输入节点混合之前执行了一个过程,如这个过程是颜色校正。假设你想要让整张渲染图的色调偏红一些,或者对比度高一些,那么你只需在混合节点之后添加一个新的颜色校正节点即可。

如果你还是没理解,那也完全正常。有时候你只需要亲手操作一下就会理解。跟随本章后续内容的学习,进一步了解节点,然后创建自己的第一个节点树,你将会看到你所做的改动如何影响到整体效果,从而让很多疑问不言自明。

14.2.3 节点的组成

在开始使用节点编辑器之前,你需要知道一个节点的工作方式及其组成部分。在图 14.3 中,你可以看到一个节点的构成元素的分解。

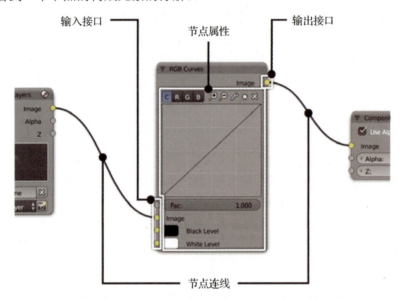

图 14.3 节点的主要组成元素(接口、连线、输入端、属性、输出端)

- **节点接口**:节点左右两侧的彩色圆点称为接口,它们支持接入接出。左侧为输入接口,右侧的是输出接口。它们的颜色可体现接口的用途(数据类型)。灰色的接口代表数值型数据(或灰度图);黄色的接口代表彩色 RGB(红黄蓝)图像数据;蓝色的接口代表矢量数据。通常情况下应当遵循"同色接口相连"的原则。此外,你可以使用某些转换类节点将某种类型的数据转换成其他类型的数据。某些转换行为无须使用转换节点也能直接自动转换。例如,将 RGB 输出节点(黄色)连到灰色输入节点上时,前者会被转换成灰度图;将 RGB 值连接到蓝色节点上时,前者会被转换成 XYZ 数值,诸如此类。在接口旁边始终有关于该接口可以接受的数据类型的文字描述(若为输入端),或是它能够输出的数据类型(若为输出端)。
- **节点属性**:每个节点都有各自不同的属性,你会在节点上看到这些属性。
- **节点连线**:一个节点无法独立完成工作。每个节点都需要相互依赖,共同作用。这也是它们彼此相连的原因。节点的连接方式与顺序将影响最终的合成结果。

Blender 的节点种类繁多,但可以分为 3 大类:输入类、输出类和修改器类。输入类节点只包含输出接口,因为它们只负责生成或加载数据,如一张图像、一个渲染结果,或是一种 RGB 颜色。输出类节点之后将不会再有任何的修改环节,因此它们只包含输入接口,这些输出类节点将用于导出或显示最终的合成结果。最后，修改器类节点则用来作用于以上两者之间，它们会对输入端的数据进行修改，并可在数据到达输出端之前执行混合等操作。

14.2.4 使用节点编辑器

在本节中，我们将学习节点编辑器的基本控制：如何创建及修改节点、建立连接等。图 14.4 显示了包含了一个简单的设置范例的节点编辑器。

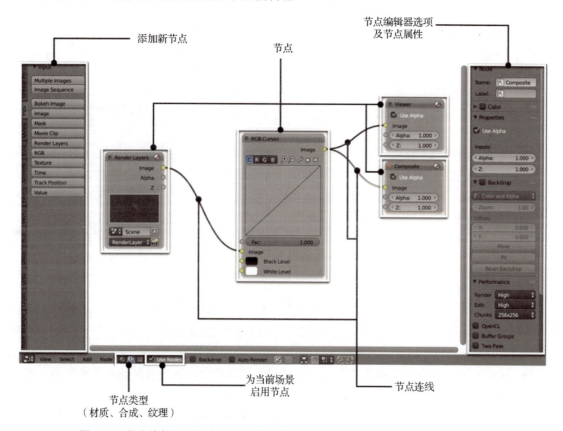

图 14.4　节点编辑器（包含了一个简单的节点设定，呈现出节点及连线的样式）

在节点编辑器中，导览方式非常直观，因为它使用的是与 Blender 其他编辑器中相同的导览工具：鼠标中键用于平移视图、鼠标滚轮或[Ctrl + 鼠标中键]用于缩放视图等。

1. 初探节点编辑器

当你打开节点编辑器时，你需要知道的是，在 Blender 中，它有多种用途：材质创建、合成，以及纹理创建。要想用于合成，你需要在标题栏上单击合成（Compositing）模式的按钮，切换为合成模式。

切换为合成模式后，你目前还看不到任何节点。在你开始使用节点之前，需要先为场景启用它们。勾选标题栏上的使用节点（Use Nodes），Blender 就会显示一个非常基础的节点设置：一个渲染层（Render Layers）节点与一个合成（Composite）节点相连。也就是说，现在还看不到什么特别的效果，也不会生成最终的渲染图。

然而，现在的编辑器已经准备好让你添加节点了。如果你现在执行一次渲染，它会使用你刚创建的这个基础节点树，如果你想要渲染一张不经节点处理的"原始"图，那么应当取消使用节点（Use Nodes）的勾选。

节点编辑器的导览操作也很直观，因为都是一些 Blender 的标准控制方式。按鼠标中键可平移视图，使用鼠标滚轮或按[Ctrl + 鼠标中键]可缩放视图等。

2. 创建节点

在节点编辑器中创建节点的方法有 3 种：

- **通过工具侧边栏**：节点编辑器的工具侧边栏（按[T]键展开）包含了若干选项卡，每个选项卡代表一个节点分类，每个分类包含了若干节点。单击想要创建的节点，并将新的节点移动到目标位置，单击鼠标左键即可完成节点的创建。
- **通过添加菜单**：在节点编辑器的标题栏上找到添加（Add）菜单，你可以从中选择想要的节点类型，单击它后将其移动到目标位置，再次单击鼠标左键即可完成节点的创建。
- **通过 Shift + A 菜单**：当鼠标指针位于节点编辑器中时，按[Shift + A]组合键会在鼠标所在的位置弹出与标题栏上的添加（Add）菜单相同的内容。然后使用与上述类似的方法，选中某个想要的节点，并把它放到目标位置，再次单击鼠标左键即可完成创建。

提示：当你投放新建的节点时，如果你把它拖放到其他两个节点之间的连线上，该连线会被高亮显示，此时单击鼠标，它就会被自动插入到那条连线上，这样可以节省很多时间！

4. 连接与操纵节点

节点的基础操作方式就是在它们之间创建连线，让它们相互作用。同时也有必要掌握如何移动它们，以便让节点树的排列更加整洁有序。否则，最终的节点树上的节点会相互重叠在一起，这会显著增加节点树的理解与编辑难度。以下是节点的主要控制方式：

- 鼠标左键和右键均可以选中节点。将鼠标放在节点上，然后用鼠标左键或右键可四处拖动节点。
- 如果你用[B]键框选了多个节点，或使用[Shift + 鼠标左键]逐一追加选取，那么你可以使用 G、R 和 S 分别对它们进行移动、旋转及缩放等操作。
- 在空白的地方单击并拖动鼠标右键可以从该点的位置开始创建一个框选区。
- 要想连接节点，只需在一个节点的输出接口上单击鼠标并拖曳到另一个节点的输入接口上（也可以反过来拖曳）。
- 如果一个节点上包含两个或更多的同类型输入接口，只需将连线的末端从一个输入接口拖曳到另一个输入接口上即可实现切换。
- 要想移除某条连线，可以用鼠标单击位于输入接口处的连线末端，然后拖曳到旁边的空白区域并松手。
- 移除连线还有另一种更快捷的方法，那就是按[Ctrl + 鼠标左键]在连线上单击并拖出一条切割线。当你松开鼠标时，切割线下方的那条连线即可被移除。
- 选中一条或更多条节点并按[M]键可禁用它们。当预览渲染结果时，这种方式便于观察该节点对结果图像的影响。禁用后的节点会显示为红色。再次按[M]键可重新启用它们。

- 你可以用[Shift + D]组合键创建一个或多个节点的副本。
- 如果你不需要访问节点的属性，可以按［H］键将选中的节点收起，这样可以少占空间。再次按［H］键可重新显示属性。
- 要想将一个节点从连线上分离出来，同时又想保持前后连线不中断，可以在拖曳节点的同时按住[Alt]键。
- 选中一个或多个节点，按[X]键可删除它们。按[Ctrl + X]组合键可在删除节点的同时保留前后两边的连线不断开。

4．结果预览

当然，调节的结果是能够可视化的。你可以实时看到更新后节点合成的效果预览。要想启用预览，你需要创建一个预览器（Viewer）节点。该节点位于输出（Output）类节点中。创建后，将你想要预览的节点的输出接口连到预览器节点的输入接口上，即可查看预览结果。

另一种更快速的预览方法是在你想要预览的节点上按[Shift + Ctrl + 鼠标左键]组合键，这会自动创建一个与该节点相连的预览器节点。在其他节点上按[Shift + Ctrl + 鼠标左键]组合键可以快速将那些节点与这个预览器节点相连，用这种方法查看节点的预览结果是非常迅捷的。

预览器节点显示的是与之相连的节点的输出结果。

当你的节点树中存在一个预览器节点时，你有两种方式查看合成结果的预览：

- **背景图**：在节点编辑器的标题栏上，勾选背景图（Backdrop）选项，即可在节点树的后面显示预览图，也就是在节点编辑器工作区的背景上。按[Alt + 鼠标中键]可平移背景图，按[V]键可缩小，按[Alt + V]组合键可放大。
- **UV/图像编辑器**：尽管以背景图的形式预览结果能够让你在同一个窗口内查看所有的内容，但有时候也会造成不便，因为会被节点树遮挡（特别是在节点树很复杂的时候）。这时候，或者你想在第二块屏幕上单独显示预览图，那么还有一种简单的方法，打开UV/图像编辑器，并从标题栏上的列表中选择名为 Viewer Node 的图像。这样你就可以在 UV/图像编辑器窗口中查看预览器的完整预览结果了。

注意：别忘了，为了观察你在节点合成器中的操作结果，你需要先渲染一下场景（除非你使用的输入源是已经渲染并保存过的图像，或是要调节视频素材，而不是 3D 场景的渲染结果）。如果你渲染的是场景，那么如果关闭 Blender 并重新打开该场景，你需要再次执行渲染，因为之前的渲染结果是临时的，这一点要注意，特别是在制作大型复杂场景的时候，渲染时间往往会很长。你可以将渲染结果存为图像文件，并将其用于合成。这样一来，当你调节完成后，你可以再用一个渲染层（Render Layers）节点替换掉该图像。

14.3 在 Blender Render 引擎中合成场景

现在我们来看看如何在 Blender Render 引擎下进行合成。对于 Blender Render 引擎和 Cycles 引擎来说，节点编辑器的合成方式完全相同，但由于渲染结果会有所不同，因此在合成时也会带来某些变化。

14.3.1 设置场景

在开始合成之前,你需要知道应当先做什么。在我们的案例中,有一件事是显而易见的,那就是让地面消失,但同时我们又想保留角色在它上面的阴影,以便把它合成到真实的镜头里。

在 Blender Render 引擎下,实现起来非常简单,因为在材质的设置里有一个选项能够让你让物体只显示它所接受的阴影,同时又让物体本身完全透明,除非物体的这些区域内有阴影。步骤如下:

(1)为地面物体新建一个材质,在属性编辑器的材质(Material)选项卡中找到阴影(Shadows)面板,勾选仅显示阴影(Shadows Only)。

(2)在仅显示阴影(Shadows Only)选项下方,你会看到一个下拉列表,从中选择阴影和着色(Shadow and Shading),而不是默认的阴影和距离(Shadows and Distance)。

(3)执行一次渲染,那么会看到地板已经消失了,但 Jim 的影子却留在了上面。

(4)转到属性编辑器的世界环境(World)选项卡,勾选环境光遮蔽(Ambient Occlusion,简称 AO)。将混合模式设为相乘(Multiply),并在采集(Gather)面板中将采样(Samples)值增加到 10 左右,从而提升 AO 的品质,减少噪点。

(5)在世界环境选项卡中启用天光照明(Environment Lighting),为场景添加环境光。

现在你可以执行一次测试渲染,将镜头画面放到 Jim 的形象之后,这样就把场景设置好了。不过,在下一章中,我们打算让场景再丰富些。这样可以更灵活地控制渲染结果的各个方面,也会对节点合成有进一步的了解。

14.3.2 设置渲染层

在本节中,你要将 Jim 和他的阴影分离开。该怎么做呢?这也非常简单:渲染层(Render Layer)功能能够让你将各种元素分层并用于后期的合成。

首先,你需要让 Jim 和地面物体分别处于场景的两个层中。如果你已经严格按照本章的指导去做了,那么此时的 Jim 在一个层,而他的骨架所在的层位于该层下方(也就是第 11 号层,即第二排的第一个层)。现在,选中地面物体,按[M]键,选择另一个层。Jim 的模型应当位于第一个层,而地面物体应当位于第二个层。在物体模式下,你可以在 3D 视图的标题栏上设置当前可见的层,按住[Shift]键的同时单击多个层可以同时看到更多的层。

现在转到属性编辑器的渲染层(Render Layers)选项卡(见图 14.5)。

在该选项卡中,你可以新建渲染层,并定义指定的渲染层中的哪个或哪些场景层可以被渲染出来。同样,在通道(Passes)面板中,你可以选择可在该层中被渲染的通道。例如,你可以渲染的通道包括环境光遮蔽(AO)、漫射(Diffuse)、高光(Specular)等。这些通道都将成为渲染层(Render Layer)节点的输出项,从而能够在节点合成器中调用它们。例如,高光(Specular)通道将仅包含场景的光泽区,非常适用于创建场景的眩光效果,可以随后合成到原始渲染图中。如你所见,还有很多种可能的用途,但鉴于这里只做简要的介绍,我们目前将只使用基础的用法。步骤如下:

(1)创建两个渲染层,并把它们分别命名为 Jim 和 Floor Shadows(意思是地面阴影)。

(2)在这两个渲染层的层(Layer)面板右侧的层(Layer)选区中,分别指定各自的可渲染层(见图 14.6)。

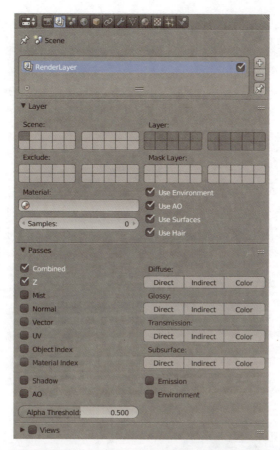

图 14.5 渲染层选项卡（你可以在这里设置可单独渲染的场景元素）

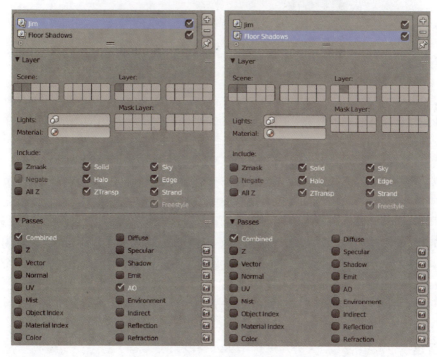

图 14.6 两个渲染层的可见层设置

（3）对于 Jim 的渲染层，勾选环境光遮蔽（AO）通道，这将在后期让 Jim 的柔和阴影更加明显，并且增加对比度。环境光（Environment）照明能够让场景明暗显得均匀一些，这样能够让角色更加突出。如果现在执行一次渲染，就会看到 Jim 后面的天空色和他的投影了。

（4）转到属性编辑器的渲染（Render）选项卡，在着色方式（Shading）面板中，将 Alpha 类型设为透明（Transparent）。现在，渲染图的背景即可完全透明，从而可以用镜头素材画面进行填充了。

14.3.3 节点合成

节点合成或许不太容易理解，那么可以看一下图 14.7 中已经设置完成的节点树（如果你想看没有标注号码的图，可跳转到本节末尾）。你至少需要按一下[F12]键渲染一帧图像，这样才能让节点编辑器调用那两个渲染层。如果不预先渲染它们，你将不会在编辑器中看到任何结果。

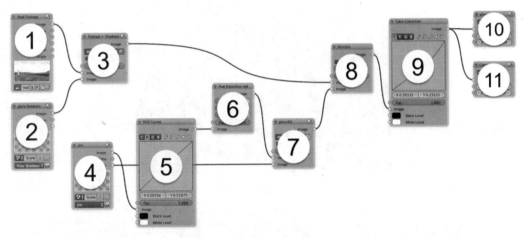

图 14.7　节点树设置图（为了便于阅读，图中标注了号码）

现在，我们来遵循如下步骤逐步建立这个节点树。

（1）首先从一个渲染层（Render Layers）节点和一个合成（Composite）节点开始。将合成（Composite）节点放到最右侧，因为输出类节点应当位于节点树的末端（图 14.7 中的 11 号节点）。创建一个影片剪辑（Movie Clip）节点（该节点位于输入（Input）类目中），并选择你加载到影片剪辑编辑器（Movie Clip Editor）中用于执行镜头追踪的剪辑素材。

（2）渲染层（Render Layers）节点的底部有一个下拉列表（它是一种输入类节点，因为它会调用场景的渲染结果，并插入节点编辑器中），你可以从中选用想要显示的渲染层。这里我们选用名为 Floor Shadows 的渲染层。

（3）创建一个混合（Mix）节点（该节点位于颜色（Color）类目中），用来将阴影合成到真实镜头中的地面上去。在混合模式下拉选单旁边（该模式默认为 Mix），为第二个输入接口（也就是包含了透明度信息的阴影）启用 Alpha 通道。将混合节点的第一个图像输入接口上的影片剪辑（即背景）与阴影的渲染层节点连接到第二个输入接口，即前景上。这样就能让阴影显示在真实镜头素材中的地面上了。

（4）新建一个渲染层节点，并从中选用 Jim 的渲染层。

（5）创建一个 RGB 曲线（RGB Curves）节点（位于颜色（Color）类目中）。将渲染层节点图像（Image）的输出接口连接到 RGB 曲线节点的同名输入接口上。将 Jim 合成到前景上面以后，可以转到 RGB 曲线节点并调节颜色，让 Jim 的颜色与作为背景的真实镜头一致。

注意：曲线能够让你调节颜色。如果你不太了解各种图像编辑软件的曲线功能，那么你或许会对以上的操作心存不解。你可以这样理解，你可以编辑图像或某个 RGB 通道的主色。主色将控制亮度和对比度，而 RGB 通道则定义了图像中各种颜色的贡献量，也定义了图像颜色的对比度。当你在曲线上单击的同时，会在上面添加一个控制点，通过调节曲线的曲率，你可以添加或减少指定的 RGB 范围内的颜色。左边控制暗调，右边控制亮调。如果曲线的右侧较高，那就相当于增加了颜色的亮度值。如果曲线的左侧较低，那就意味着你让暗调区域更暗了。但愿以上这段解释能帮助你理解曲线调色的原理。

（6）将 RGB 曲线节点的输出接口连接到色相/饱和度/透明度（Hue Saturation Value）节点上（该节点同样位于颜色类节点中）。该节点可在 RGB 曲线调节结果的基础上再添加一个调色层。该节点主要用来增加或减少 Jim 颜色的饱和度，使之与背景契合。

（7）在 Jim 层上添加 Jim 的环境光遮蔽（AO）效果，增加一点柔和阴影效果（节点的一大好处在于，你可以重复使用它们，并且可以让它们同时与多个节点相连）。新建另一个混合节点，并将混合模式设为相乘（Multiply，也叫正片叠底，它可以将两个输入图像按照如下方式合并：第二个图像的白色区域为透明，而黑色区域将会让第一张图的颜色加深）将色相/饱和度/透明度节点（图中 6 号）与混合节点的第一个输入接口（背景，也就是经过调色的 Jim）相连，并将 Jim 的渲染层节点（图中 4 号）的 AO 输出接口与混合节点的第二个图像输入接口（前景）相连，让 AO 模拟的柔和阴影叠加到 Jim 的身上。现在调节混合节点的混合系数（Fac），确定阴影的显示程度。通常系数值设为 0.5 就可以了。

（8）此外，还可以使用另一种节点来混合两张图像，即透明上叠（Alpha Over）节点。该节点类似于混合节点，只是它对于第二个输入接口（前景）包含 Alpha 通道的处理效果更好一些。你可以使用该节点将 Jim 的影子合成到背景上面去。将第一个混合节点（图中 3 号）连接到背景接口（即透明上叠节点的第一个图像输入接口）上，并将名为 Jim + AO 的节点（图中 7 号）连接到前景接口上，即透明上叠节点的第二个图像输入接口上。最终，Jim 被叠加到了真实镜头的最上层。

注意：此时，你看到所有元素的混合效果，现在该回到 5 号和 6 号节点（RGB 曲线节点与色相/饱和度/明度节点）去对 Jim 的颜色进行微调了，让他的色调与真实镜头的色调更相符。确保整个过程中一直使用预览器（Viewer）节点，以便随时观察调节的结果。新建的预览器节点应当与合成（Composite）节点共享相同的输入数据源，以便能够预览到最终的输出效果。就是这么简单！

（9）当所有的节点都已就位后，如果愿意，可再添加一个 RGB 曲线节点，该节点用来调节整个节点树的色调。首先，让元素之间可以相互协调。其次，提升合成的总体效果。

合成（Composite）节点是非常重要的，尽管你在编辑合成的过程中不会用到它，但如果你想要在使用节点的时候执行渲染，就必须留着它，不能把它删掉，否则就会报错，提示该节点不存在，或是没有连接到该节点上。

（10）将合成流程中的最后一个节点连到合成节点上，这样才能将最终的结果输出到渲染当中！

图 14.8 显示了经过上述操作后节点树的最终样子。

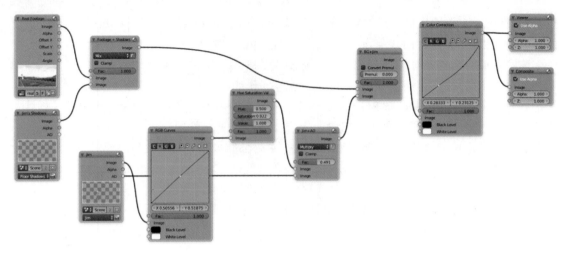

图 14.8　完成后的节点树（将 Jim 和他的阴影合成到了镜头画面中）

如果你想提升最终的效果，可以转到属性编辑器的渲染选项卡，启用运动模糊（Motion Blur）选项。该选项会大幅增加渲染时间，因为它会将同一帧渲染多次，具体次数取决于运动采样（Motion Samples）的值。运动效果的差异量取决于 Shutter（快门）值。Blender 会按照那些采样值并在同一个渲染结果中混合，从而渲染出运动模糊感——这是物体在运动时产生的效果。你设置的运动采样值越高，效果也就越好，但渲染时间也会更久。

14.4　在 Cycles 引擎中合成场景

Cycles 引擎中的合成流程与 Blender Render 引擎中的流程十分类似，除了不包含"阴影缓存"类材质（也就是仅渲染自身接受的阴影的材质，如之前的地面材质），因此你需要使用阴影（Shadow）通道并辅以一点技巧，实现与 Blender Render 中同样的效果。

14.4.1　设置场景

场景的合成基本不需要太多的设置，你只需要为地面添加基础材质就可以了。在 Blender Render 引擎下，你需要将地面设置为仅渲染它所接受的阴影，但这在 Cycles 引擎里是无法实现的，你需要借助渲染层来实现投射在地面上的阴影。在属性编辑器的渲染（Render）选项卡中找到胶片（Film）面板，确保勾选了透明（Transparent）选项。

在属性编辑器的世界环境（World）选项卡中，设置背景色和强度值，以此生成场景的环境光。此设置类似于 Blender Render 引擎下的天光照明（Environment Lighting）。此外，你可以去渲染选项卡中将采样（Sampling）面板中的渲染（Render）采样值增加，以提升渲染品质。

14.4.2　设置渲染层

本节内容才是 Blender Render 引擎与 Cycles 引擎的设置方案真正不同的地方。将 Jim 与地面物体分别放到单独的层中。创建两个渲染层：一个为 Jim，另一个为地面物体（见图 14.9）。对于地面的渲染层，转到渲染层选项卡中的通道（Passes）面板。为两个渲染层都启用 AO 通道。在 Cycles 引擎下，目前并没有能够捕获阴影的材质（但将会在 2.79 版引入），所以使用 AO 达到相同的目的。

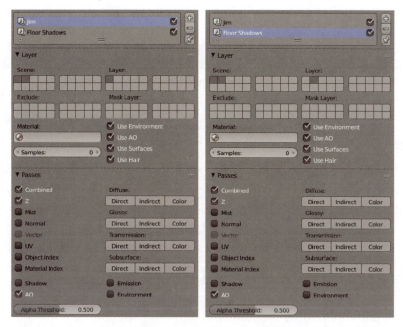

图 14.9　Cycles 引擎下渲染层的设置方法

14.4.3　节点合成

由于 Cycles 引擎下的合成流程与 Blender Render 引擎的流程基本相同，所以在本节中我们将专注讲解阴影设置环节中与之不同的那些步骤。如图 14.10 所示，你可以看到另一张经过编号的节点树，该节点树显示了阴影的合成方法。在本节末尾的图 14.11 中显示的是未加编号的完整的节点树截图。但除了阴影合成这部分有所区别外，其余的合成流程都与 Blender Render 中的那些流程完全相同。

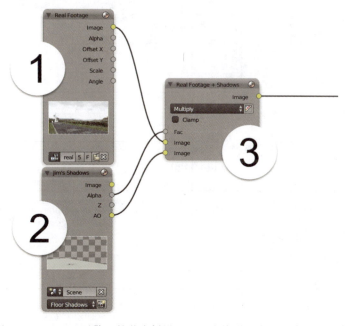

图 14.10　Cycles 引擎下的节点树设置，图为将阴影合成到镜头画面中

节点的合成步骤如下：

（1）加载影片剪辑素材。

（2）创建一个渲染层节点，并在该节点上选用名为 Floor Shadows 的渲染层。

（3）创建一个混合（Mix）节点，并将其混合模式设为相乘（Multiply，或叫正片叠底），以便让 AO 通道的暗区留在真实镜头上方，并让白色区域变成透明。将影片剪辑连接到混合节点的第一个图像输入接口上，并将 Floor Shadows 渲染层的 AO 输出接口连接到混合节点的第二个图像输入接口上。

注意：你必须要用 AO 通道做出阴影效果，然而 AO 通道并不带透明信息，它只是一张灰度图。问题在于，平面物体以外的区域在 AO 通道上表现为黑色，而这会体现在我们的真实镜头上。有一个简单的解决方案，那就是使用混合节点上的混合系数（Fac）来控制。该系数让你能够决定两个输入数据的混合量。不过，混合的并不是单纯的数值，你可以使用一张定义了材质不同区域上的不同值的灰度图（例如地面物体的 Alpha 通道）作为 Fac 的输入项。白色像素代表 1，黑色像素代表 0，灰色代表中间的值。但这个技巧并不是适用于所有的场景，但对于当前项目来说是可以的。

（4）将 Floor Shadows 渲染层节点的 Alpha 输出接口连到混合节点的系数输入接口上。因为平面物体所占据的那部分像素是白色的，其余部分都是黑色的，此时混合系数值为 0，这使得 AO 通道的黑色区域变成了透明。

就是这样！在图 14.11 中，你可以看到完成后的节点树。

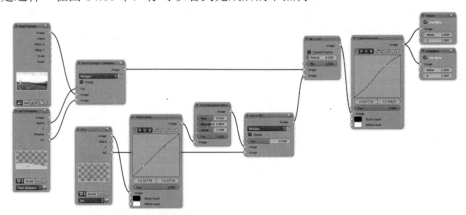

图 14.11　完成后的 Cycles 引擎下的节点树设置

如果你想添加一些自然的效果，可以在 Cycles 引擎中添加运动模糊效果。在属性编辑器的渲染选项卡下，找到运动模糊（Motion Blur）面板，启用它，并设置一个快门（Shutter）值。Cycles 引擎的运动模糊效果比 Blender Render 里的更真实，效果更接近真正的摄像机。注意，渲染时间会有些许的延长，而且要想获得理想的效果，可能需要提高采样值。

14.5　渲染

现在我们只需要再进行几步设置，就可以正式执行最终的渲染了。

1. 渲染设置

这是你更改渲染设置的最后机会（除非你想以后采用不同的设置再次渲染）。确保自己对场景合成的结果满意,并在节点编辑器中将合成(Composite)节点与树形末尾的节点相连。在属性编辑器的渲染(Render)选项卡中设置图像的分辨率(本案例中使用的是 full HD: 1920×1080 像素)。

提示:到目前为止,我们使用的分辨率较低,或是 Cycles 采样次数较少,这样可以更快速地预览结果或持续编辑。如果是这样,别忘了现在就提高分辨率,并且增加采样次数。

2. 输出

如果你正在渲染一段动画,那么还有一点很重要,那就是设置渲染文件的输出路径及文件格式,Blender 会自动保存渲染结果。当渲染的是单帧图像时,你无须设置文件的输出路径与格式,因为你可以在渲染完成后在 UV/图像编辑器中按[F3]键手动保存。

提示:尽管你可以将动画保存为视频格式,但我们建议只考虑在执行快速测试渲染时才这么做。如果你所需要的渲染时间多达几个小时之久(甚至是几天),那么最好将动画以图像序列格式导出。与视频格式不同,你最终会得到很多 .jpg、.png 或 .tga 格式的图像,每张图像都是动画中的一帧。

这样做好处多多:如果中途渲染失败了,你也不会失去已渲染完成的那些帧的内容。而对于视频格式来说,整个视频文件会被损坏。此外,视频文件通常会被高度压缩,因此采用图像格式则不会出现由压缩所导致的瑕疵,随后你可以将图像序列转成视频格式(甚至可以在 Blender 中把它导入到视频序列编辑器中,或是作为节点合成器的一个视频剪辑素材,然后渲染成视频格式)。用这种方法渲染视频格式的速度很快,因为与处理整个 3D 场景相比,单纯处理渲染图像要容易得多,也快得多。使用这种方法,你可以保留完整的品质,也可以在后期将图像序列转成经过压缩的视频。

3. 最终的渲染成图

现在只剩一件事没有做了,那就是单击渲染(Render)按钮,位于属性编辑器的渲染选项卡中。如果你想渲染单帧图像,就单击渲染(Render)按钮,如果想要渲染动画,那就单击动画(Animation)按钮。

如果你已经驾轻就熟了,不妨直接使用快捷键:[F12]键用来渲染单帧图像,[Ctrl + F12]组合键用来渲染完整的动画。在图 14.12 中,你可以看到 Blender Render 引擎和 Cycles 引擎下的最终渲染合成结果的对比。

图 14.12　将 Jim 合成到真实镜头中的最终效果(左图为 Blender Render 引擎,右图为 Cycles 引擎)

14.6 总结

合成是一个技术性很强的环节，但也是发挥无限创意的环节。希望你能通过本章内容掌握节点合成的基础，并理解节点的工作方式，以及为什么说合成是渲染最终成图的关键。

我们的 Blender 学习之路走到如今，你的场景也大功告成了！如你所见，将一个动画角色合成到真实的视频中需要付出很多努力，其中也涉及很多不同层面的技能：建模、纹理绘制、骨骼装配、动画及合成。

现在，上述几种技能你都有过了解，挑选其中最感兴趣的一种继续探索吧。本书的初衷就是：向你展示一个完整的流程，你可以决定专注学习哪方面的技能，以及是否想要在那方面做专做精。此外，或许你对整个流程的各个环节都感兴趣，那么你将成为一个全才！

14.7 练习

1. 为什么说合成很重要？
2. 什么物体只用于渲染它们接收到的阴影？
3. 渲染层的作用是什么？
4. 为了合成图像，你会使用什么节点？
5. 合成节点应该与节点树中的哪个节点相连？

第七部分　继续学习

第 15 章 其他的 Blender 特性

你已经领略过 Blender 的强大功能，但那些还只是它的九牛一毛！Blender 所提供的功能特性的数量之多远远超出了本书所能覆盖的范畴。我们之前只介绍过少数几个相对高级的工具和特性。在本章中，我们将了解 Blender 提供的其他一些功能特性，让你知道它们的存在，或许你同样有兴趣去探索它们哦。

本章内容不算教学手册范畴，或是对那些功能特性的使用方法的介绍，而是对那些功能做一下简要的介绍，从而让你自行决定是否要继续学习它们。你需要自行寻找相关的教学资源。

15.1 粒子

粒子（Particle）适用于创建大量行为相似的物体，如雪花、雨点乃至落叶等。你无须逐个编辑那些雪花或雨点，你可以创建一个发射器物体，并在属性编辑器的粒子（Particles）选项卡中添加一个粒子系统即可。

然后，你可以设置发射粒子的数量、持续时间、行为、物理特性（如重力、权重、摩擦力）等。你也可以将其他物体设为障碍物，用来阻挡粒子。你可以创建风（wind）、涡流（vortex）或紊流（turbulence）等类型的力场，让粒子以某种方式运动。你也可以用粒子来模拟流体。

15.2 毛发模拟

毛发模拟是粒子系统的一个子系统。因此，你实际上创建的是毛发粒子。如果你创建一个粒子系统并将类型切换为毛发，那么粒子系统将会在发射器物体的网格表面上生成很多毛发，并在上面生长出发股。

然后，当你所选中的物体上包含了毛发粒子系统时，在 3D 视图的标题栏上，你可以将交互模式切换为粒子编辑（Particle Edit）模式，你可以对毛发进行生长、修剪及梳理等操作，为角色做出发型。

毛发造型完成后，你还可以使用模拟功能让毛发跟随角色的运动并自动对重力及所碰撞的物体产生反馈。

然而，毛发模拟特性并不限于角色模型。你也可以用它来在物体表面上"喷射"大量的物体，如在森林中添加树木，或是模拟一片草坪等。

15.3 布料模拟

如果你想模拟衣物、旗帜或床单等物体的运动，那么就要用到布料模拟，让你无须为手动创建皱褶或折痕而头疼。在属性编辑器的物理（Physics）选项卡下，只需单击布料（Cloth）按钮然后播放动画即可见到效果。

你可以控制布料的属性，让它表现得像是某种特定的质地。你也可以将其他物体设为障碍物，让布料物体与之相互作用。

布料模拟甚至可以实时计算，也就是说，当你播放动画时，可以试着移动布料，它会响应你的控制，并与其他物体产生碰撞。

15.4 刚体和软体

与布料模拟类似，这两种特性分别用来模拟刚性物质和软性物质。如果你想要模拟房屋倒塌或砸碎墙壁的效果，或是模拟物体碎裂的话，那么可以在物理（Physics）面板中，单击刚体（Rigid Body）按钮，为这些物体添加刚体模拟。你也可以将多个物体相互绑定，定义它们之间的约束，以及它们的运动幅度，模拟重力感。

当你想要让某个物体具有重量感时，你可以添加刚体模拟，Blender 会模拟真实的重力感，以及物体间的真实作用。此外，你可以将其他物体定义为障碍物，让软体与刚体与之间产生碰撞。

软件与刚体类似，只是它们会产生形变。例如，你可以使用软件模拟某个像果冻这样的物体。

15.5 流体模拟

你也可以模拟流体，如杯中的水、流动并受其他物体影响的液体。你可以让物体掉进一片水池中创建水花飞溅的效果，此外还有很多与流体模拟相关的属性。不妨尝试探索各种类型的流体来模拟液体的流动效果，让它从容器中流出，或是与其他物体碰撞，甚至是用它来构造出某种形态。

15.6 火焰与烟雾

火焰与烟雾以粒子为载体，而且你可以在 3D 视图中实时看到它们的效果（但要注意，高分辨率的模拟将显著拖慢计算机的显示流畅度）。它们提供了很多效果调节参数，你可以控制火焰和烟雾的行为，以及它们的渲染效果。

创建火焰模拟有一种快速的方法，你可以选中某个物体，并在 3D 视图标题栏上进入物体（Object）菜单，在快速效果（Quick Effects）子菜单中单击快速烟雾（Quick Smoke）。然后按[Alt + A]组合键播放动画即可看到效果。如果想做出理想的效果，就需要手动调节各种参数了，但这样至少省去了一些麻烦。

15.7 蜡笔

蜡笔（Grease Pencil）最初是作为注释工具引入 Blender 的，你可以在场景中用画线的方式标注手写的图形和文字。该工具的用途很多。例如，为文件添加信息，便于团队成员之间交流；导演和监管人员可以用它来讲解场景的变化；甚至可以在重拓扑的时候用它在物体表面勾勒出布线的参考线。

然而，经过了几年的发展，这个工具引起了艺术家们和开发者们的注意，它的功能和用途也得到了大幅扩展。现在，你可以将蜡笔工具作为 Blender 中的 2D 动画工具。可以在线搜索 Grease Pencil 2.0，欣赏一下用它创作的动画作品。

按住 [D] 键并单击鼠标左键即可开始蜡笔绘画；如果单击的是鼠标右键，那么会执行擦除。在动画摄影表（Dope Sheet）编辑器中，你可以方便地调节蜡笔动画的节奏，你可以在动画摄影表标题栏上的模式选单中找到蜡笔动画编辑模式（默认模式是 Dope Sheet）。

15.8 环形菜单

这是 Blender 自带的插件，你可以在用户设置（User Preferences）面板中启用它。该插件会用另一种样式来呈现菜单内容，让菜单呈弧形排列，只需将鼠标拖到某个方向上，即可选中对应方向的菜单项。你体验过一段时间，并且记住了特定操作位于弧形菜单的哪个方向以后，会发现此功能非常强大。以后的操作就全凭肌肉记忆了，这样可以让你用超高的效率调用环形菜单。

15.9 游戏引擎

Blender 中有一个内建的游戏引擎，尽管有很多人抱怨无法用它来导出成可以运行在移动平台上的游戏（目前为止），甚至有更多的人其实并不了解它的强大功能。

Blender 游戏引擎（简称 BGE）旨在营造交互环境，不只是游戏（尽管有些人用它开发出了很多有趣的游戏）。例如，3D 展示就是一个很好的应用领域。假设你是一名建筑师，并且你创建一个供客户在建筑中行走漫游的交互体验环境，这是不是会很有用、很有价值呢？有了 Blender 游戏引擎，这些都是轻而易举的。

15.10 Freestyle 渲染

Freestyle 为 Blender Render 引擎和 Cycles 引擎提供了一系列的选项，专门用于非真实感效果渲染（NPR）。例如，卡通风格、日本动漫风格等。例如，此功能可以对物体的轮廓线进行特殊处理，仿佛 3D 模型是被你徒手画出来的一样。你可以轻易调节这些线条的样式，做出各种有趣的效果，如设计图风格或素描风格。然后你可以将这些线条合成到正常的渲染图上并进行调节，最终达到你想要的效果。如果你想制作动态影像或创作 2D 风格的作品，那么我强烈推荐你体验此功能。

15.11 遮罩、物体追踪、视频稳像

在本书中，你已经学过了如何使用影片剪辑编辑器进行摄像机追踪。尽管这是它最为人所知的用途，但这个编辑器还有更多的功能特性。你可以使用追踪数据来消除镜头晃动感，让视频看上去更稳定。

你也可以追踪视频中物体的运动，并把它的运动方式应用给 3D 场景中的物体。你可以在

自己身上贴几处打印出来的标记点纸条，然后来段自拍，并执行追踪，最终在标记点上合成一个超炫的科幻武器。

此外，影片剪辑编辑器也为你提供了创建镜头画面遮罩所需的必要工具，可用于后期合成。例如，你想要在真实的视频中站在某个 3D 物体上，那么你可以用遮罩把它圈出来，并用节点合成器让它始终位于镜头前。

15.12 雕刻

雕刻是另一种发挥无限创意的建模方式。如果你喜欢生物建模，那就一定不要错过它，因为它非常适合雕刻角色。

在 3D 视图中选中物体，然后在标题栏上将当前的交互模式切换为雕刻模式（Sculpt Mode）即进入该模式。该模式提供了若干种雕刻笔刷，这与纹理笔刷类似，但这里的笔刷会改变几何体的形态。此外，该模式通常与多级精度（Muiltiresolution）修改器结合使用。该修改器类似于表面细分（Subdivision Surface）修改器。它不仅会细分物体，也会存储各细分级的网格细节。

通过结合使用多级精度修改器与雕刻模式，你可以用相当艺术化的手法创作出非常细腻的生物体模型，就像是使用黏土进行雕塑创作那样，乐趣无穷。

另一个实用的雕刻工具是动态网格（Dynamic Mesh）雕刻。它与多级精度（Muiltiresolution）修改器并不兼容；相反，它会对笔刷刷过的地方的网格结构进行动态定义，最终的结果需要进行重拓扑（详见下一节），因为它会生成致密且面数较高的网格。然而，另一方面，它可以让你的雕刻创作不受任何束缚，不必受到原始拓扑结构的局限。另外，它只会将局部的网格面细分，因此你无须为了创建局部的细节而不得不对整个模型执行细分。

15.13 重拓扑

应该说，这是雕刻的下一道工序。这并不是某个特定的工具或工具集，而更像是一种技术，你可以根据其他拓扑结构不好的网格构建新的具有良好拓扑结构的网格（这就是为什么称之为"重拓扑"了，就是重新建出新的形态相同的网格）。实际上，有专门的重拓扑软件，也有一些雕刻类软件提供了重拓扑工具。

在 Blender 中，你可以在 Blender 中方便地使用这种技法，尽管这只是一种以吸附工具为辅助的建模方法。雕刻后的网格通常非常不优化，包含了大量的多边形，而且你通常是从一个相当基础的几何形状开始建模，在做出了全部细节的时候，其拓扑结构并没有经过优化，于是就有了重拓扑工具，它能够让你以高精度的网格作为基型，以一种合理的拓扑结构做出形状相同的新网格。

重拓扑其实很简单：只需启用吸附（Snapping）工具并将它设置为吸附到面即可。然后，距离来说，当你调节几何元素及创建新的顶点时，那些顶点会被吸附到其他物体的表面上，从而让你得以使用期望的拓扑结构重建出目标网格的形状。

15.14 贴图烘焙

这个特性非常有用。想象一下，你的场景中有光有影，有明有暗，现在你可以将光影效果"烘焙"到所选物体的贴图上,这样一来,当你的物体加载新的贴图时,就可以实时看到呈现投射在自身网格上的光影效果了!

当你想要在最终渲染完成之前实时预览效果的时候,此功能会非常有用(或者大幅提升渲染效率)。使用此功能后,你将让场景看上去接近最终渲染的结果,但只需使用一张简单的贴图就能表现出光影感。

你也可以将其他物体的细节烘焙到当前选中的物体上来,这通常用于生成法线贴图或置换贴图,随后可用于在物体上表现出比实际的几何外形更丰富的细节。

贴图烘焙工具可在属性编辑器的渲染(Render)选项卡中找到。

15.15 自带的插件

在用户设置(User Preferences)面板中的 Add-ons 选项卡下,你可以启用或禁用各种插件,也可以安装外部的插件。Blender 已经自带了一些有趣实用的插件,便于随时使用。其中某些插件能够让你创建特殊的基础形状(星形、管形等);还有一些插件可以让你导入导出不同格式的文件。还有一些插件能够提供新的功能或建模工具等。其中有些插件特别适合你,或者说特别适合特定的工作。

Blender 自带了非常多的插件。建议去启用它们,亲自试用一下。

15.16 更多的插件

如果 Blender 自带的插件不能满足你的需要,或者如果想要寻找满足能够实现特定功能的插件,那么可以上网去搜索。有大量的 Blender 用户自行开发很多插件(就算没有几千款,也有成百上千款了),并在网络上分享出来,便于他人下载使用。

自从本书的第一版出版以来,线上市场蓬勃发展。现在你可以在线购买到各种 Blender 资源(模型、贴图等),也包括插件资源。这种发展态势为专业的开发公司和个人开发者们有机会通过创作并维护优秀的插件来获得收益,这样也能促进工具的品质大幅提升。

更优秀的选择与选项工具集、重拓扑工具、节点功能增强、材质库……这一切都能通过插件实现,有些插件能够为你的创作带来极大的便利。

15.17 Animation Nodes 插件

如果你喜欢用节点进行创作,那么 Aniamtion Nodes 正是一款这样的插件。能够让你使用专门的节点实现动画的程序化创作。此插件适用于创建动态影像,也适用于为大批量物体添加同样的动画,并控制时间偏移与运动效果。此插件拥有几百个节点,功能非常强大,而且一直在不断开发中。

15.18 Python 脚本编写

如果 Blender 自带的工具无法满足你的需要,或者你需要某些特定的功能特性,那么你可以使用 Python 脚本自行开发。Blender 能够让你创建并运行脚本，甚至可以改动软件自身的界面，或是编写属于自己的插件来增加新的功能。

Python 脚本编写使得 Blender 更加灵活，对于那些有能力自主开发工具以满足实际项目特定需要的公司或个人来说，这为他们提供了相当惊艳的特性。

15.19 总结

Blender 的很多功能都没有显示在默认的界面上。本书已经描述了其中可供使用的几种主要特性及工具，但其数量远不止于此！

希望你通过本书学到了很多东西，也希望它能够帮助你理解 Blender 的基本特性，让你可以开始动画创作。现在你可以逐步丰富自身技能，并做好学习高级特性的准备了。

需要注意的是，Blender 是一款不断革新的软件，总是会不断涌现出新的功能特性。你可以亲眼见证它的演变过程，因为开发过程是非常透明的，你无须等到下一个正式版本的发布就能知道将会有哪些新功能出现。

你已经学会了如何在 Blender 中创建一个角色，你应当为自己感到自豪，因为这并不是一个简单的任务。角色的创建过程非常有挑战性，而现在你已经能够使用这款拥有强大功能和丰富特性的软件去发挥自己的创造力啦，祝贺你！

反侵权盗版声明

电子工业出版社依法对本作品享有专有出版权。任何未经权利人书面许可，复制、销售或通过信息网络传播本作品的行为；歪曲、篡改、剽窃本作品的行为，均违反《中华人民共和国著作权法》，其行为人应承担相应的民事责任和行政责任，构成犯罪的，将被依法追究刑事责任。

为了维护市场秩序，保护权利人的合法权益，我社将依法查处和打击侵权盗版的单位和个人。欢迎社会各界人士积极举报侵权盗版行为，本社将奖励举报有功人员，并保证举报人的信息不被泄露。

举报电话：（010）88254396；（010）88258888
传　　真：（010）88254397
E-mail：　dbqq@phei.com.cn
通信地址：北京市海淀区万寿路173信箱
　　　　　电子工业出版社总编办公室
邮　　编：100036